食經

下卷

陳夢因（特級校對） 著

食經・下卷

目錄

第六集

第七集

第八集

第九集

第十集

食經·下卷

第六集

由食到愛

胡春冰 [1]

　　羅馬人有《愛經》，特級校對兄有《食經》，這兩種書都是我的「愛讀書」，我相信也是大家的「必讀書」。

　　食是最低的需要，也是最高的藝術，有史以前，人類就吃，吃到現在，熟能生巧，自然就越來越精美，越來越巧妙了。特別是中國人，吃佔了文化上相當的位置，這適足以表徵中國社會是比較文明而進步。用「食的藝術」來衡量文化水準，是萬無一失的。所以《食經》應該是幾萬年來眾民族的集體創作，而由特級校對兄集中其大成而執行寫作的。

　　「食色性也」，雖然成了老生常談，但其真義早已湮沒不彰。一般的說法，只能指出是人類本能的要求，而沒有把其間的連環性說出來。有人甚至於認為食色在性質上是對立的——食是爭

1　劇作家、翻譯家，上世紀五十年代在《星島日報》副刊發表了許多與戲劇有關的文章。

鬥，愛是親和，其實食色是兩個齒輪，互相推動，互相增進，並行不悖，相得益彰的。

母愛由哺乳起，家庭之道造端乎飲食；朋友之間，「飲酒越飲越厚，賭錢越賭越薄」，說明了食與友愛的必然關係，這些都是由食到愛的過程。

現在凡是會下廚房的太太，加上一個會吃會做的丈夫，那個婚姻一定很靠得住而且是歷久彌堅的。雙方有一方面對烹調有興趣，那愛情也必然較為鞏固。一個美國的家庭問題女專家說：「在馭夫術中，烹調是最先也是最後的武器。因為男人是習慣的動物，你若是能夠用幾樣菜式，一種口味使他安樂，你就可以羈禁他了。」這話似乎過激卻不是沒有至理。過去的舊人物，講愛情多在家庭之外，現在的有教養的新人物，愛情生活多在家庭之中，就是因為女方懂了家政，而在食的藝術方面，有力量能夠使丈夫成為習慣的緣故。

中國的烹調已逐漸成為國際的藝術。中國的大師傅若不是因為「移民的限制」，早已形成了偉大的「食的王國」。就是在這目前的狀態之下，中國的烹調，還是不脛而走的。而《食經》的出版，也是偉大的動力之一。

我喜歡讀《食經》，喜歡吃特級校對兄監製或導演的菜，因而想起《食經》與《大學》的修齊治平的道理中間的關係，「由食到愛」，將是《食經》最偉大的貢獻。

癸巳臘望

安徽燉雞

俗諺謂「二八亂穿衣」。在香港，這一句俗諺似乎有修改的必要，最低限度要把二字和八字伸長。時序是初夏，但前週在寒流南襲的情形下，穿起夏裝固然不會有人說你衣着不時，穿起冬衣，不但不會汗流浹背，而且還很適體。

昨為浴佛節，下着雨的時候頗覺有點秋意，到了下午，寒暑表又上升至七十八度，又變為盛夏的天氣。在這樣的氣溫下，甘、脆、肥、濃的食製固難以刺激食慾，夏天雖也有不少燉品，惟在汗流浹背的情形下，燉的製作比不上冷的食製受歡迎。旬前吃福樂菜館的安徽菜，中有一個燉雞，初以為夏令吃冬天菜，有點「不時」而食，誰知這燉雞不是冬天的食製而是夏天菜。

燉雞是誰都懂得做的食製，可不必細表，把冬令的燉品變成夏天菜，所用作料是加進最嫩的筍尖和削成馬蹄形的冬瓜同燉，如此湯不膩而味清鮮可口，允為夏天燉的佳品。在夏天要吃燉雞，安徽這做法值得一試。

西瓜鴨

才子有才子的氣質，紳士有紳士的風度。友好中有一人焉，亦紳士亦才子，兼有才子氣質和紳士風度，是人見人愛之好男兒。年四十，猶未婚，經濟上既非像可能餓死老婆的特級校對，也非高唱獨身主義之流，嘗詢何以未婚，以難逢淑女對。原來他心中底淑女要有

三個條件：（一）儀態萬千的美；（二）在家裏是一個最服貼溫柔的「近身」；（三）閨中像潘金蓮。找太太要具有上述三個條件，難怪他在天之涯，海之角，找了二十年也遇不着這樣的淑女了。

這位才子兼紳士，也是朋輩中有名的「食家」。某年初夏在廣州，我吃過他的「西瓜鴨」，至今還有依稀印象，是夏令清燉的食製。初夏如盛暑，西瓜還未上市，提到暑天燉品，就想起了「西瓜鴨」，先介紹給讀者。

作料：鴨、紹酒、五香粉、生抽、西瓜原個。

做法：先將西瓜剖其蒂如蓋，去瓤備用。劏鴨去骨，洗淨，切片放進西瓜裏，蓋上像蓋的瓜蒂，隔水急火蒸至水沸，然後改用慢火，至肉熟後加進少許五香粉、生抽等，再燉一小時即成。

蕹 菜 兩 味

日來在酒家吃的菜蔬，蕹菜仍被列入為時菜之列。蕹菜中空，又叫作蕹菜，由於繁殖較易，平均比其他菜蔬廉宜。炒蕹菜是常見而普通的家常菜，同炒的肉類以牛肉、魚片最多。不用肉類炒的，除清炒外，用腐乳和蝦膏炒的也極普通。

無論素炒或葷炒，必須用較多的蒜頭起鑊，使寄生在蕹菜裏的水蛭（俗稱蜞嫲）嗅到蒜味嗚呼哀哉，不然吃了活的蜞嫲會患皮黃骨瘦病。蕹菜兩味的做法本書前已談過，茲將「泡蕹菜酸」的做法列下：

蕹菜洗淨，去葉留梗（菜薳和菜葉留作做炒的食製），每段切成一吋長備用。煲滾白醋，加糖鹽少許，將切好之蕹菜梗放進醋裏一滾即成。以碟盛起蕹菜，加上芝麻醬、辣椒醬、熟油拌勻即是。

莧菜豆腐羹

「五月荔枝紅」的五月不是公曆的五月，而是農曆五月。現在是農曆夏初四月中旬，市上已見新出荔枝，不過不是紅的，而是還帶有青色的荔枝。荔枝要紅熟才甘美，青荔枝吃來攢眉噉口，難於下嚥。惟前人李倩，卻大異其趣，愛吃純青的荔枝，據謂世間至味，無逾於此。

他的吃法也頗為特別，去殼後蘸蝦醬而噉，酸澀的荔枝加上又腥又鹹的蝦醬，究竟是甚麼味道，恐不易用文字描摹，也許這就是人間至味！

荔枝而外，莧菜也已上市了。莧菜是夏天的菜蔬，「莧菜豆腐羹」當然也是味清而廉的家常夏令食製。

作料：莧菜、鯇魚肉、水豆腐。

做法：先將莧菜洗淨，以沙盆盛之，擂之成茸備用。

鯇魚蒸熟，去骨留肉，用蒜頭起紅鑊，爆至夠香，蒜頭不要，傾下魚肉，兜勻，再加進莧菜茸，再炒一遍，最後加進水豆腐、鹽，兜勻，一滾即成。上碗後加古月粉少許。加火腿茸同滾，味道更佳。

鮮明魚生

魯施先生是嶺南有名的才子，順德望族，最近在本報的《櫥窗》週刊寫了一篇「食魚生」，大談吃魚生的道理，誠內行與「到家」之作。

他引用《南越筆記》：「……鯇又以白鯇為上，以初出水潑刺者，去其劍皮，洗其血腥，細切之為片，紅肌白理，輕可吹起，薄如蟬翼，

兩兩相比，沃以老醯，和以椒芷，入口冰融，至甘旨矣……」。雖沒詳細說明怎樣製作魚生，卻已刻劃出正宗的魚生製法。照上所述，在香港恐怕不易吃到這種正宗魚生吧！

售賣魚生均以鮮魚生作標榜，但往往不見得名實相符。第一是魚的鮮度，做魚生的魚以「初出水潑剌者」為標準，試問擺在碟上或掛在竹竿上的魚肉，鮮度如何？是否「初出水潑剌者」？第二，魚片切得薄？是否「輕可吹起，薄如蟬翼」？

講究吃魚生的，不特要講究「刀章」，就是切魚片的刀和砧板都有研究，因此廣州有專賣切魚片的刀店，也有專為切魚生用的砧板。

宵來吃了一頓不三不四的魚生，完全吃不到好處，於是想起魯施先生的大文章，拉雜記之。

皇帝菜單

《清稗類鈔》裏飲食類有關皇帝御膳的，這樣寫道：「皇帝之膳，掌於御膳房，聚山珍海錯，書於牌。除遠方之品以時進御外，常品如雞、魚、羊、豚等，每膳必具，必雙。御膳房主之。」辛亥革命把君主制度革去了，中國人沒有管天下的皇帝已數十年。現在是民主時代、「人民」時代，年紀在四十以內的人，誕生的時候已沒有皇帝的管治，當然沒有見過皇帝，有關皇帝的吃，更看不見了。皇帝之吃，當然是極盡精貴，飛潛動植、山珍海錯而外，還有來自各方的貢品。但皇帝御膳只知其精貴而已，精貴到甚麼程度？皇帝三膳中每膳要用多少錢？我們這一輩子更不易獲知。偶和名小說家公權先生談起了皇帝的吃，他說他底父親五十年前做過京官，某次和好幾名愛吃的廣東同鄉談起，大家都很想一試皇帝的食製，於是各科銀三十兩共約三百兩

左右，輾轉相託擬請宮裏的御廚為這羣愛吃的廣東佬製作一桌皇帝吃的御菜，誰曉得當御廚將用黃綾寫就的菜單給他們看時，大家不禁嚇了一跳。原來皇帝平常所吃一頓的菜式，每席已八百兩銀，他們雖是京官或富商巨賈，然而從沒吃過這樣貴的菜，看了御廚的平凡菜單後自然把吃皇帝御菜的念頭打消，卻把黃綾寫成的御廚菜單留下來，以作紀念。南來以後，連這一張黃綾寫成的皇帝菜單也不見了。要不然，這樣有歷史價值的菜單當然可以公開給《食經》的讀者研究。

教化雞與乞兒雞

杭州菜館的「教化雞」原稱「叫化子雞」，也許因為叫化兩字不雅，後來改稱為「教化雞」。至於叫字改為教字始自何年，無典可考，曾詢諸愛吃教化雞者，也以不知對。惟所知者，「教化雞」、「叫化雞」與「乞兒雞」，實在同是一食製。有人說「叫化雞」原是常熟菜，後來盛行杭州，於是大家都以之為杭州菜。

「教化雞」或「乞兒雞」名稱起源據說是這樣的：距今若干年前，一個叫化子在隆冬某天，乞不到殘羹冷飯，既餓且冷，垂暮時偷了人家一隻雞，一時想不到如何把雞弄熟，就在背風的瓦礫堆中，用瓦片將雞喉弄破，取去腸臟，再以有黏質的黃泥用水開成泥漿，將整隻雞連毛密封，生火堆把雞燒熟後，敲碎黃泥殼，連雞毛一起剝去，用手撕吃。至於這個做法怎樣傳開來，非我所知，只知後來的「叫化雞」還在雞肚裏先放上醬料。不過，我推測發明「叫化雞」的叫化子第一次吃雞的時候，可能連腸臟也沒有取出，飢餓到了頂點，哪還有找醬料的閒情？

向愷然（平江不肖生）在其《江湖奇俠傳》中對「叫化雞」的做法和

來歷敍述甚詳，似乎是創自湘丐，亦未可知。

香港的食店雖也有「叫化雞」，但和原來的做法已大有出入。

酒炆鴨

牛羊業持平總工會慶祝成立三十二週年紀念，全港停屠牛羊一天。工友們把屠刀擲下，成佛與否，權操在我佛如來，這且不表。不過，愛吃新鮮牛羊肉的，如非早有儲備，就要過一天吃無牛，吃無羊的日子了。這一天雖是吃無牛，吃無羊，但不是「吃無肉」。非吃肉不歡的，這天也可以不用吃齋。

燒飯的大清早從魚菜市場回來說：「賣牛羊肉的罷市。」不看報紙的我底「內助」，也當作一件新聞傳到我的耳裏，問我為甚麼？我笑說：「賣牛羊的罷市跟我們有甚麼關係，為甚麼大驚小怪，怎麼不看看報紙？」

羊肉固不常吃，牛肉也太貴，經常吃不起，所以牛羊的停屠與我真是沒甚關係。由於牛羊的停屠，使我想起一個鴨的食製：「酒炆鴨」。

作料：料半或雙蒸酒一斤、鴨一隻、鹽少許、薑一兩、葱三兩、香料粉少許。

做法：將鴨劏淨，吹爽，以鹽將鴨身內外擦勻，再將薑、葱、香料粉放在鴨肚裏，封密，然後以酒用慢火炆之約三小時即成。

這是很濃香的食製。如想吃來更香的話，炆之前將鴨身煎至微黃。

滷雞翼

讀者呂惠珍小姐來信說：

　　我是星島日報《食經》的長期讀者，看後多次如法炮製先生的大作，均成績美滿，感謝之至！

　　現在請指示「滷鴨翼」的方法，俾我能依法炮製。

　　答：滷鴨翼、滷雞翼、滷豬肝等，都是一樣做法，做得好與不好，完全是滷水問題。

　　從前廣州賣太爺雞的周先生所做的滷水食製極佳，據說所以好的道理，完全在於一個有百餘年歷史的滷水盆。我以為那陳舊的滷水盆對滷水食製的味道有所幫助，但滷水本身調製得不好，恐怕也不易做得味道雋永的滷水食製。自然新的滷水不及舊的滷水佳，所以時下賣滷水食製的滷水盆是終年不換的，今天用去了若干滷水，明天又加進若干滷水作料進去。

　　滷水的作料是：生抽、糖、鹽、玫瑰露酒、羅漢果、陳皮、大茴和小茴，同滾至出味即是滷水。

　　雞翼是待滷水製好後再放雞翼在滷水裏慢火煲腍，又用滷水浸之十餘小時後即成。

　　至於滷水味道宜濃宜淡，要看各人之所好，這裏不必細表。

　　滷水可以保藏週年不發霉，不變味，在製滷水時要放一隻梧州蛤蚧。

羊肉的臊味

「人心之不同，各如其面」，即使是孿生兄弟，總也有不同的地方，人們對於吃也各有其愛惡與癖好。有人嗅到臘鴨尾的臊味就吃不下嗱，也有人認為臘鴨尾是天下至味。香港廠商羣中綽號「德叔」的張德，就有「吃臘鴨尾同志」的組織，每年冬後春前例必舉行幾次吃臘鴨尾大會；飲酒吃菜以後，吃飯時就是十多個臘鴨尾煲的飯。這一個會不吃臘鴨尾的無與焉，因稱之為「吃臘鴨尾同志會」。

臘鴨尾的臊味很大，吃不慣這種臊味而不吃臘鴨尾的，不能強人所難；但也有不吃雞、不吃牛肉、不吃羊肉、不吃青菜的人，除了特殊原因外，未免過於「揀飲擇食」了。

不吃羊肉還有可說，因為羊肉的臊味也很大，惟講究吃補品者都認為羊肉的營養素至豐。居住西北的人體魄至為健碩，據說與西北地方主要的食料羊肉有關。

草羊的臊味不多，綿羊的臊味較大，更非南方人所慣吃。香港常見的是草羊肉，但很多人都不愛吃羊肉，怕其臊味。如有法辟去羊臊味，我以為中環街市每日要多劏幾隻草羊。

《物類相感志》裏有這樣的記載：「煮羊肉入核桃則不臊，入杏仁或瓦片則易爛。」但我自己還沒有機會實驗過。

盤中一尺銀

濱海人對「盤中一尺銀」，特有研究。精治魚饌，火候為優劣癥結所在，本欄已屢談及，然卒言未盡意。偶翻古籍，得一法，存之以作

參考：

「穎川氏以無骨刀魚，名於時，事輒翻新，實古昔先民口所未嚐也。查蒸鰻擇肥大粉腹者，去腹及首尾，專切為段，拌以飛鹽，排於鏃中，沃以甜白酒釀，隔湯燉。數沸後，加以原醬油，復煮數沸，視其脊骨，透出於肉，就鏃內箝去其骨，然後用葱椒拌潔白肥豬油，厚鋪其面，入鍋再燉。數沸，視豬油融入鏃底，乃出供客。此味最濃厚，貪於飲食者，一言及口中，津每涔涔下也，而穎川氏曰：是未足其也。春初刀魚，先於總會行家下錢，凡刀魚之極大而鮮者，必歸陳府，令治庖者從魚脊破開，全其頭而聯其腹，先鋪白酒釀於鏃中，攤魚糟上，隔湯燉熟，乃抽去脊骨，復細鑷其芒骨至盡，乃合兩片為一，頭尾全具，用葱椒鹽拌豬油，厚蓋其面，再蒸，迨極熟不便置他器，舉鏃出供，味鮮而無骨，細潤如酥，至未及請舉箸，而客先欲染指而嚐矣。」

蚶

蚶屬於蚌類，殼厚而硬，略成三角形，有縱線突起如瓦楞，俗稱為瓦楞子。外淡褐色，內白色，開殼後有很多血，因此一般人認為吃蚶最補血，實際效用如何，我沒有作進一步的研究。

汕頭、廈門、福州、上海等瀕海地區都產蚶，價甚廉宜。

在香港，南貨店和潮州什貨店都有蚶出售，潮州菜館更有蚶的食製。潮州菜館、福州菜館的做法是用開水拖至蚶殼張開，以碟盛之，吃時蘸酸梅醬，醬裏放上少許蔴油。

殼張開，蚶肉實在未熟，而且還有腥味，蚶血依然很鮮紅，但慣吃蚶的，認為吃熟蚶不及生的補血，講究者更認為用滾水拖開蚶殼不是到家的吃法，應該這樣：

將蚶刷淨，以碗盛之，燒紅炭爐一個置桌上，爐上放瓦片一塊，瓦片燒熱後，以蚶置瓦片之上，待蚶受不了熱力的壓迫，殼自然張開，然後蘸上酸梅醬，連肉和血吃。據說這是蚶的正宗吃法。

薩騎馬

讀者趙愛蘭小姐來信說：

開門見山，恕我不多作客套話語。我以為，每個有了孩子的家庭，總少不免有一筆不大不小的零食開支，如果積年累月把它統計一下是很可觀的數字。反之，如果每個家庭主婦能做一點點經濟而簡易的零食，那麼節省下零食的錢，相信對家庭經濟是有很大裨助的。我很盼望並代表無數主婦們盼望先生能盡量把一點關於零食的製法盡可能公諸報端。在後，謹列數項，希逐一賜答，不勝感幸！

（一）蝦片。（二）油條。（三）鹹煎餅與牛脷酥。（四）爆口棗。（五）白糖糕。（六）蛋饊。（七）薩騎馬。（八）薯仔片……

我們極望先生能有較為詳細的解答，姑勿論成績如何，但願能「如法炮製」……

愛蘭小姐：關於零食，看來很容易製作，事實上並不盡然，尤其是最價廉最粗賤，「街頭有得擺，街尾有得賣」的油條一類的零食，要做得好殊不易。就油條來說，用甚麼作料，份量多少，我曾一再調查，但實驗多次，沒有一次做得合理想。原來做油條最難的是發酵，天冷

和天熱不同，吹甚麼風也有關係，做得好與否，視發酵如何而定，但這要累積很多經驗。

又如「薩騎馬」，原是滿人點心，「薩騎馬」也是滿州話，雖則「薩騎馬」早已成了廣東茶居或餅店必備的點心，但做得像當年廣州桂香街對面將軍前一家，好像叫作甚麼齋的餅店者卻不多見。因為該甚麼齋餅店做的「薩騎馬」好在香、化，清甜而又不黏牙。

炸薯片

市面上到處都有生的蝦片，或已炸好的蝦片售賣，尤其是「巴島蝦片」最多。

所謂「巴島蝦片」就是巴城蝦片（巴城舊稱巴達維亞，自印尼獨立後已改稱為耶嘉達，為印尼首府），實則出名蝦片最多的地方不是巴城，而是蘇門答臘的巨港。從巴城到巨港的旅客，離開巨港時，朋友送給他們的「手信」十九有蝦片。巨港所以盛產蝦片，因為當地多產大蝦，大到像一斤過外的龍蝦一樣，但不好吃，和香港的大蝦的味道相去甚遠，故價錢特廉。至於巨港甚麼時候開始利用這些不好吃的大蝦製成蝦片，就非我所知了。

現提供一兩項易做的「零食」給趙小姐參考：

炸薯片要先將原個薯仔煲至七八成熟，去皮後切之成片，曬乾，炸之即脆。

爆口棗用根麵加豬油糖搓之至勻，又加進少許食用梳打粉，搓成圓球形，再蘸勻白芝麻，在大鑊滾油裏炸之即成。

豬雜會海參

　　鮑、參、翅、肚是海菜的上品，惟近數十年來在廣東菜中，海參價值已下跌，但中上筵席不易見到海參，即使是包辦筵席六七十元一桌的所謂翅席也不用海參，由此可見海參在粵菜中已不能列為上品。

　　魚肚在粵菜中仍佔有相當地位，但筵席上吃到真正大澳廣肚，恐怕百不一見。廣肚的代用品上者是花膠，普通者為鱔肚，但大部分人不大懂得孰為廣肚？孰為花膠？孰為鱔肚？因此，肚仍被一般人們視為上品，不過到今，粵菜中仍能使人直覺是上品的是鮑和翅。在中國大陸，海參仍是食製上品，川、湘、豫、魯等地的上等筵席，幾離不開海參菜式。

　　粵菜的海參製作，這裏前後提供過好幾個方法，茲再提供一個「豬雜會海參」，是客家人的食製。

　　作料：海參、豬肝、豬粉腸、豬心、冬菇、冬筍、馬蹄、紅棗。

　　做法：（一）海參浸透，切件備用。（二）豬粉腸、豬心等作料弄淨，切件，先燴，等到鮮味盡出後，再加進海參，同燴到脸滑即成。（三）海參上碗之前，以幼竹串好切成薄片的豬肝放入，泡至僅熟即成。如豬肝與其他豬雜同燴，則豬肝不嫩不滑。（四）調味用鹽和靚生抽即可，不加「饎」，因為原汁已有黏性。

龍門粉

　　提起客家菜的「豬雜會海參」，同時想起了客家最出名的「龍門粉」。

龍門是廣東龍門縣，客籍人最多，精於做米粉，故稱為「龍門米粉」，一般簡稱之為「龍門粉」。

「豬什會海參」中的豬肝能夠保持嫩、滑是這個菜做得好的秘密。龍門粉顏色潔白，炒起來爽滑而帶韌性，也有它的秘密。其他地方的米粉，夠爽不夠滑，而且容易折斷，但「龍門粉」為甚麼卻能爽、滑、韌兼而有之？它的做法是這樣：磨米的時候，一升米加上一碗冷飯同磨，夠爽夠滑而微帶黏性，完全是一碗冷飯的作用。龍門和附近各縣的炒「龍門粉」特別好吃，除一般炒粉的作料外，炒法又有所不同。龍門人炒龍門粉時用糯米、黃酒與上好的老抽混和，一邊炒，一邊把混有黃酒的老抽灑在鑊裏，將米粉炒至夠火候。

龍門人炒「龍門粉」炒得特別香，就是有酒的香氣，卻沒有酒味。

炒肉鬆

幼兒的胃口日來很差，每頓飯吃不上半碗就停下筷子。問他為何不吃飯？他說沒有好的菜。再問他要吃甚麼菜？他說愛吃「粒粒嘢」。

所謂「粒粒嘢」，是孩子們的稱謂，實則是夏天的「醒胃」菜「青椒炒肉丁」。冬天青椒固不合時，也少有人吃這種菜。冬天要吃夏天的「粒粒嘢」，甚麼菜好呢？一時使我也踟躕起來。桌上正擺着半碟香芹鹹酸菜炒肉絲，對着香芹，我想起了荷蘭豆。雖然入冬以來至今天還未吃過荷蘭豆，但這季節應該有新荷蘭豆上市，於是就聯想到冬天吃的「粒粒嘢」，一個很普通的家常菜「炒肉鬆」。

作料是：肥瘦豬肉、香芹、荷蘭豆、馬蹄、洋葱頭、花生。

做法：肥豬肉切幼粒，瘦豬肉剁成肉茸，馬蹄用刀面拍碎，荷蘭

豆切方粒，香芹切成每條約三四分。

　　起紅鑊，先爆過洋葱，再炒瘦肉茸，然後加進肥肉粒，炒至僅熟，最後加進馬蹄，荷蘭豆、香芹等炒熟加味後即可上碟。花生肉去衣炒香或炸過，鋪在上面。

　　假如還沒有荷蘭豆的話，不用亦可。這是很可口的家常菜。

再談「開口棗」

　　日前淺談「開口棗」食製，旋迭承讀者來函，其中以 NK 先生所列舉製法較具「匠心」，足證為實驗所得，特刊之以供同嗜：

　　特級先生：弟每晨對於大作，必先睹為快，及有關食製書報，輒剪留之以資參考。故對於普通食品與粵菜，素所研試，且不計成敗，故常因此為我的「大人」所不滿。

　　關於開口棗一物，似是平凡，但業此者雖固定份量，時或僨事，因原料本質有關，或成埋口棗，或來一次「鯉魚散鱗」。蓋前者油少，後者油多便會如此。特將試製過程大概份量供諸同嗜者參考：糖五兩、水一小碗。入鍋至溶化，即離火待冷卻後，將根麵一斤撥成圓圈形，中空，油三兩餘，梳打食粉一匙羹，連凍糖水一併傾入中央，順次撥勻，即將一小份搓成丸形，放入另一淺盆中灑水數滴，搖蕩使勻後下芝蔴，試炸於慢火滾油中，埋口者加油，散離者加麵粉少許拌勻即止。千萬不要久搓力疊多拌，以免生根即韌，其技巧在此。

白糖糕

清晨深夜，街上白糖糕的喚賣聲，頗足扣人心弦。這種廉價的食製，製來頗不簡單，茲誌如次：

白糖糕製成，以現油膩色為標準。用上好本地白占米一斤，浸水一晝夜，磨成極幼漿入布袋壓去水分，入盆力搓之，用水一勺（約連米粉秤共重二斤六兩），連糖一斤八兩，入火鍋煮至溶化，趁熱時，右手順撥盆中的粉，左手持殼將糖水徐徐加入至粉勻水完為止。千萬不要沾着油類，以免失敗，待至微溫加入糕種攪勻蓋着，置固定處，暑天九小時後便發起，寒天以溫水藏之，到時試以手敲動盆邊，見有小數圓氣泡由下而上者，便是發到適宜之際，否則可稍待之，逾時發至過度，即加入生漿少許，如不便者則加生油數滴，攪勻以蒸籠白布炊之，普通烈勻火力二十分鐘便可。糕種即先日所蒸餘留的漿水，或至糕檔買回來應用。

上述製法，為相與談論「開口棗」製法之 NK 先生之經驗談，不敢掠美，特此聲明。

珊 瑚 雞 翼

三日來吃了兩次滷雞翼，感到有點膩了。

昨晚和綽號「醉貓」的朋友在某小館子吃飯，「醉貓」要了一碟滷雞翼作下酒菜，我更沒有下箸的興趣。滷水食製偶吃一兩次是頗為可口的，多吃了就覺得味道有點庸俗了。

在廣東菜中，雞翼多用來做熱葷，四川菜卻有用雞翼做大菜的，「珊瑚燒雞」就是川菜的大菜。

「珊瑚燒雞」其實不是完全用雞翼，是腿翼各半，也不是燒，而是炆的製作。假如吃膩了「蠔油雞翼」、「滷水雞翼」，不妨試試。特別是牙齒不大健全的人，吃「珊瑚雞翼」更易消化。

作料：雞翼、青蒜、紅蘿蔔。

青蒜只要蒜白，紅蘿蔔去皮後切成吋許條形。雞翼用薑汁、酒、古月粉（少許）醃過。

起紅鑊，爆香青蒜白，加入雞翼炒，最後加入紅蘿蔔、水，蓋上鑊蓋炆至雞翼夠腍，調味即成。

時下的川菜館做這個菜用所謂的高湯還加入味精，我以為家常菜雖不常備高湯或上湯，用味精替代湯味也可不必。沒有高湯上湯或味精，炆起來味道不濃，但倒有原來的真味。

發霉臘鴨

黃晦聞歲暮詩云「黑糯忙新釀，黃雞是宿糧」，俱為粵俗寫照。殘年急景，承平之世，民間所忙的是以黑糯米釀甜酒。憶童年淺酌，甘冽可口，頃即醺然。鹽雞為除夕前五日醃定，以備「開年」之用，所詠「黃雞」，意即指此。迄今誦之，猶有餘味。而今，習俗大易，「黑糯忙新釀」的幾絕無僅有，尤其在香港，「黃雞是宿糧」者恐怕也不多見了。

現在最普遍的「宿糧」是臘味，這因為藏臘味不用冰箱，製作也簡單，「新正大頭」臨時多三兩戚友吃飯，將臘味放在飯裏蒸熟即成，用不着再開爐動竈，簡單而方便，這是臘味代替了「黃雞」作「宿糧」的

最大原因。

臘味以臘鴨為佳品。提到臘鴨，又以南安鴨為頂品；不過，市上所有的臘鴨都蓋上南安鴨的朱紅印，究竟有多少是真正來自南安的南安鴨？

日昨經上環某海味店前，看見剛開桶的發霉臘鴨，佇而觀之，知為正式來自南安的南安鴨，購歸二隻，蒸而食之，甘香鮮美，果為佳品。

發霉的臘鴨為甚麼會甘香鮮美？又正式南安鴨是怎樣的？道理很簡單：臘鴨會發霉，一定是鹽味不夠，遇南風的天氣就會發霉，由此證明，這些臘鴨必不鹹，不鹹的臘鴨自然保存了鮮甘的味道。南安鴨的特徵是縮腳、凸尾、頸幼而嘴若芙蓉。

臘味店掛着最當眼處，夠肥夠白，人見人愛的臘鴨，而且還蓋上「正南安鴨」的紅朱印的，十九不是地道南安鴨。這種貨式，內行人稱之為「安裝」，所謂「安裝」，實在是來自東莞白沙的臘鴨。

臘鴨蒸雞

二十世紀的前期是突變的世紀，預料後期會比前期變得更多，更快，但很多事依然是免不了俗。農曆元旦免不了拜年，新春歲首見面時，幾乎誰也免不了一句「恭喜發財」一類的吉利語。

朋友常談到農曆新年，才是真正的「兒童節」。通常的兒童節、耶穌誕，所給予兒童的快樂的程度都及不上農曆新年。然在這個真正的「兒童節」來臨之前的所謂「年關」卻是成人的苦難節。不管你對過年有無興趣，「未能免俗」的事，會影響到你不能同新年無關係。

際茲「新正大頭」，正當行樂及時之候，吃也該是提得起興趣的節

目吧？我正在開始為讀者提供一些食製方法，看到讀者羅務農先生的來信說：「讀了《發霉臘鴨》後，想到最近吃過一次『臘鴨蒸雞』，雖很夠香味，雞肉卻過鹹一點，但並非在蒸的時候放多了鹽，到現在我還不大明白雞肉所以過鹹的原因？特函奉達，希為賜告。」

「臘鴨蒸雞」是簡單而製作方便的家常食製，只要雞身夠嫩，加進臘鴨同蒸即成。大函雖未說明怎樣蒸，惟據我的推測，一定是將臘鴨斬件同蒸，而未把臘鴨骨取出。在蒸的時候，雞肉吸收了鴨骨的鹹味，雞肉過鹹便是這個道理。

要蒸得雞肉有臘鴨的香味而不過鹹，先將臘鴨起骨切絲，與雞肉同蒸，就不會過鹹了。

於此，謹向讀者再說一句並未加鹽的祝頌：恭喜發財！

四 寶 湯

在新春的日子裏，吃也比較往常豐盛一些。有錢的每頓飯自然離不開鮑、參、翅、肚，豬、牛、雞、鴨，就是窮小子之輩也設法張羅一些肉味。這些日子裏，所吃到的，一般說來也比較平常的濃和膩，尤其煎堆油角之類，吃時很覺香口，多吃了會感到膩滯，甚至影響到正常的胃口和食量。

我很怕吃油角、煎堆之類的東西，有時卻也免不了要吃一二件。幾天來多吃了這些油膩的東西，食量也打了折扣，吃飯的時候，有肉味的食製不大想下箸。不想吃葷的東西，自然會想到吃一些素的食製，偶爾想起十餘年前在廣州吃過的「四寶湯」，着內子如法炮製，吃來果然不錯。

「四寶湯」完全是素的製作，卻有葷的味道，作料是：大芥菜膽、

生菜、口外蘑菇、蘿蔔、芫荽。

做法：用蘑菇熬湯，再用蘑菇湯煲芥菜蘿蔔，上碗之前將生菜拖熟，最後放進少許芫荽。

蘑菇早已買不到（現在一般人稱之為蘑菇的實在是洋貨的罐頭白菌），可改用草菇和冬菇熬湯，再將二菇湯煲大芥菜膽和紅、白蘿蔔，最後加進生菜膽，冬菇和草菇則不要。這是顏色美觀的素湯，芥菜膽和紅、白蘿蔔也可佐膳，不過沒有蘑菇熬湯，喝來就沒有肉味了。

一 鍋 熟

由大除夕以至「新正大頭」，都過着奇暖的天氣，直至前日始「一雨回春」，昨晨氣溫降至十六度以下，頗有春寒料峭之感。拜年應酬又到了「開到荼薇」的時候，大部分行業已結束新年休假，惟是春到人間，行樂及時，以我這個老饕的想法，遊山玩水，呼盧博奕，總不及吃的樂趣。

有關新春的食製，在下已提供過不少，由於氣候突然轉冷，不禁又想起「一品鍋」、「打邊爐」以外的「一鍋熟」。

我吃過「一鍋熟」的時候是戰時在廣西的玉林，但這是否地道的廣西菜卻未加以研究。

「一鍋熟」的做法像「一品鍋」一樣，將作料同放進鍋裏，邊滾邊吃，與家人同聚，吃膩了臘味齋菜等，「一鍋熟」是值得一試的。

作料除豆腐、葱、臘肉、魚丸、紹菜、生菜外，還加上荔浦芋。做法是先將荔浦芋和紹菜煮熟後再加進其他作料，因為芋和紹菜須較多的火候。

這是有湯可喝，有菜佐膳的冬春之交家常菜，湯裏有芋，味道鮮

清中而有香氣。實際說來，一鍋熟並沒特別之處，所不同的是加進荔浦芋。

臘鴨三味

新春開始的十天內，每天象徵一種生物。據《方朔占書》云：「歲後八日：一日雞，二日犬，三日豬，四日羊，五日牛，六日馬，七日人，八日穀。」吳俗復以九日為豆，十日為棉。

所以今天稱為「人日」，應本自《方朔占書》。

俗例「人日」是人玩的日子，也是吃的日子。我不是娛樂版編輯，對玩的方法不甚高明，自然不敢越俎代庖。惟對於吃，還敢胡謅一些意見，雖然也許提供得並不高明。我剛要提供一些「人日」食製時，同事齋公說：「『一雞三味』、『一鴨三味』、『一魚三味』你都在《食經》裏寫過了，不曉得臘鴨有無三味的做法？」我說：「有的，你一定買了很多臘鴨過年，大概吃膩了蒸臘鴨，想試試其他做法？」齋公笑而不答。茲就寫「臘鴨三味」，給讀者提供「人日」家常菜。

先將臘鴨起骨，後將臘鴨皮片出備用。

三味之法是：臘鴨皮作小炒（詳見《食經》的炒臘鴨皮），臘鴨骨用來煲黃芽白或菜乾，臘鴨肉和豬肉同剁，做臘鴨蒸肉餅，這就是「臘鴨三味」。

春鯿秋鯉夏三黧

廣東有諺語：「春鯿秋鯉夏三黧」，春天吃魚鮮當以鯿魚為上品。

提起了鯿魚，又想到過去以魚喻人的一個笑話，說鯿魚是姨太太，鹹魚是太太，金魚是媳婦，土鯪魚是梳起不嫁的，即替人家洗衣煮飯的媽姐。因為鯿魚豎起來看似小，平放下來卻很大。鹹魚是天天吃到的家常菜。金魚看來很美，卻不中吃。土鯪魚味道甚鮮，但吃時容易「骨梗在喉」。

鯿魚是春天魚鮮的上品，我在「人日」吃到的一尾鯿魚，卻未見有何好處。原來是新界半鹹淡漁塘所養，雖算是塘鯿，卻不及純淡水的塘鯿好吃，遑論河鯿了。最佳的河鯿魚身較扁，身厚者為母魚，鱗白肉白，味鮮清而滑。本港常見的魚身較厚，鱗黑肉微灰，不夠滑，味也不夠鮮。竊以為在香港吃鯿魚，還不如吃一尾夠肥的土鯪魚，雖容易「骨梗在喉」，鮮味卻比鯿魚佳。

筍 絲 炒 蛋

初春吃冬筍，還算是合時。粵菜裏的「蝦子冬筍」、「油泡冬筍」都算熱葷中的上品。

一碟七吋碟的「油泡冬筍」，酒家索價有十元八塊的，也有二三十元的。有的二三斤冬筍做成一碟，也有用五六斤冬筍才做成一碟；貴的應該用冬筍十分一二那最嫩的部分。但有時吃到二三十元一碟的「油泡冬筍」，筍並不夠嫩，那就是酒家欺客。

在各地吃過不少好的冬筍，個人口味最愛吃廣西容縣的容筍，的確夠嫩夠鮮。「筍絲炒蛋」是廣西菜，我在廣西平南的武林口吃過，其時正是敵騎遍廣西的時候，我逃難到武林一個廣西朋友的家。這是可口而製作簡單的家常菜。

作料：冬筍、雞蛋。

做法：用冬筍最嫩部分，切絲，「出水」後，以油鑊爆過筍絲備用。

雞蛋破開，黃白分碗盛之，用筷子先將蛋白搭成大泡，再加入蛋黃、少許油，再拌約三四分鐘，然後放進炒過的筍絲、鹽，傾下紅鑊裏炒熟即成。

燉　全　鴨

日昨同我的朋友大公書局的「老細」徐小眉先生、世界書局的「老細」李純新先生一起吃飯，徐、李兩公都有酒王之稱，三番四次都不敢以酒惹他們，否則，必招致以卵擊石的後果。

席中有一個菜是「霸王鴨」，有別於普通的燉全鴨就因為鴨肚裏多了六個鹹蛋黃，好處就在鹹蛋黃的香味。

一邊在嚐這個菜的香味，一邊也想到一個燉全鴨的故事。這也是一個糊塗的「伙頭將軍」底可笑的故事。

告我以這個故事的是有名的「食家」梁仁軒先生。他說：「距今三十年前，他店裏有一個剛來自鄉下的『伙頭將軍』，在新年『開禡』的一頓飯，他做了一個『燉全鴨』。其時大家已吃了半肚，方吃到『燉全鴨』，但誰也吃不下嚥。他覺得奇怪，正要下箸一試，同桌的一人說：『燉全鴨』有鴨屎味，未審是否洗不乾淨。根究起來，該伙頭將軍不但沒將鴨洗乾淨，而且還未將鴨肚的腸臟取出，經火力過久的蒸

炙，髒的味道自然遍及全鴨，有阿蒙尼亞味的鴨肉，誠問誰可以吃得下嗎？」

荔枝菌

　　吃素者有所謂「食長齋」，這些人們多是「與佛有緣」，卻又未完全「看透色空，遁跡空門」。不然，禮佛茹素是當然的事，用不着吃長齋了。也有吃「齋期」的，初一、十五吃素，或逢三、六、九吃素，其他的日子吃葷。凡遇齋日，有請之吃葷者，則答曰：「今日齋期。」意謂今日不吃葷也。葷菜吃得膩了，偶然換換口味，吃一二次素菜也是佳事，而且做得好的素饌會比葷菜更可口。素菜做得好的當然是寺廟、庵觀，清末時寺廟、庵觀素菜做得好的當推北京法源寺、上海白雲觀、鎮江定慧寺、杭州煙霞洞、廣州似乎是廣成仙館了。童年時代隨長者到過廣成仙館，也吃過廣成仙館的素菜，至今未能全忘者為荔枝菌的素食佳饌，鮮香而外，還有很濃的荔枝味。

　　荔枝菌是荔枝核發出的菌，至於怎樣用荔枝核萌出荔枝菌，童年時代當然不會留意到，距今數十年也再沒嚐荔枝菌的機會，更不會去研究它的做法了。

　　新春過後，忽又到上元節，不是吃「齋期」的人，往時也有不少「有神心」的人在正月十五吃齋的。時移勢易，今日的原子時代，上元節吃齋的人恐怕也不會很多了。

明蝦炒釣片

　　九龍釣片蒸豬肉餅的做法，如果按照《食經》製作的話，包保有鮮、香、甘、爽、滑的好處。將魷魚肉餅連汁同放入飯裏，拌勻食之，一定會增加飯量。惟剁好的釣片要放薑汁酒少許醃過，不然蒸熟後會有腥味。

　　除蒸以外，釣片用炒的做法最普遍；做湯則在廣東菜中不多見。炒的配料常見是冬筍、豬鬆肉、荷蘭豆、香芹等。沒有冬筍時，紹菜梗亦可，惟要先「泡嫩油」。用豬鬆肉，因為鬆肉較爽，並能增加香味。

　　「明蝦炒釣片」和「雞片炒釣片」在請客的宴席中常見。明蝦炒的配料除明蝦外，還有芥蘭。雞片則用筍尖和葱白。雞片在炒前要「泡嫩油」。

　　魷魚洗淨後用少許水浸之，水留作加饋用，其他配料也就有魷魚味。

　　魷魚炒得好與否也有研究。如炒時油多必不爽，少油則不夠香。懂炒魷魚的會用紅鑊少油，加入其他配料炒熟，上碟前，再加油兜勻，魷魚不韌且爽而香。

客家炒魷魚

　　住居在海邊的，「生猛海鮮」並不算名貴的食製。同樣道理，住居巴蜀的人們，雪耳和冬蟲草之類也並不覺得不平凡。魷魚不特在湖南稱為上菜，內陸其他山地較多的地區，人們同樣也視魷魚等來自海邊

的東西為上品。貴陽等地的人做菜請客，最後一個菜幾必有一尾很好看的魚，但沒有人下箸，因為這尾好看的魚是木製的。最後一個菜木魚擺在桌上，表示食有餘的意思。假如在獨山貴陽做菜請客，有一尾真的新鮮龍利或石斑魚，馬上會成為一段最好的本地新聞。

以前所述的各種製法的魷魚，就香港人和廣西人看來，對湖南的「清湯魷魚」是不會感到興趣的。寫到這裏，也想起「客家炒魷魚」，這個菜和上述的魷魚製作又不同。我認為「客家炒魷魚」做法是值得一試的，方式分炒魷魚絲與捲筒魷魚兩種，特徵是夠爽。

造成夠爽的原因是用夠爽的配料。如：鹹酸菜梗、蘿蔔、蒜白、生葛。

各項配料就其受火候之多寡，先後炒之，而以炒至夠爽程度為標準。蘿蔔有甜味，鹹菜有鹹酸味，不爆夠火的蒜白有辣味，生葛夠爽甜，魷魚有鮮味，綜合起來是鹹、甜、酸、辣兼而有之，至爽則是這個菜的特徵。這是客家菜中「十大碗」之一，也是請客的上菜。

精 粗 貴 賤

讀者妙芬小姐來信說：

　　我是北方人，來了香港才吃廣東菜。我感得廣東菜的好處是宜濃則濃，宜清則清，不像北方菜濃清之間沒有很大的分別。讀了先生的《食經》後，大大增加了我對吃的興趣，並認為吃確是一種藝術，無論是家庭小菜，或請客的大菜，要做得好，真要下過一番工夫。

　　廣東菜雖可口，但一席好的廣東菜平均比北方菜貴一倍至

兩倍，請問好的廣東菜能否像北方菜一樣便宜？或貴一些也可以，等我們愛吃廣東菜的北方人多一些機會嚐廣東菜呢！先生以為如何？如方便的話在《食經》裏賜答為感。

答：好與不好是很難定標準的，廣東菜也有壞的，北方菜也有好的。好與不好，我認為第一要講作料，第二才是製作。下等的作料不易做出上等菜，例如炒一碟青菜，一斤菜只吃最嫩的三四兩，製作即使未夠條件，吃來也不會太壞。一斤菜用足十六兩，即使炒得極好，也不及炒得未夠標準的嫩菜好吃，固然，青菜新鮮與否也是問題。

香港北方菜館的「醋溜黃魚」用雪藏過久，最平時八九角，最貴時不超過二元一斤的黃花魚，和廣東菜一尾一斤十二兩的「清蒸龍利」比較，價錢起碼是一與五六之比，成本如此，遑論其他了。這是廣東菜比北方菜貴的最大原因。

假蟹羹

以山東菜為經，河南菜為緯的所謂京菜，當中有「醋溜黃魚」，我不覺得有何是處，作料本質不好是無法做得好菜的。黃花魚本身的鮮味甚薄，加上香港所見的黃花魚都是雪藏貨，試問鮮味還有多少？炸和甜酸都屬武的製作，烈的味道，加主要作料的黃花魚味薄，形成喧賓奪主，「醋溜黃魚」味道最濃的是醋的酸，糖的甜，油的膩香。除眼見的魚外，味覺是不易嚐到魚鮮味的。我認為在香港用黃花魚做「醋溜黃魚」，要不是飯館欺客，就是食客外行。在上海天津，「醋溜黃魚」卻是可以吃得的菜。上海黃魚大造的時候，我以為「雪菜黃魚湯」比清蒸一尾次等石斑好吃得多。

提起黃魚，想起了假蟹羹的做法，這是江南人的製作。

作料：黃花魚、鴨蛋、上湯、芫茜、薑汁酒。

做法：黃花魚蒸熟，去骨留肉，鴨蛋加鹽搵勻。

起紅鑊，爆過魚肉，灑以薑汁酒，加入上湯，滾後，逐少加入已搵勻鴨蛋即成。上桌時加芫茜，吃時酌用醋。

八寶豆腐

不吃牛和豬的人有，不吃魚更大有其人，但連豆腐也不吃的人，卻比較少了。

豆腐古已有之，可說是國粹食製。豆腐富營養，這是研究食物營養的外國專家也承認的，因此中國豆腐在世界食壇上的地位，遠高於借李鴻章而揚名海外的「鴻章雜碎」。

三天內一連吃了四頓豆腐，不覺得膩，但由此想起了清康熙以後一個很出名的豆腐食製。

食製名稱加入八寶的很多，如福建的「八寶湯」、廣東的「八寶鴨」、北方的「八寶飯」等，現在要說的是「八寶豆腐」。

「八寶豆腐」是康熙皇帝常吃的，自御膳房傳至民間，當自尚書徐健庵始。據說是康熙皇賜給徐尚書「八寶豆腐」的作料和方法，當時徐尚書還賞了一千兩銀給御膳房的御廚。實則皇帝吃的「八寶豆腐」，作料並不是甚麼山珍海錯，而是我們常見常吃到的。

作料是嫩豆腐（或豆腐花）、冬菇、蘑菇、松子仁、雞胸肉、火腿。

各項作料弄成茸，以夠濃鮮之雞湯滾之，最後加入嫩豆腐或豆腐花，一滾即成。

八 寶 豬 肚

　　提起康熙皇帝的「八寶豆腐」，也想起了「八寶豬肚」。我吃這菜是在江南，距今已二十年。至於這是江南甚麼地方的菜，就記不大清楚了。

　　豬肚做得好的，固很可口，但做得不好會有阿蒙尼亞味，誰都吃不下嚥。最近有友自美國歸，據談有一次到台山人開的酒家吃飯，中有一味豬肚湯，因湯裏有阿蒙尼亞味，因問「企堂」（美國華僑稱的侍者）：「豬肚湯為甚有阿蒙尼亞的味道？」企堂答道：「你的肚也有阿蒙尼亞味的。」朋友無奈，只得不吃。

　　豬肚做得好吃與否，第一步要將豬肚的阿蒙尼亞味洗去。這不宜用熱水，因用熱水洗豬肚，則阿蒙尼亞味更滲入豬肚。用冷水洗淨，用鹽擦過肚內外，最後再用清水漂清鹽味。

　　「八寶豬肚」的做法：豬肚「出水」收縮後，將八寶作料預先調好味道，塞滿肚裏，以線密縫，用清水煲三四小時即成，吃時切成卷狀。

　　所道八寶，其實是薏米、百合、蓮子、茨實、紅棗、京柿、冬菇等物。

　　豬肚湯可喝，但不夠鮮味，最好加入豬瘦肉同煲。

食 物 之 所 忌

　　讀者陳勁章先生來函問及吃狗肉後是否不能吃綠豆沙？如吃了綠豆沙是否一定會致命？就我所知，吃狗肉的都忌綠豆沙。不過內行的

屠狗之輩在製作狗肉前，必先用綠豆煲水將狗肉「出水」，經過綠豆「出水」的狗肉會發脹得很肥滿，這是有「齋菜」癖者都曉得的。除狗肉和綠豆沙忌同吃外，還有很多忌同吃的東西，《清稗類鈔》裏有一篇《食物之所忌》，列舉了多種忌同吃的東西，惟沒甚科學根據。原文云：「食物之所忌者：瘡疔誤服火麻花；渴極思水，誤飲花瓶中水；饞餬過荊林，食之；老雞食百足蟲有毒，誤食之；驢肉荊芥同食；茅檐水滴肉上，食之；蛇虺涎毒，暗入食饌，食之；以上皆無藥可解。又有應忌者：黑砂糖與鯽魚同食，生蟲；與筍同食，成癥癖；雞與韭菜同食，生蟲；葱與蜜同食相反，傷命；蟹與柿同食，成膈疾；韭菜多食，神昏目眩，蒜多食，傷肝痿陽；莧菜與鱉或蕨菜共食，生血鱉；冬瓜多食，發黃疸；九月勿食土菌誤食，笑不止而死；中其毒者，飲屎清即癒。甜瓜沉水者，殺人；雙蒂者亦然。鯽魚春不食者，以頭中有蟲也；有腳氣病者勿食。銅器盛水，隔夜不可飲，牛馬驢自死者，食之得惡疾。河豚魚有毒，不宜食；中其毒者，橄欖解之。鱔魚多食成霍亂，鱉之足赤者，腹下有主字形者，三足者，目白者，目大者，腹有蛇紋者，皆殺人。夏月多有蛇化鱉者，宜戒之，蟹背有星者，腳不全者，獨目者，腹有毛者，能害人。有風疾者，俱不宜食。」

八寶蛋

有關於蛋的製作，本書前前後後已提供過不少方法，即使人所共知的「黃埔炒蛋」，也提供過好幾個方法。

寫完了「八寶豆腐」、「八寶豬肚」後，又想起了蛋的做法，叫作「八寶蛋」。

「八寶蛋」實則沒甚寶貴之處，而是很普通，且無須有特殊技巧而

有小玩意性質的食製。因其香滑不及黃埔蛋，技巧沒有釀蛋黃的精細，惟比較別致，所以稱之為有玩意性質的食製。尤適宜於給小孩子佐膳。

作料當然少不了雞蛋，而八寶之寶是瘦火腿、冬筍、雞肉、蝦仁、冬菇、香芹、葱白、合桃肉。

做法：（一）在雞蛋外殼鑿小孔，傾出蛋黃蛋白於碗中，掊勻備用。

（二）火腿、蝦仁、雞肉、香芹、冬筍等作料先後剁之成茸。起紅鑊，爆香葱茸，再加入其他作料炒熟。

（三）將炒熟之八寶作料，加入已掊勻的雞蛋裏，和鹽少許，拌勻，着小從蛋殼的小孔裏填塞滿，外用紙封固小孔，在飯鑊裏蒸熟即成。上碟之前剝殼。最好以幾片拖熟的生菜墊底。

雖是小玩意的製作，味道卻很鮮香。

芙蓉蛋湯

常見的芙蓉蛋是炒的食製，所謂芙蓉也者，不過是炒蛋加入蝦仁和韭黃而已。炒得嫩香而蝦味夠鮮的芙蓉蛋，也是一個宜酒宜飯的家常妙品。

現在要提供的芙蓉蛋，並非常見的蝦仁韭黃炒蛋，而是一個湯。

這是外江食製，從前我在外江朋友的家裏吃過。朋友是湖南人，但我推測這必不是湖南菜，因為湖南菜多濃烈，味清鮮者不多，芙蓉蛋湯的味道卻很清鮮。

作料是：雞蛋、草菇、雞、瘦火腿。

做法：（一）草菇熬湯，雞肉、瘦火腿切絲備用。

（二）雞蛋破開，去黃留白，以碗盛之，加水少許掊勻，以碟或其他瓦器蓋住碗面，放在飯鍋裏蒸熟備用。

（三）草菇湯熬好後，去草菇留湯，加入雞絲火腿絲，滾熟後調味，蒸熟的蛋白則用刀或湯匙一片一片的鏟出，傾在已滾好的湯，喝時加入少許芫荽。

這是一個很清鮮的食製。牛腩湯、豬肉湯吃得太膩了，這湯是值得一試的，雖是葷的製作，吃來有素的風味。如不用草菇而以肉類熬湯就嫌太濃了。

雞蛋白蒸起了要像豆腐花一樣白才夠水準，故蒸時水多則不凝結，水少則會過實，湯裏的蛋白像豆腐花一樣白和嫩滑，這才算做得好。

孖 指 龍 蝦

俗謂「秋高蟹肥」，這是指青殼蟹，即鹹淡水蟹而論，但香港海產的是鹹水蟹，一般稱之為花蟹，水上人家稱為白蟹，春天方是肥美季候。往時此際（春季），花蟹肉滿膏豐，惟日來先後吃過多次，肉滿者有之，膏豐則難得一見，即使有亦是象徵而已。嘗詢諸香港仔的魚王，據說愚見甚是，不但是今年如此，去年前年也莫不如此。溯自香港重光以還，每年春天的花蟹即不再見有像戰前的膏豐肉滿。而今和戰前的，同是香港海產花蟹，不再見有膏豐肉滿，何以如此？至今不解。

除了花蟹，龍蝦也以春天肥美膏多，不過龍蝦像蟹一樣，母龍蝦才有膏，龍蝦公的膏青色，熟後也很稀薄，不似母龍蝦的像蟹膏一樣的紅黃。所以春天吃龍蝦，一定要吃母龍蝦，才是佳品。

除了外形肥壯以外，哪是公龍蝦？哪是母龍蝦？少到魚菜市場的固然不曉得，即使常客也未易分得出。實則孰是公蝦，孰為母蝦，一

看便知，分別之處在蝦爪，母蝦的爪最末的一隻指尖是孖生的，因此內行人買龍蝦要選「孖指龍蝦」。

炸豬肉

鳳城是魚鹽之鄉，富庶之區，懂得吃和精於吃的人很多，所以鳳城食製在廣東菜中能獨樹一幟，且為知味者所賞識。「炒牛奶」、「野雞卷」等，便是遠近馳名的鳳城食製。

廣東瀕海，盛產魚鮮，廣東人雖都愛吃魚鮮，但精於吃魚鮮的首推鳳城人，一尾鯇魚便有三百六十種不同製法，廣州吳連記的魚粥有十餘種不同吃法，承的也是鳳城的傳統。

「炸豬肉」是鳳城食製，雖是豬肉菜式，但魚也是主要作料。

這個菜的作料是：肥豬肉、鯇魚肉、芫荽、白糖、鄧麵、雞蛋、古月粉。

做法：（一）肥豬肉切成骨牌大小的薄片，用白糖搽勻，醃約兩日，備用。

（二）鯇魚肉剁之成茸，加上少許古月粉，用筷子搭之至夠爽，然後釀在肥豬肉上（貼着肥肉的白糖要抹去），上面再蓋上爽肥肉一塊，像一件小型的三文治，最上面後貼一片芫荽。

（三）鄧麵用雞蛋和之，拌勻，以之蘸夾好的肥肉，慢火油鑊炸之至焦黃色即成。吃時蘸喼汁淮鹽。

這是甘、香、鮮、爽、脆、化可酒可飯的食製。製作上也沒甚特殊技巧，先用白糖醃過肥豬肉，比較費時，但沒有糖醃過的肥肉就會膩口且不夠化。

神仙鴨

轉眼又到「鶯飛草長」的時候，但是在這十丈紅塵，冷暖無常的氣溫中，偶憶「春江水暖鴨先知」描寫鄉村風貌的舊詩，不禁神往鄉居的恬靜生活。住居在都會裏的人們，營役終日，無非為了生活，第一件事也無非為了吃，恬靜閒適的生活既不易獲得，講求飲食之道，該算是城市生活的一種享受了。

香港四面都是海，卻沒有江，更看不見春江，好在各魚菜市場還有鴨，水既暖矣，殺鴨佐膳雖煞風景，卻可給老饕們一快朵頤。

鴨的製作方法不勝枚舉，現在提供的是「神仙鴨」的做法。

所謂「神仙鴨」當然不是天上神仙的食製，而是地上人仙的嘉餚，大概是這種做法的鴨吃來極其美味可口，故稱之為「神仙鴨」。

作料：鴨一隻、番茄汁二兩、紹菜約半斤、薑、葱少許。

做法：將鴨劏淨，抹乾，內外用鹽少許稍醃約十餘分鐘，「泡嫩油」，紹菜也「泡嫩油」備用。

用薑、葱起紅鑊，將鴨爆過，加入紹菜、番茄汁、兜勻，加水炆至鴨身可用筷子夾起即成。

吃時能否吃出神仙，是另外一個問題，不過炆過的紹菜，極濃鮮可口。

龍江釀豆腐

今年新界蔬菜豐收，加上冷的日子短，暖的日子長，菜蔬更易於繁榮茁壯，幾乎形成了「菜賤傷農」的趨勢。幾日的氣溫又由初夏回到

冬寒，魚菜市場的菜蔬價格因天氣的影響，又抬高了。除了蔬菜外，週年無淡月的國粹食製——豆腐，也利市三倍，想吃豆腐的，晚一點到市場去的不一定買得到。

春行冬令的氣候，「打邊爐」吃生窩仍是合時令，菜蔬豆腐所以好市，似乎與「打邊爐」和吃生窩的人多不無關係。惟是「打邊爐」和吃生窩，本欄前已談過，偶然想起順德龍江人的家常菜釀豆腐，特在這裏給讀者介紹。

這是一個很經濟的家常素菜，做法也比客家釀豆腐簡單。

作料：白豆腐膶、蒜頭、豆豉、馬蹄。

做法：每件豆腐橫片之為兩塊，馬蹄剁之成茸備用。

蒜頭豆豉洗淨以碗盛之，用刀頭椿之成茸。起紅鑊，爆香蒜豉茸，加進馬蹄兜勻，以碗盛起，然後釀在張開之豆腐上面，另一塊豆腐則蓋在蒜豉馬蹄茸之上，以碗盛之，加油在飯鑊裏蒸熟即成。這是一味用不了三毫子即可辦到的家常菜。

炸豆腐丸

俗諺謂：「兩龍不認順，九江不認南。」兩龍是順德的龍江和龍山，九江則屬南海，由於三地都是兩縣富庶之區，有問諸兩龍或九江人的原籍，多答以龍江，龍山或九江，而少有答以順德或南海者，這就是「兩龍不認順，九江不認南」的俗諺所由來。

順德人精於吃，不讓廣州人專美，龍江人也懂得吃和精於吃，自不在話下。即以昨提供之釀豆腐，是賤價而平凡的食製，但作料的調配頗見得匠心獨運，爆過的蒜豉夠濃香，加入爽口而有甜味的馬蹄，釀在豆腐裏，使毫無味道的豆腐成為可口食製，還可加入韭黃或葱花。

所以對食有研究的，不必一定要花很多錢才吃到美味。寫到這裏，又想起川菜的「炸豆腐丸」，也極為可口，不過作料卻比龍江釀豆腐貴好幾倍。

作料：豬腦、豆腐、葱白、雞蛋、幼鹽、瘦火腿。

做法：豆腐外皮不要，只要中心夠嫩的，和豬腦的比例是一兩嫩豆腐，三兩豬腦。豬腦去衣，弄成茸，以濾器濾過，渣滓不要，再加入四分一嫩豆腐、剁幼葱白、瘦火腿茸、雞蛋白和幼鹽，搓勻做成湯丸的粉一樣，然後掐成丸，以慢火油鑊炸至微黃即成，是下酒佳品。

也有以上湯時菜滾之，不叫作「炸豆腐丸」而稱為「豆腐丸時菜湯」。

山根製法

印度加厘吉打（即加爾各答）之本報讀者陳榮鏗先生為海外有名之知味者，頃來函垂詢山根的做法，並談到有關食的問題，立論精警，故擇錄之以供同好。

陳榮鏗先生云：「（上略）歐洲人稱世界之庖人烹飪法以中國為第一等，誠非虛語。自從馬可波羅把中國之《美味求真》一書帶返意大利，並將之譯成意文，更在意國一地方設庖人學校，教授學生烹飪之術。當時有一位法國女子，喜愛研究食的製作，知此學校為教授烹飪者，乃即投入該校，並將意文譯成法文，其後學成歸國，又在法國設校而教人。所以中國之高貴烹飪術傳之於意、法兩國，故至今日歐洲之製造食品，仍以法意兩國為最好，可知中國烹飪術之可貴也（此段故事乃弟閱本埠之英文政治報而得知者）。

今先生寫此《食經》，一則可以教人烹飪；二則可以喚醒中國一般

所謂士大夫與乎富貴之流，只知吞噬而不曉得食品之物質與製作，何者為精美，何者為巧妙，但知以錢多，而用三十六度板斧之製作，如鮑、參、翅、肚等，以為高尚名貴，實則有其名，而無其實者知所注意；三則喚醒一般中國人，以入廚房烹飪為下賤污恥之事者知所改革。所以謂先生之《食經》，真大有益於世矣。

弟自少時即喜歡研究食品製作，因為家鄉有一種特別之風俗，其好飲食者，常常集合幾位飲食同志，而作飲作食，更各顯其製作食品之本領以為樂。且弟有一祖母，能製諸多特別之食品，如有客來，則由她弄菜而款待，不必到酒樓定菜也。所以學得不少弄菜之妙法，可惜弟之福如芥子之小，不及先生之福如日球之大，弟之本領如駑駘，先生之本領如騏驥，此則使我有愧耳。」

陳榮鏗先生來函末段云：「……茲有一事，懇求先生指教者，弟雖食過『山根田雞』及各式各樣製法之山根，但未有學過製造山根之法，本埠亦未有人製造山根出賣，所以想買些山根而作食製亦不可得，真是困難。想先生必能詳細指教。孔子曰：可與言，而不與之言，失人。一個海外華僑，景仰先生而求教，必能不失人而允賜教也。如蒙不棄刊登娛樂版之《食經》以教示，則感激不淺矣。……」

答：《食經》不過是寫來玩玩的東西，既沒有藏諸名山的企圖，也無留諸後世的存心，初不料這類玩意竟有這麼多「有同嗜焉」的讀者。我更不是「入廚三十年」的大廚師，也沒開過教人做菜的烹飪學校，所知有限，所寫的亦不過極其貧乏的一點點，大教過譽之處，愧不敢當。辱承下問，僅就所知奉告：

山根的原料是用最富膠質的麵粉，通稱之為一號根麵。

做法是：以清水開麵粉，搓之至夠黏，再用清水漂去無黏性的麵粉，剩下來的便是有黏性的麵根，將麵根弄成小圓球形，放在滾油裏炸之即成大球，就是做「山根田雞」的山根。

清明菜

　　春分過後，轉眼又到清明。古今傳誦杜牧的佳句：「清明時節雨紛紛，路上行人欲斷魂；借問酒家何處有，牧童遙指杏花村。」不禁又在人們的心頭泛起。

　　時逢踏青佳節，慎終追遠。在「人民時代」來臨以前，香港人回原籍掃墓真是踵趾相接，往來廣東四鄉的輪渡，此時此際也擠擁不堪，然而「人民時代」的今日，試問有若干香港人可以歸鄉掃墓？

　　有鄉歸不得，益使遊子倍添鄉愁旅思，童年隨父兄輩攜酒肉冥鏹，肩雨傘以掃奠先塋情景，猶歷歷在目。童子何知，當時不外欲一快口腹，故每年掃墓歸來，桌上必備的「燒肉小炒」，與我的筷子最有交情。我以為祭祖菜必有「燒肉小炒」是敝鄉的習俗，後來才知其他地方如高要、四邑、順德等的清明祭祖也慣用「燒肉小炒」。

　　作料是：蕎、切菜（即鹹蘿蔔絲）、燒肉、實豆腐膶、韭菜、蠔油。

　　做法：蕎要蕎白，豆腐膶切成條，煎過，荷蘭豆去苗，切菜漂去鹹味後切為吋許長，白鑊炙乾備用。起紅鑊，爆香蕎白、燒肉、荷蘭豆，加進韭菜、豆腐條、切菜，兜勻，最後以蠔油調味即成。

　　據故老言，用燒肉小炒祭祖，含有這樣的意義：蕎代表轎，以轎迎列祖列宗，豆腐和韭菜象徵富貴長久。究竟是否如此，是民俗學家研究的範圍，這裏不再作考證了。

釀炸蛋

商場吹遍了淡風，商店在一個月雖舉行了兩次大減價，創造不少很新穎的廣告術語，仍難獲得「其門如市」的景象，淡靜情形像沒有減價前一樣。

俗諺謂「賤物鬥窮人」，貨物的價格雖跌破成本，然而想買的人爭奈連跌破成本的錢也沒有。

任何人不能一日或缺的食料，雖不致跟其他的商品一樣吹淡風，除了供求上一時失常者外，也未見得「市道堅挺」。入春以來除蔬菜外，當以雞、鴨蛋最平了。由於湖南蛋在港大量推銷，使新界產蛋的也蒙受不少打擊。

蛋平多吃蛋，這是主持中饋的或伙頭軍的算盤；但煎、蒸、炸蛋吃得多，也有點膩口，茲提供一個釀炸蛋的做法，給大家參考。

作料：雞蛋、魷魚肉或鮮蝦、冬菇、葱、「鄧麵」。

做法：雞蛋原隻煲熟，破之為二，取出蛋黃，加進魷魚肉或鮮蝦、冬菇、葱白剁之成茸，另放少許古月粉，又攪之至夠爽，釀進蛋黃的空位裏，蘸上用雞蛋開的「鄧麵」，炸之至夠焦黃色即成。

吃時蘸唸汁淮鹽。

蘿蔔忌廉湯

昨宵與好友廖君等在某酒家吃飯，除要了幾樣小菜外，另煲了一海碗生魚葛菜豬肉，湯鮮而無雜味，廖君甚表滿意。並謂，在酒家

吃飯而吃煲湯，尚屬第一次。這種湯味最低限度好過清燉冬菇之類，起碼不必費神大師傅，在調味時加入「搶喉」的東西——味精。一大窩煲到夠鮮夠清的湯，價錢也不比燉冬菇貴，這辦法值得「學習」、「學習」。

酒家的所謂「清燉冬菇」，實則並不清，因為不是以清水燉，而以上湯加上味精燉，好的北菇燉起來還有點香味，清則談不到了。沒有香味的北菇，加上很濃雜的上湯，喝起來真比不上生魚葛菜煲豬肉的湯。

某次在酒家吃飯又煲了一個蘿蔔忌廉湯，當時吃過的也很表滿意。

雖稱之為蘿蔔忌廉湯，究其實也有肉味的。如稱之為獅子頭蘿蔔忌廉湯也未嘗不可。

做這個湯的作料是：蘿蔔、半肥瘦豬肉、江南正菜、淡牛奶、芫荽。

做法：蘿蔔去皮洗淨後切成欖形，煲臉半肥瘦豬肉（肥肉僅佔四分一），剁之成茸（加入十分之一正菜同剁）後，用手搓之成湯丸形，放在油鑊裏炸過，然後再加入已煲至夠火候的蘿蔔湯裏再二三滾即成，上窩之前調味，加芫荽淡奶少許，湯即成乳白色。

肉丸裏有少許正菜另有一種香味。

酥 炸 豆 腐 角

年前，太平山下東江的菜館的開設有如雨後春筍，最盛的時候，就灣仔一區也有六七家，曾幾何時，若干東江菜館不是「收整爐竈」，就是改營別業，或兼營甚麼菜了。商情不景，上高樓吃館子的人逐漸減少，這些所謂東江菜的品質味道也難使吃過的人有「再添四兩」的興致。話又得說回來，做得好的東江菜固有其「食而甘之」的好處，不過

賣東江菜的，多是只有東江菜的形式，而沒有東江菜應有的實質，到頭來要貼出「修整爐竈」幾個字，這是最大原因。

「東江釀豆腐」是東江菜的佳品，「順德釀豆腐」是順德的家常菜，同是釀豆腐，做法卻有不同。順德釀豆腐有酥炸的嫩滑，但釀的作料則和東江無大分別，魚肉裏同樣要加進霉香鹹魚。順德式的每一角豆腐餡裏還加進生胡椒一粒。

酥炸的做法是釀好豆腐後，蘸上乾糯米粉，炸時用武火，一泡即盛起，外皮夠酥脆是糯米粉的作用，內層則嫩滑。

嫩滑的做法是將油煮滾後，連鑊移離竈口，待滾油已沒有油泡時，才將釀好的豆腐角（外面不用蘸糯米粉）放進鑊裏浸熟即成。

鳳吞燕

星洲華僑以福、潮人士最多，其次是客籍和粵籍，有關於吃的，潮、福食製店和檔固比比皆是，但做酒請客的，多請吃廣東菜。南天酒家、新一景、大世界裏的詠春園、快樂世界裏的大同酒家等，都是星洲有名的廣東菜館。不過，星洲的粵菜製作卻不為「食家」所恭維。恭錫街附近有一二家小的粵菜館的菜還做得像樣一點。據說國泰酒家開幕後，比較有像樣的粵菜，實際如何，因沒機會吃過，不敢妄加月旦。

要做酒請客，沒有點菜的習慣的，普通是每桌一百元，好的每桌一百二十元，都有二熱葷六大菜，飯麵點心等，至於吃甚麼菜，則完全由酒家安排。就個人記憶所及，星洲菜館的粵菜差不多都是八珍豆腐、滷珍肝、包翅、鳳吞燕（在未禁售乳豬前，百二元的菜式必有乳豬）、炸子雞、花膠水鴨、八珍鴨或陳皮鴨、清蒸白鯧或清蒸筍殼魚

等，很少見到其他菜色，而鳳吞燕尤其是不能或免的菜。

鳳吞燕是很典雅的菜名，鳳是雞，燕是燕窩。

做法是將雞劏淨，在雞尾處開一小孔，去骨，將浸過揀淨的燕窩塞進雞肚裏，外加上湯，隔水燉雞肉至可用筷子夾起即成。

蒸旱雞

星洲最流行的粵菜「鳳吞燕」，假如作料是上乘的話，那可以說是一個上菜。

實際上星洲一般酒家的「鳳吞燕」，所用的燕窩絕對不會是一品官燕或血燕，而只用新燕的燕條、燕盞等。即使是用正官燕或血燕，大多數吃燕窩的人也難分孰為上品？孰非上品？新燕條燕盞燉得不夠火候，與浸發後一條一條的燕窩一樣，吃來不特沒甚益處，更會影響消化。將雞裏的燕窩燉得溶化，吃的人又會嫌不夠斤兩。這正如「清湯鱉肚」一樣，吃到白花膠已不易，哪還有正式大澳鱉肚？故對吃有研究的人，在酒家是不會點菜這一類菜的。

假如愛吃燉，川菜的「蒸旱雞」值得一試。

作料：雞一隻、洋薏米、百合、蓮子、白果、茨實、高粱酒、瘦肉。

做法：雞劏淨，雞尾處開一小孔，毋須去骨。薏米、百合等作料洗淨，用水少許浸過。把作料之塞進雞肚，外以針線密縫，放在燉盅裏，加水一碗、瘦豬肉四兩，用小杯（拜神用的小杯）盛高粱酒置於雞上，加蓋，隔水燉約四小時即成。燉成時酒杯裏的酒已完全燉乾，棄去瘦肉。這是清鮮而香的雞製作。

四川人用大麯酒，香港不易找到，只好用高粱代替了。

四五大陸

現在的時代是宣傳時代。做生意固要重視宣傳，政治、軍事、外交更離不了宣傳，共產黨過去的成功，如果說是成功在主義、組織等，毋寧說是宣傳的力量。

搞政治的既這樣重視宣傳，做生意的對於宣傳也不能不採取「不敢後人」的政策，殯儀館開幕大登廣告，似乎可以列入做生意的宣傳到了高峯吧。

不入正行生意之列的賭，也有宣傳，而且宣傳的口號做得甚工。友人佛山才子梁君云：當年廣州河南賭館林立，除僱有「進客」作人對人的宣傳外，還有一句口號：「有賭未為輸，塘乾就見魚」，叫輸過錢的不妨再賭，最後會大贏的。我以為這句口號總比時下的「七除八拆，銀紙回籠」商業廣告來得高明而富煽動力。

除宣傳有口號而外，還有賭的菜，名為「四五大六」，據說後來新開的賭檔，也作「四五大陸」拜地主云。

「四五大六」是「骰子」的點數，擲出四、五、六，是贏錢的象徵。所以這個菜全部是「骰子」，代表「骰子」的是肉丸，名稱雖古怪，卻是甘脆肥濃的一類食製。

作料：馬蹄、半肥瘦豬肉、豬網油、葱白、雞蛋、生粉。

做法：先把半肥瘦豬肉和網油剁成肉茸，葱白與馬蹄也弄成小粒，用雞蛋將各項作料拌勻揸成約「骰子」一樣大小的丸，蘸生粉慢火炸之，最後加「甜酸饀」即成。

炒腰花

「爆雙脆」和「炒腰花」都是外江菜。「爆雙脆」是山東菜,「炒腰花」江南最流行。兩個菜做得好不好,第一個標準是爽脆,味道濃淡是次要問題。爆得不夠爽脆的雙脆當然是名實不符,炒得不爽而韌的腰花不算好,所以這兩樣菜的難處,同是熟後吃時要夠爽夠脆。

廚娘下午在中環街市購得新鮮豬甲第,以作翌日煲甲第粥,我看見新鮮豬甲第不禁食指大動,晚飯先做一個甲第菜「炒腰花」。

作料是豬腰,配料是荷蘭豆和蠔油。

腰花炒得夠脆與否,最講究是火候。炒時一定要夠紅的鑊,過火則不夠爽,不夠火候則腰花不熟。此外爽與不爽還有一個秘密,就是豬腰本身。浸過水和不夠新鮮的豬腰,不會炒得好。豬腰中間有些紫紅色的東西,如不切去,即使火候控制最有經驗的廚師也不會炒得好。所以先將豬腰破邊,把紫紅物切去,然後在外面劃上十字刀痕,方切件。

做法:起紅鑊,先炒荷蘭豆至七分熟,以碟盛起。再以蒜花起紅鑊,傾下腰花,兜勻,加入荷蘭豆再兜一遍,其時腰花與荷蘭豆已熟九分,加蠔油兜勻,即可上碟。

大豆芽炒豬大腸

「豆豉碗頭」是四邑人的家常菜,「大豆芽菜炒豬大腸」則是四邑人請客的菜。客家人請客的十大碗,幾乎離不開一大碗扣肉,而「大豆芽菜炒豬大腸」則是四邑鄉下人有喜事請客幾乎不能或缺的菜。

香島陷落以後，我在香港人所稱之內地各處流浪，廣東的兩陽和四邑的台、開、新、恩也是我浪跡所經過的地方。第一次吃到「大豆芽菜炒豬大腸」是在台山都斛一個台山朋友家裏的結婚喜筵上，除了這個粗賤菜外，其他都是上品。當時我在想：結婚喜酒為甚麼用這樣的菜宴客？主人不是一個所謂「孤寒種」的人物，其他菜色是上品，也許是四邑人的習俗吧？

　　第二次在開平沙地的朋友壽筵上，又吃到大豆芽菜炒豬大腸。第三次在荻海橋頭地方吃薑酌也吃到這個菜。當時我禁不住問台山朋友：為甚麼四邑人喜事請客一定有「大豆芽菜炒豬大腸」？台山朋友笑道：「你有所不知，做喜酒吃這個菜是敝鄉的習俗。大豆和豬大腸雖是最粗賤的東西，卻含有極好的所謂『意頭』，豬大腸是長長久久之意，大豆芽有根有薑，所以我們做『大豆芽菜炒豬大腸』，連大豆芽菜的根也不切去的。請薑酌和請吃出門酒更少不了這個菜。如果桌上沒有這個菜的話，鄉下人則認為不好『意頭』了。」至是我才恍然大悟。

　　雖然四邑人請客幾乎不能或免的菜，但幾次吃到的都做得不夠好。大豆芽菜連根姑且不論，但豬大腸必韌，慣做的粗賤菜也做得不好，是否因為粗賤而不注意做法，那就非我所知了。

　　在香港，酒席請客用到「大豆芽菜炒豬大腸」，必被客人竊笑「孤寒」。

　　這是普通的家常菜，尤其是食指繁多的，這更是一個又廉宜又「有得夾」的菜，如果製作不太差，也是很可口的。雖是粗而賤的食製，卻也有兩種做法。一個是腍滑的做法，一個是爽的做法。

　　茲先說腍滑的：用清水將豬大腸洗淨，又用鹽擦過腸的內層，復以清水漂去其鹽味，放在滾水裏將豬大腸煲至夠腍，然後切之每件約一吋長，以筲箕盛之，待豬大腸吹至爽身才用頂豉起鑊炒之，這是腍滑的做法。

　　爽的做法是：將大腸洗淨刷淨後，破開成一長塊，以刀將大腸內

層的油膩輕輕刮去，復在外層斜劃大約隔一分闊的刀痕，然後每件切成約吋半長，放在起蝦眼的滾水裏拖至僅熟備用。

大豆芽所含的水量甚多，且有豆青味，想炒得夠香而又沒有青味，應該這樣：將大豆芽腳切去，洗淨，用白鑊將大豆芽烘乾備用。

炒時薑片起紅鑊，先兜過大豆芽，以碟盛之，再加油少許，爆過頂豉，才傾進豬大腸，兜勻後加入大豆芽，再兜一過，加味起鑊，打饙與否任便。

用薑起鑊目的在辟大豆芽的豆青味和增加香氣。

多仔鴨

據相命家說：鴨嫲型的女人是宜男相。怎樣叫作鴨嫲型？豐臀的是否就是鴨嫲型？我沒有看過蔴衣柳莊，不懂得解答。但是，家禽類中的鴨，生殖至繁，這是誰都曉得的事實，以鴨嫲來比喻多仔的女人，也很有道理。

偶爾在一個招待剛自東洋來港渡蜜月的新婚夫婦的筵席上，吃到一個鴨的食製，名叫多仔鴨。用「多仔鴨」這個菜招待正在蜜月旅行中的新夫婦，足見做主人的誠意送給新婚夫婦一些「好意頭」。實在，這種筵席上有這樣一個菜，確也夠風趣。

這是一個極濃郁可口的菜，製作也不甚麻煩。

「多仔鴨」的主要作料當然是鴨，仔是用最小的檳榔芋代之，其他的配料是鹹蛋黃、薑、五香粉。

做法，先將最小約一斤重的檳榔芋煲至僅熟，去皮，再用五個鹹蛋黃、鹽、五香粉少許，將芋仔煲至夠腍，其時蛋黃的香味和五香粉的味道已滲入了芋仔裏面，即以碗盛之備用。

將鴨劏淨，在鴨尾處開一小孔，然後將已煲腍的芋仔塞進鴨肚裏面，又以線密縫孔口，再用薑汁起紅鑊，將鴨煎至微黃，以瓦器盛之扣至鴨肉可用筷子夾起即成。

所謂扣，是製作上的術語，實則是隔水蒸。至要注意的，五香粉不能多用，吃時使人吃出有五香粉的味道，就不夠標準了。

臘雞蛋

雞蛋是最富營養的食料，含有維他命的甲、乙、丙、丁、蛋白質、脂肪質、礦質等，是人們所必需的營養素。

今年以來，雞、鴨蛋在魚菜市場上，一直是保持廉宜的價錢，每元八隻、九隻、十隻，正是廣東所謂「抵食」的食料。

柴貴燒炭，炭貴燒柴，是主持中饋者的經濟學。自然雞、鴨蛋售價廉宜，也多吃雞蛋和鴨蛋。

有關蛋的製作，本書前後提供過好幾十種製作方法，不過都只限於即吃即做的，至於不是即時吃的做法，除了醃鹹雞蛋、鹹鴨蛋外，還有臘的做法，也是順德人的食製。鄉下人飼養的雞鴨，產卵一時太多了，賣不出去，又不能留得過久，會用臘的方法保存。吃時放在飯面上蒸熟。

臘雞蛋的作料是：紗紙、汾酒、淮鹽、靚生抽。

做法：用土製的紗紙，開之為若干張（每張的大小以包得一隻蛋為度）備用。

把乾的紗紙蘸上汾酒，將雞蛋破開，以紗紙盛之，加上適量的淮鹽、生抽後，像包豆腐一樣將蛋包好，以筲箕盛之，曬乾即成。

臘鴨蛋，方法一如上述。

椰子雞

假如你高興，甚或有喜事，要在廣東的酒家請客，而你又告訴部長要一桌二百元以上的菜，則部長給你核對的菜單裏一定會有「紅燒包翅」、「當紅炸子雞」、「乾煎大蝦碌」、白汁或「清蒸石斑」等幾個菜。除了熱葷稍有變化，上述的幾個菜，在每一桌筵席裏幾不能免。我覺得每次在酒家吃到的都是這些菜，使人感到膩和凡俗。

雞是食製的上品，請客沒有雞是不夠排場的；但酒家的雞的製作除了炸子雞、玉蘭雞，甚或鹽焗雞外，少向顧客提供其他較為新穎的製作。

週來先後三次吃到酒家的「當紅炸子雞」頗感到太膩了。竊以為，在酒家請客有時試吃一次「椰子雞」，未嘗不可一新客人的胃口。

「椰子雞」的作料是嫩雞、椰子、淡牛奶、生抽。

做法：先將椰子刨絲後隔水蒸過，以瓦器盛之加入滾水一碗，再以紗布包裹椰絲榨取椰汁，然後將椰汁同雞盛在燉器裏，隔水燉至夠火候，吃之前用生抽調味，並加入淡牛奶和極少的糖。燉的雞還要先「泡嫩油」。

沙爹雞

前談的「椰子雞」據說是極佳的補品，然而補到甚麼程度，這要研究吃補品的才能解答了。

「沙爹雞」也是別開生面的雞的食製，做酒請客，以上品的雞做「沙

爹雞」是頗能刺激客人胃口的。

　　道個「沙爹雞」的做法，當然和南洋式的沙爹有分別，卻也無可否認是從南洋食譜的沙爹蛻變而來。

　　雖是味道香濃的下酒物，做法卻有點麻煩，偶爾一試，倒使人有新穎的感覺，請客請兩桌以上的，會嫌工夫太多了。

　　作料：用嫩的雞，另購雞膶七八個。還有濕咖喱（樽莊的印度咖喱）、鮮椰汁、蠔油、乾葱、淡牛奶、糖。此外還要預備竹籤或六七吋長的粗銅線。

　　做法：將雞劏淨，去骨後把肉切成長條形，每個雞膶也切成三四件備用。

　　乾葱榨汁，和上濕咖喱、蠔油、淡牛奶、糖，拌勻，將已切成長條形的雞和雞膶醃過，然後以竹籤或銅線穿起雞肉條，近尖處復穿上一件雞膶（做法一如南洋沙爹），在炭爐上燒熟，以碟盛之，復用醃雞的咖喱汁等作饀，另以小碗盛之，吃時像吃南洋沙爹一樣，以手持穿有雞肉的竹籤或銅線的另一端，蘸些沙爹饀，然後送進嘴裏。如不用小碗盛載，將沙爹饀淋在雞上面亦可。

釀荷蘭豆

　　青豆是當時得令的菜蔬，但青豆的母親荷蘭豆卻已年華老去。過了農曆三月，荷蘭豆的豆仁漸趨壯大，外殼卻愈來愈韌而不脆。這個時候吃荷蘭豆小炒，就犯了不時而食的毛病；作料本身不合時，即使製作得很好也不會好吃的。孟子說：「不時不食」，此之謂歟？

　　內子昨遊元朗，購歸豬肉二斤而外，還買了一包荷蘭豆，我說：「荷蘭豆已是過造的菜蔬，為甚麼還要吃荷蘭豆？」內子說：「這是很

新嫩的。」細視之果然不是豆仁壯大的荷蘭豆。

一包荷蘭豆，即席做小炒吃了一半，還有一半留待今天做「釀荷蘭豆」。

釀的作料是，鮮蝦五分之二、半肥瘦豬肉五分之二、蝦米和冬菇佔五分之一，先後剁之成茸，加紹酒、古月粉少許、鹽搭之至起膠狀備用。

荷蘭豆洗淨去絡，在橫邊錚開一條裂縫，將作料釀進去，在鑊裏煎熟即成。這是老幼咸宜，可酒可飯的爽口菜。

瑤 柱 羹

讀者章綺文小姐來函云：「我們上海人叫乾貝的，廣東人叫作江瑤柱。有一次我到廣東朋友家裏吃到用乾貝做的羹，據主人家說，這個菜叫瑤柱羹，味道很鮮，乾貝很滑。我想先生一定懂得這個菜的做法，有便希望在《食經》見告，俾資學習學習！」

瑤柱羹的做法很簡單，作料也並不貴，如要夠鮮一定要用上湯，單用瑤柱熬湯是不夠的。用多量瑤柱未嘗不可，但還不若加進些瘦豬肉同瑤柱一起熬湯，則味更濃鮮。

作料：瑤柱四兩、瘦豬肉半斤、鮮雞蛋兩隻、靚生抽、鹽。

做法：先將瑤柱洗淨，撕為最幼的絲（也有用水浸透後才拆絲的，我以為浸過後拆絲不比乾拆的絲幼），同瘦豬肉（不要切開）一起熬成一碗夠濃的湯後，取出瘦肉備用。

雞蛋破開，加生油少許，搭之約十分鐘，然後起紅鑊，再將瑤柱濃湯燒滾，把鑊移離竈口，才將搭勻的雞蛋逐少傾下瑤柱湯裏，同時用筷子攪勻，使傾下湯裏的雞蛋不能成塊，然後加生抽、鹽調味即成。

上碗後加些少芫荽。

　　圓的乾貝旁貼着一小片半月形的乾貝，俗稱之為乾貝枕，雖有鮮味卻不能放在羹裏，因為乾貝枕是很韌的。

罐 頭 食 品

　　讀者林祥來信說：

　　我是星島日報的長期讀者，更是先生《食經》的忠實讀者。有幾次，想親入廚房，依法炮製一下，卻都為母親阻止，她說：「這不是爾們男人的地方。」所以在行孝不如從命之大前提下，我終於沒有一顯身手的機會了！

　　到現在止，我仍然還是只識吃而不懂做，但是先生的流利文筆把我吸引住了，使我對《食經》的興趣，始終不衰。

　　幾天前，母親炒完魚鬆，說要候退涼後，才能入罐封閉，寄往南洋給朋友。我提異議，說不必，凡事都只是微菌在作怪，這樣熱烘烘的一團，哪裏有微菌？所以立刻裝罐，是不怕的。母親執拗我不過，只得分出一小部分裝罐封閉作試驗，今天打開來看，果然我輸了，魚鬆的味道已不鮮美。她們說是受「沖了」，味「反了」。究竟這是甚麼緣故呢？

　　以下幾點？先生如有空時，也請給我指導，在星島報上發表，或直接給我也好。

　　（一）罐頭食品，能不能保留長久，是不是看蒸製時能不能把裏面微菌完全殺死而定呢？沒有微菌，就不會有發酵作用，食品就不會變質了？

（二）退涼後的魚鬆，裝罐時壓實，使裏面很少氣體，然後緊封密閉，這樣能保留原味若干時日呢？

（三）如果將退涼後的魚鬆裝罐壓實，然後把罐放滾水裏蒸，趁熱氣未退時，拿出封閉；同製罐頭食品時一樣，這麼，這方法會不會比第二項好，鮮味能保留若干時日呢？……

答：熱時或涼後裝罐都會變。凡罐頭的食物就難保有鮮味，罐頭公司入罐時是用熱裝封之，再煲之夠滾，然後破一小孔，待罐內空氣因受熱蒸發，從一小孔逸出，內部確已成真空才再封密之，始可保存。

齋白鴿蛋

初夏天氣，在陽光下穿單衣有時也覺汗流浹背，但到烏雲把太陽遮蓋了，穿夾衣還覺得有寒意，忽然有驟雨，跟着颳起東風或西北風，卻又像冬天的季候。這樣乍暖還寒的日子，香港人俗諺叫作「朝北晚南半夜冬」，最使人感到不舒服和易招傷風咳嗽的疾病。

在這個時候，甘、脆、肥、濃的食製也開始不大為人們所愛吃了。假如你對素的食製發生興趣，「齋白鴿蛋」可以一試。

作料：沙穀米、蓮子、草菇、時菜。

做法：先將沙穀米研成幼粉，用水搓之成粉團備用。

蓮子（用蠶豆亦可）去衣去心後以草菇煲至脸，加油少許搓之成茸，調味後用來做白鴿蛋的蛋黃，外層則以沙穀米粉包之成白鴿蛋形，然後用滾水拖熟，「過冷河」。

起紅鑊炒菜薳，以碟盛之，白鴿蛋置於菜面，再用草菇汁打饊，淋在上面即成。

這是有葷的形式的素菜，稱之為「菜扒白鴿蛋」亦可。白鴿蛋的形狀如做得像，看來使人不相信這是素的製作。

如嫌素的味道太薄，用夠清的雞汁搓沙穀米粉亦可。不過，這不是素的食製了。

油泡雞子

山野村夫對補品的需要較少，都會裏的摩登人物，對補品很重視。據說年來最暢銷的補藥是含有荷爾蒙一類的東西。

由此可見，居住在都會裏的人們，荷爾蒙太缺少了，但這是因為支付得太多呢，還是所吃到的食物裏缺少「荷爾蒙」呢？這非《食經》研究的範圍。

某君告我，近來很多花訊年華的女人打「荷爾蒙」製劑，據說可以返老還童和增加青春活力。他底太太也想打些「荷爾蒙」針，但他「大力」反對。我說：可使太太返老還童的事也不讓她做，你太自私了。某君莞然，說：「你想提前送花圈給我嗎？」我不懂得這句話的含意，無以置答。

據某食家言，雞生腸和雞腰的「荷爾蒙」含量最多，他從來不怕「荷爾蒙」不夠，因他愛吃雞生腸和雞腰。

提起雞腰（俗稱雞子），想起從前大道中三龍酒家的大師傅倫熙做的「油泡雞子」，確是一個可口的食製。假如需要「荷爾蒙」補身的，不妨多吃。

它的做法是：洗淨雞子，以笪箕盛之，吹爽後，用外國的名叫馬奇士的醬油和生抽將雞子醃過，又以笪箕盛之，吹爽，待油鑊滾後，將雞子傾下，連鑊移離竈口，以炸籬攪勻油鑊裏的雞子，約三四分鐘即成。

菜膽炒生魚片

「生魚片連湯」是廉宜的食製，在大酒家做菜請客雖然少有，但中小菜館，生魚片連湯卻是常備的菜，三四人吃的晚飯菜，要一個「一賣開二」的「生魚片連湯」，是經濟的吃法。炒生魚片假定是二元一碟，加上「連湯」最多是三元，因為「連湯」的湯的主要作料是生魚骨，再加上時菜薑而已，做得好的，湯味也很夠鮮。

昨談起倫熙的「油泡雞子」，同時又想起倫熙做的一個巧手的食製——「菜膽炒生魚片」。

倫熙所做的「菜膽魚片」的好處是：魚片夠爽，菜膽夠嫩而脆。這是誰都吃過的普通食製，惟就我所知，倫熙的做法，確與一般的有所不同。

生魚夠鮮，生菜夠嫩當然是主要的條件，但無論怎樣炒法，都不會比倫熙做的好吃。原來倫熙做這個菜根本不是炒的製作，而是用油泡的方法。

生菜外層的三四塊不要，要裏層夠嫩的，洗淨，再用乾布將每片菜葉抹乾，生魚片每片的厚薄大小要切成一樣備用。

燒滾油鑊（鑊裏起碼要有一斤油），傾生菜在油鑊裏，待生菜泡至半熟為度，即以炸籬盛起，等多餘的油漏去才可以碟盛之，然後將油鑊移離竈口，以炸籬盛着生魚片，放進油鑊裏泡之僅熟後，置於生菜上面，最後加上白饙即成。

蒸白切雞

　　四川的「蒸旱雞」的好處在夠香夠鮮，但吃來夠嫩夠滑卻不及廣東的「白切雞」。

　　「白切雞」雖夠嫩夠滑，但有時也感到不夠鮮味。這因為浸的時候稍多一些火候，雞的鮮味滲進湯裏，雞本身的鮮味打了折扣，吃時雖覺夠嫩滑，卻不夠鮮味。當然浸至僅熟則不會失鮮味；然而怎樣才算僅熟，全靠經驗，卻沒有可靠的標準。日賣百數十隻「白切雞」的酒家樓的大師傅，對於浸雞的經驗當然是很夠了，但仍常見未浸得僅熟的「白切雞」，特別是雞脾部分。經驗少的，浸雞浸至僅熟則更不易有把握了。

　　我以為，愛吃「白切雞」而對於浸雞又沒有僅熟的經驗和把握的，還不如做蒸的「白切雞」。

　　「蒸白切雞」的好處第一不怕不熟，第二能保存雞肉的嫩滑和鮮味。雞身夠嫩是最重要的條件，老雞是不會蒸得夠嫩夠滑的。

　　「蒸白切雞」的做法是：將雞洗淨，內外以布抹之至乾，特別是裏面，不宜存有水濕，然後以少許蜜糖塗內部四周，以碟盛之，隔水蒸十五分鐘即成。吃之前才斬開，吃時蘸薑汁、蠔油。

　　塗上蜜糖是使雞肉增加鮮味，惟塗得過多吃時會有甜味，甜味過重反會減少雞肉的鮮味的，故塗蜜糖切忌塗得過多。

「獻」與「縴」

讀者方素貞小姐來函云：

> 很多菜都要「打獻」的，廣東菜如是，上海菜如是，北方
> 菜也如是。北方人更有稱「打獻」為「加滋」者，我僅知其然，
> 而未知其所以然。嘗問上海朋友「打獻」二字怎樣寫法，他們
> 也答不出「打獻」的正宗「獻」字。
>
> 大作裏常有紅獻，白獻等，我也想知道這個獻字的來歷，
> 未知能否賜告。……

打獻的「獻」字是廣東俗稱，例如紅燒鮑甫，紅燒大裙翅裏有黏性
的汁，就是廚師術語裏的「紅獻」。

我嘗請教過大師傅們「獻」字的來由，得不到正確的解答。有說是
奉獻的意思，我則認為這種解釋不大對。《隨園食單》「須知單」裏有
用縴須知一則，原文如下：

> 俗名豆粉為縴者，即拉船用縴也。顧名思義，因治肉者要
> 作團而不能合，要作羹而不能膩，故用粉以縴合之。煎炒之時，
> 慮肉貼鑊，必至焦老，故用粉以護持之，此縴義也。能解此義
> 用縴，縴合必當。否則亂用可笑。漢制考齊，呼麴麩為媒，媒
> 即縴矣。

袁子才以食製裏的豉油豆粉等作料為縴，我以為是很恰當的說法。

魚香茄子

　　孟子曰：「魚我所欲也，熊掌亦我所欲也，二者不可兼得。」孟子假如生活在香港，當然不會「魚我所欲也」。物罕為奇，香港有的是魚和是活生生「入水能游，出水能跳」的海鮮，達官貴人固視吃魚為平常，販夫走卒吃海鮮也不覺得是名貴食物。一斤牛肉，一斤魚鮮，如任人選擇，似乎要牛肉的比要魚鮮者多，為的是香港出產魚而不產牛。川、黔等有江無海的地方，卻認為牛肉是平常的食物，視魚鮮為上品。即就湘南湘江，雖盛產魚鮮，但自廣東或香港運去最平最賤的牙帶鹹魚，也列為上菜。

　　矮瓜（外省人稱為茄子）是當造瓜菜，吃了一頓矮瓜，不期而然想到四川人的「魚香茄子」。顧名思義是有魚的香味的茄子食製，究其實，做得好的「魚香茄子」確有魚香味，但卻沒有魚的作料。

　　作料：矮瓜、黃糖、薑汁、白醋、醬油、鹽。

　　做法：矮瓜去皮，炸過，用手撕成條，然後用黃糖、白醋、醬油、鹽將矮瓜炆至夠腍即是。

　　有無魚香味道完全是糖、醋等配料，過多或過少都沒有魚香的味道。至於份量，我沒作過仔細研究，無從給讀者提供。就是賣「魚香茄子」的，也不一定擔保每次都有魚的香味。

上菜的秩序

張秋仿先生來函云：

「鳳吞燕」是星洲粵菜館常見的菜色，予亦有同感。星洲固少食的研究家，菜館對菜色的變換及做法亦不大研究，是最大的原因。還有一個原因是做菜可用的作料太少，不若香港，可集南北海陸可吃和好吃之精華，普通酒席的菜色自然有很多變化，即使要做五百元、千元一桌菜，也未嘗不能找出可值五百元、一千元的作料。在星洲，要做三百元一桌酒席，恐怕不易找出值三百元的作料。予為南洋伯，雖或未能盡知，然星洲、檳城、怡保、吉隆坡等地的粵菜，幾已遍嘗，尊論怡保、吉隆坡兩地之菜色比星檳兩地較優，誠屬的論。竊以為南洋菜色之不能多變，除不大肯研究外，天時和作料的來源都有很大之限制，但是可集南北海陸作料的香港，除做法各有短長外，也不見得有很大的變化。翅、鮑、雞、鴨、魚、蝦幾為每席不能或缺的菜，我的意思不是不主張用這些作料做菜，但嫌做法的變化太少，每一種作料，在酒家所吃到的，來來去去只是四五種變化。假如你在酒館一連請二十天客，每天的菜色要變換一種做法，酒館雖不至於技窮，恐怕要舉行開菜單的小組會議了。

酒館上菜第一度是熱葷，跟着是包翅、雞或鴨，最後一度菜是魚，這種上菜的秩序，始自甚麼時候？尊意以為合理否？便希見告。

秋仿先生：星洲固少食的研究家，香港也不見得很多。大亨闊佬

雖多，他們所懂得的享受是新型汽車、別墅，再加上一隻遊艇；家裏有一個會做好菜的廚子的，雖不至於百不一見，至少是百不十見。去年招待有歷史性的貴賓的上菜，竟用到「鍋貼石斑」之類的菜，還大吹大擂一番謂：「菜色經縝密考慮選定……」由此可見所謂闊佬也者，也不見得懂得食的享受、食的藝術。

有關上菜的秩序，始自甚麼時候，我也不大了了。據故老傳說，先上好的菜是往昔官場上酬酢的習慣。因達官貴人一定是忙人，要請他吃飯，不易吃到席終即起身告退，一桌濃淡都處理得很好的菜，忙人的達官貴人吃不到兩三個就離席了，做主人的為表示對這些太忙的賓客的崇敬，於是把所有好的菜都擺在前頭，後來就成了習慣。不管濃淡，盡量把好的擺在前頭。二三十年前，在塘西飲花酒，雞是押席菜，很少有人下箸的，後來又改為在中間上的菜。竊以為，西餐先吃湯，再吃魚然後吃味濃的肉類，實在很有道理。

嘗見精於吃的食家，在吃之前喝一杯好茶，到吃時先喝一碗上湯，然後吃清鮮的菜，最濃味的菜則留待最後才吃。這樣才能遍嚐各個菜的真味，若先吃了濃味的菜，然後吃清鮮的菜，自然會感到清鮮的食製毫無是處了。近年來很多人做菜請客先上一席西菜中食，有酸有甜的沙律龍蝦，再吃其他菜，即使做得極好，也會覺得平凡。

筍 酸 豆 腐 牛 肉 湯

時序雖是初夏，氣候卻像盛暑，寒暑表上升竟至超過八十度，名卿巨公，「大亨」、「老細」已開始過其避暑生活，但我們仍須汗流浹背在燈下過其熬夜的校對生活。

天氣太熱，夜間睡眠固受到影響，而在太陽登山的時候才睡覺的

我們，由於太陽的熱力比所有的熱女郎更熱，使我們無法安然酣睡，睡得不好和不夠，自然影響到吃。幾天來不特沒有吃的興趣，量也大為減退。味道不佳的食製固然不想下箸，就是做得好的也淺嚐即止。我的「中饋」有見及此，午飯做了一個「酸筍豆腐牛肉湯」，喝來頗覺可口，也許因為許久沒喝過這個湯，而鮮湯裏帶有少許酸味，覺得很「醒胃」。

這個湯做得好與不好，最主要是牛肉，如果用雪藏澳洲牛肉，除有腺味外，也不夠新劏牛肉鮮味。牛肉以外的作料是：酸筍、水豆腐、鹹酸菜梗。

做法：先將鹹酸菜梗用鹽稍醃過，洗淨，酸筍也洗淨，切後以清水滾約十五分鐘，使清水變為有少許鹹酸味的湯，上碗之前傾下水豆腐，再滾才加進已用鹽豆粉蘸過的牛肉條片，焗二三分鐘，用生抽和鹽調味後即成。

如果想吃酸中稍有辣味的湯，在滾湯時加進少許辣椒絲。

豉 油 雞

讀者陳何露薇來函云：

我是「食經」的長期讀者，而且常常依照大作所說的方法去試驗，有時做得好，有時卻做得不夠理想。就我個人的經驗所得，做菜雖是小道，研究的地方委實不少，由作料以至火候，往往有差之毫釐，繆之千里的結果。先生嘗引用羅斯福夫人的話：「當你閱讀食譜時，對烹飪方法雖然得到很多指示，但其中某一些方法，卻並不可靠，因此實驗比讀食譜還來得重要。」

這些話是很對的。

　　大作裏有關雞的製作，已有好幾十種，為甚沒有「豉油雞」的做法呢？我很想試做「豉油雞」，可否把方法次序刊在「食經」裏⋯⋯

「豉油雞」的做法很簡單，除雞身要夠嫩外，還要有好的豉油，雞身不夠嫩，豉油也買不到夠鮮的，是難做得好吃的。

　　做法：將雞劏淨，抹乾備用。用瓦罉，加油燒紅，稍爆過兩半豉油，加進五錢水，滾後才放雞進罉裏，蘸勻豉油，蓋上罉蓋，用最慢火候將雞浸至九成，再加糖少許，在豉油裏浸熟即成。

　　也有加進少許花椒、八角在豉油裏面的，這叫作「五香豉油雞」。

大地魚焮豬腳

當年桂林有一句形容女人善變的話：「桂林天氣，女人脾氣。」

　　桂林的天氣冷暖不常，早、午、晚間一日數變，稍住過桂林的人大都曉得。有些女人之多變、善變比桂林天氣更厲害，但以桂林天氣形容女人多變善變，一竹篙打一船人，則未免過火一些。

　　香港的天氣日來也變得厲害，一兩日之間，寒暑表的升降相差十餘度，盛夏季候忽然又行春令，變的程度比善變的女人更厲害。讀了我們齋公編輯「且涼快幾天」的題目，怕熱的我不期然立時感到一股涼氣襲向心頭。在這樣的氣溫裏，吃的興趣和寒暑表的下降適成反比例。

　　友人添丁，送來一碗豬腳煲薑，吃完了還想再吃豬腳，敬煩「中饋」弄一個「大地魚焮豬腳」。

　　這是順德人的冬春令食製，不過這兩天的氣候吃這樣味濃的菜式

還不算「不時」。

作料：豬腳、大地魚、薑。

做法：先將大地魚烘香，起肉去骨備用。

用薑片起紅鑊，爆香豬腳，加進大地魚肉，兜勻加水以瓦罉焗之至夠腍即成。

豬腳夠濃夠香，可作下酒菜，焗過豬腳的汁和飯同吃，可以增加飯量。

安徽的鍋燒鴨

「大餚館」、「為食街」、「地檔」的食製，應該用「為食街」、「地檔」的作料製法來衡量它的好壞，而家常菜也有家常菜的標準，吃酒家的菜如果以「為食街」或家常菜的標準去衡量它的好壞，又用吃酒家菜的標準去批評家常菜或「為食街」菜餚，同樣可說是走錯路線。

所謂有地位的人士，要招待最「架勢」的貴賓，以「菜色愈平凡，愈可表現廚師技巧」，這樣表現中國的烹飪藝術，弄出一個貴賓在西菜已吃膩吃厭了的「鍋貼石斑」，那只顯示主人的文化水準不高，同樣是走錯路線。

以廣東人習慣的清淡味道去批評山東菜做得不好，以習慣吃甜味的江南人口味來批評廣東菜味道淡薄，也同樣是走錯路線。吃山東菜應該用山東菜的標準去衡量；吃川菜，吃粵菜，也應該站在川、粵菜的角度去欣賞，才知是好是壞。

習慣吃濃膩的人，吃其他濃膩的地方菜，容易察覺好處。廣東人慣吃清鮮不濃膩的食製，我以為安徽菜會比較合廣東人的胃口。我第一次吃到安徽菜並不在安徽，而是在山西的臨汾。其時太原已陷敵手，

同蒲路的平遙以南仍在國軍手中，臨汾成了山西的軍政重心，第二戰區司令長官的司令部也設在臨汾。我在臨汾吃到的安徽菜，就是當時司令長官衛將軍的大司務所做的菜。其時晉局初定，第二戰區正重新部署一切，雖有美好食製，然在兵荒馬亂之餘，也不易提起興趣，不過當時覺得安徽菜也很合廣東人的口味。後雖再嚐安徽菜，然因敵騎遍中原，也無心仔細欣賞了。

去週末，齋公李伯伯以予為愛吃爛吃之徒，經由「最好的老師」柳存仁兄召予過九龍，於蕪湖街福樂菜館晚飯，初不知為安徽菜也。既食而甘之，尤其「鍋燒鴨」，色、味、香俱佳，誠為上品，因叩問李伯伯做法，荷蒙賜答，用特誌諸《食經》，供老饕們研究。

李伯伯函覆「鍋燒鴨」的製作，分為四部曲。

（一）選肥鴨，去內臟洗淨黃酒漬過，以葱薑塞腹內，入油鑊，加醬油（老抽）、糖，文火收汁入味後（按紅燒法手續）取出待用。

（二）將鴨骨拆淨取肉（皮另取下不可棄去），撕細勻，以雞蛋白打鬆拌勻之。

（三）雞蛋白和麵粉如打鬆至糊狀，厚薄酌宜鋪勻大淨盤上，再將撕細拌勻之鴨肉攤平糊上，使扁平成一大整塊（長圓形），另留下之肥鴨皮平圍於四圍。切四川榨菜及葱為細末，和香料末灑上。又以蛋白麵糊調和一層加覆於上。

（四）以準備完成之材料入熱油鑊炸之（此時火不可太猛，猛則外焦內不透）。不時以細竹籤插入肉中試火候程度，將熟時再加猛火，即速起鍋（取香味），切成小長方塊，拼回長圓形大整塊於盤中，蘸花椒鹽即食。

第一部曲為本菜之基本工作，第四部曲為入盤後即食，最要恰到好處，遲則欠香味，冷後再回鍋更不中吃。如必須回鍋，則要再加蛋白麵糊一層（要比前用者稍稀薄），蘸透後方可回鍋炸熱。「即食」之義大矣哉，「時」而已矣。

活 魚 變 霉

　　讀者黃輝鴻先生來函云：

　　　昨日在灣仔洛克道街市購得一斤重之紅斑一尾，以豉油清蒸，熟後吃之，一面甚鮮，另一面之下半已變霉，使我大惑不解。

　　　魚是活生生的，由我自己買來，計由買以至吃的時間不夠兩小時，天氣也不太熱，絕無可能在兩小時內變霉，而變霉的也只是一邊的下半，其他部分同平常的鮮魚無分別。我愛吃魚，有關魚的一切也稍知一二，但從未遇過一尾活生生的魚，蒸熟後會有一部分變霉，我找不出所以如此的道理來。閣下嘗遇過這樣的事嗎？苟能將它的理由解釋，不勝感謝。

　　輝鴻先生：大函所述並不是奇事，我也遇過兩次，一次是石斑，一次是黃腳鱲。幾經研究也找不出原因，後來和一位做釣艇的朋友談起，才知這是常見的事。

　　原來當釣者將魚扯起，一時未及用小網將魚盛着，為了爭取時間而置魚於曬炙的板上，取出魚鈎然後放進有水的魚艙裏，魚仍是活的，但被曬炙板上煎迫過的一面已經半熟，所以活的魚蒸熟後有一面是霉而不鮮的。

食經・下卷

第七集

粵菜追源

周鼎

　　世界上任何天才，都帶着一張嘴巴，自然都懂得吃。自詡優秀的日耳曼民族，他們吃着他們的國家最流行的環餅，可是都不知道那是成吉思汗帶去的，同時，也咀嚼不出那份被征服歷史的辛酸。

　　所以，「食在廣東」，從歷史的角度來看，也變成是忘本的一句話。

　　根據史地學專家的考證，周秦漢時的百粵人，就是今日的馬來民族。而今日的馬來民族，尚有以葉裹飯，用手抓吃的。可見原始的所謂「食在廣東」，究竟是怎樣的了。

　　晉裴淵著《廣州記》，曾談及三國時虞翻放逐南方，在現在光孝寺處設帳授徒，教當時猶帶南蠻面孔的廣州人以「起居飲食禮節」。也許那時的粵人還是抓飯吃的吧。

　　歷代的戰亂，對於一地的飲食形式，自然也有很大的影響。東漢馬伏波將軍征交趾，宋狄青平儂智高於崑崙關。這些南征留成將士，都曾經大大地改變了嶺南人的烹飪之道。

唐僖宗時，黃巢流竄廣南。追隨他的烏合之眾，也有不少滯留南方。抗戰期間，逃難經過英德洸洸鎮時，曾遊覽過他所建下的所謂皇城，其中有一大竈，鍋上可供小孩游泳。而當地人偏嗜辛辣，治饌款客，菜色都顯出有濃厚的川菜味。

　　唐房千里所著《投荒雜錄》說：「越人本僮族，僮，古蜀山氏國臣民也。」

　　因此，我們可以武斷一點說：粵菜的形式、調味，本自川菜。而另一個理由是：馬援、狄青手下的大將，也多數是川滇人。

　　這種飲食形式的最大演變，當然還在宋朝南渡之後。大量的移民，使當地一切為之改觀。

　　清初大儒屈翁山也這麼說：「今粵人大抵皆中原種，自秦漢以來，日滋月盛，不失中州清淑之氣。」

　　自然，粵菜也就是集中原各地之大成的囉。但由於氣候關係，粵菜始終保留「沖淡」的特色。這是不可抹煞的。而由於上述的原因，我還是不敢說「食在廣東」這句話。

　　這不是考證，也絕非論斷，這只不過是從飲食之道領會出來的一種懷舊之情。

　　特級校對先生在動亂時代著《食經》，似存深意。以前刊行的六集，內子都把它當作下廚的範本。這是我的口福。為了表示不忘本，我寫了這篇簡單的東西。而我的所謂「追源」，大概也是擔心特級校對先生輟筆，太太藉口罷工的吧。這世界，最動聽的還是這種啖飯之計。

一九五三年一月

魚生粥

　　嶺南才子鞠華先生，籍順德，以詩書鳴於時，且精於食，曩在五羊，有食家之名。知予食饞，閒常與予談《食經》，識見之廣，使予傾佩！日者以予太懶，多日未寫《食經》，特戲書「魚生粥」一文見贈，意在挑予之懶筋，至為可感，亟為刊諸《食經》，並謝鞠華先生。左為先生之文：

　　天氣熱了，胃納不佳，肥甘之品，當然退避三舍，吃飯也覺得討厭了，悠然有食粥之想。鄭板橋說：在寒天的時候，一手拿着炒餅，一手捧着胡塗粥，縮頸而啜之，有無窮的樂趣。在寒天尚且如此，何況天熱呢？

　　古人在寒食節日，為大麥粥，研杏仁為酪，以湯沃之謂之甜粥，實即現時廣東流行之杏仁糊也。又十二月八日，各寺院俱設五味粥，雜以香稻果實，名曰臘八粥，又稱佛粥，這是應時而興的粥品，是指定某一天烹煮的。至於整個夏季，以粥鳴於時的那不得不推廣州的魚生粥了。

　　在八九十度的盛暑裏，在鴿籠般人煙稠密的香港，頓使我回憶到故鄉的廣州，回憶到南漢遺跡荔子灣頭，昌華舊苑。邀約二三知己，當夕陽西下的時候，一舟容與，徘徊濃陰綠水之間，縱情談笑，肚子裏有點餓了，便移舟泊到魚生粥艇的旁邊，一角錢一碗，加兩角錢鮮蝦，多放一些薑絲，大家兩碗、三碗、四碗，熱烘烘的吃着。小舟圍着大粥艇，如蟻附羶，綠女紅男，不拘形跡，面對面大吃大喝，正是一個樂遊勝地。在這時的粥艇，以合記為最有名，其他也不下十餘艘，生意滔滔，兩大缸的粥，不一會兒又賣光了。我們是老主顧，天天依時抵達，所以索性在合記艇內，放存下幾雙象箸，幾個碗子，免得臨

事周章，多所等待。

粥的作料，不外魚片、海蜇、魷魚、薑絲、辣椒、油條、炸花生、生菜絲之類的普通東西而已，但一經煮來，味道特別鮮美，和陸上粥品店的早粥，所謂及第粥、牛肉粥、魚片粥等，確有不同。

後來穗、港各食品店中，也不少標榜着荔灣艇仔粥，以廣招徠。所用的材料，當然大致不差，但吃起來，卻大有分別，絕無鮮美之感，絕不能引起食慾，一碗已嫌多了，更談不到三四碗了，這卻不知是甚麼緣故。但說也奇怪，就算粥品的附屬品油條，俗稱油炸檜的，在廣州是通而脆，這裏卻統統是實而韌的。穗、港本來是一水之隔，這裏的人，也不少是從廣州而來，但一離開原來的地方，便有這大大的差異，魚生粥之所以不能保有荔子灣頭的風味，大約就是這個道理。

在香港，熱天的去處，不是也有一個香港仔嗎？不是也有許多菜艇嗎？那菜艇的裝飾，金碧輝煌，像隋煬帝的龍舟般，不是比廣州的魚生粥艇還好得多嗎？然而風趣遠不及荔灣，端坐堂皇而吃海鮮，更不及熙攘縮瑟而啜魚生粥。暮色四合，一水縈迴，過柳波橋，出白鵝潭，騷人墨客在低首吟詩，嬌娃在撫弦弄曲，有達官貴人，有村婦野老，大家放下其整天的疲勞，具集此間，享受大自然的美妙，直到夜分時分，才各自緩緩歸去，何等優遊暢適，何等活潑天真。惜乎如今一切都成過去了，承平景象，何時復得，思之黯然！

故人黃晦聞，在同遊荔灣的當兒，作了一首詩，其中的四句道：「畫船士女親操楫，晚粥魚蝦細作簷；出樹亂禽忘雨後，到篷殘日與橋齊。」描寫眼前的風光，語語道實，的是名手。

我也被諸人迫着交卷，胡亂作了一首七律，自然比不上黃大詩人這麼好，但一樣是即景寫實，尚未犯盲堆典故之弊，記得中間的四句是這樣的：「嬉水人歸潮退後，買閒船趁夜涼時；一甌香泛魚生粥，百顆新嚐糯米糍。」

同舟中有幾位朋友，看了嘩然笑道，你這簡直是竹枝詞，不，打

油體而已，魚生粥、糯米糍等字，怎可以入詩，我這才覺得一般所謂詩人，其迂拘自是與所見不廣，真是一言難盡。我於是對他們解釋，拿風土事物寫到詩句裏，不一定就是俗的。宋人楊萬里詩：「跳上岸來須記取，秀州門下鴨餛飩。」鴨餛飩，是甚麼東西呢？原來是烘卵出鴨，有半已成形，不能脫殼，混沌而死的，在別地方是廢物了，但在秀州卻認為是地方食品，名之曰鴨餛飩。餛飩者，混沌也。這鴨餛飩三字和魚生粥、糯米糍，又有甚麼分別？而且魚生粥這個名詞，也早見諸典籍了──《南越筆記》說：「粵俗嗜魚生，以初出水潑刺者，洗其血腥，細劊之為片，紅肌白理，輕可吹起，薄如蟬翼，兩兩相比，沃以老醪，和以椒芷，入口冰融，食時尤必佐以熱粥，使和其冷氣。」又《本草綱目》亦稱：「魚膾，亦名魚生。」這樣說來，魚生粥可以入詩嗎？算得是俗嗎？

晦聞哈哈地說，當然可以，當然可以，而且用來甚新。大家聽到大詩人也說可以，便不再驚奇了，這成了魚生粥一段佳話。晦聞還送了一頂高帽子，說我知道地方掌故不少。現在回憶起來，真覺物是人非事事休了。當時的朋友，有些分別着，各在一方了；有些長逝着，化為異物了，而荔子灣的魚生粥，想當無恙吧？

蒸金銀膶

讀者黃少海先生來信：

我是大作《食經》長期讀者，閒話不必多說，以前讀過大作談發霉臘鴨的故事，當時我以為是《食經》中的談經而已，但最近兌現了。所說的確是事實。

日前過上環街市看見某燒臘店開了一大桶已發霉的臘鴨，興之所至，買了一隻，價錢比掛起的顏色鮮明的平百分之三十，歸而刷淨蒸食之，果然淡口而甘香無比。大作前謂在南風天發霉的臘鴨，鴨肉必不過鹹，不然，必不易發霉，今事實證明，這一隻發霉臘鴨，卻比掛起的，顏色鮮明的，味鮮而夠甘香。後來再到該燒臘店去買發霉臘鴨，則謂經已沽清。

　　除了臘鴨外，其他臘味也是我冬天愛吃的東西。昨在朋友家裏吃飯，其中有一碟金銀膶，甚為甘香可口，為我前所未嘗。據朋友說，這是在中環街市某燒蠟店買的，特去買了半斤蒸而吃之，比在朋友家裏吃的相差甚遠，原因何在？如方便的話，希賜覆。

　　答：太新的蠟味，蒸起來是不夠香味的，而蒸的時候一定要原條蒸，蒸熟後始切片，如先切片而後蒸，則香味泰半已不存。

蝦碌的顏色

讀者于素珍來函云：

　　客套話不必説了。我是大作的忠實讀者，也是一個主婦，我的丈夫是爛吃也是稍懂得吃之流，更特別愛吃乾煎蝦碌。過去傭婦煎蝦碌做得很合他的口味，但新請的傭婦煎蝦碌前後好幾次，都不合他的胃口，特別是有茄汁的煎蝦碌，更不愛吃。他説茄汁的甜味掩沒了蝦的鮮味，但是不放一些茄汁進去，煎起來蝦碌不夠紅色，他見沒紅色的蝦碌又説蝦不夠新鮮。待他

嚐過以後，卻又承認不是甩頭不夠新鮮的蝦。

　　大作裏說過酒樓的煎蝦碌放入一些可吃的橙黃粉，不曉得
這橙黃粉到哪裏去買。假如不用茄汁和橙黃粉，有無其他辦法
可將明蝦碌煎起來有紅色？盼在《食經》裏指教！

　　答：家庭裏做的煎蝦碌，不必用橙黃粉，假如要蝦碌有紅色，並
不是難事，只要在煎的時候蓋上鑊蓋，則蝦殼會變紅色。

營養的價值

　　本報寫「沿步路過」的司空月，以中文會考的女生的家政關於計劃
和菜單做法的試題見示，問我怎樣作答？我說：不超過三元「發辦」，
計劃一湯兩菜的菜單，實至容易；不過，要寫上每種作料的營養價值，
和甚麼作料要花多少錢，一時恐怕不易作正確的答覆。跑慣街市的，
也不一定全知各種作料的價錢，何況向來不會到街市去的香港小姐。
至於作料的營養價值，除非手頭有書本，恐怕也不會有正確的答覆。
中文學校裏關於家政科中的做菜，據我知，似還沒教到營養價值和價
錢，而女學生們也不重視。我以為，電影明星羅拔泰萊、愛絲德威廉
絲等甚麼日子是他或她的生辰？又結過幾次婚？現在的丈夫是第幾
任？問諸女生們，所得的答覆，至少有百分之八十答得對。做菜的試
題答對的，恐怕不會超過百分五十。

　　不超過三元「發辦」，足供五人之用，做一湯二菜，我隨便可以提
供好幾十種，但是你要我提供每種作料的確實價錢，卻非先到街市查
問一番後我絕對答不出，即使答得出，也不夠正確。再要我舉出作料
的營養價值就非翻書本抄出不可。就菜蔬而論，大部分都有營養價值，

含量如何，卻又大有分別。比如波菜，含脂肪是 0.2、礦質 1.8、蛋白質 1.8；莧菜所含的蛋白質是 2.0、礦質 1.7、脂肪是 0.2，假如解答作料的營養價值要列出它的份量才算合格，試問有若干女學生可以答得出？

這些試題我不敢說它是「離譜」，但我不能不懷疑出題目的自己會知道多少？

冷 拌 豆 腐

詩翁海客在《自然日報》會考女生家政試題烹飪詩兩首云：

> 女生理合勤家政，大來至怕唔生性；試吓佢功夫，開餐有冇符。兩葷兼一素，任你如何做；發辮銀二難，連湯都要齊。
> 舞場影院週時慣，唱歌游水人人讚；講到入廚房，當真唔在行。買柴和糴米，總係爹娘理；點估問呢亭（這樣的東西），知先刨《食經》。

就該試題而言，即使先刨過《食經》，也未必答得通，蓋《食經》所提供的不過是做菜的若干原則和方法而已，並末涉及各種作料之營養價值也。

潔小姐颱風日來在東京灣一帶盤旋，有向香港襲來之勢，但和潔小姐有關的熱浪早使香港人流下不少熱汗，影響所及，食量也大為減低，國粹食製的水豆腐，也為成應時的上品。偶想起四川人的「冷拌豆腐」，是夏令的理想食品，特提供給愛吃豆腐者參考。

作料：方塊豆腐、葱白、榨菜、蝦米（魚鬆肉鬆或蝦子均可）、鎮

江醋（浙醋亦可）、生抽、蔴油，愛吃辣者加辣油。

做法：豆腐去上下硬皮，蝦米炒香至成之微粒，葱白粒及榨菜粒用油鑊爆過，放在豆腐裏，加入蔴油、浙醋、辣油、生抽，拌勻即成。

粵 派 雙 脆

新聞記者原是一項吃苦頭的行業，工作繁忙而所得匪豐，苟無自我陶醉之傻勁，確不能幹下去。所謂傻勁也者，採訪得好的新聞，編新聞編得好，自我欣賞，自我陶醉，渾忘了工作的辛勞和所得菲薄，這就是傻勁。記得一首新詩有兩句：「明月裝飾了你的窗子，你裝飾了別人的夢。」夜深工作之餘，靜坐朗誦，頓覺心安理得。抽閒消夜，也屬心安理得之事。

昨夜往汕頭街之操記，喝了一點紹酒和檸檬水的混合酒（可稱為中國雞尾酒之一），吃了二個價廉物美的小菜，最後還來一個「豉椒鵝什炒河」作押席，酒雖未醉，卻吃得很飽。

三個小菜中我最愛吃的是廣東式的「雙脆」。山東菜「爆雙脆」的作料是腰花和腎花，用紅鑊爆之，最後打白饡。廣東式雙脆的作料是豬粉腸和肚仁蔕，在大滾水裏拖至僅熟即成，吃時蘸蠔油。這是清爽的下酒物，尤其是夏天，濃膩的下酒物不大被歡迎，愛飲兩杯者，這下酒物值得推薦，不過做得夠爽與否，最重要的是選料。肚仁蔕只要蔕仁裏面的，再用刀片薄，浸過水的粉腸也不會爽的，沒有粉的粉腸也不夠甘。

釀粉腸

提起了廣東派的「雙脆」，也想起了雙脆作料的粉腸另一食製：「釀粉腸」。久矣乎沒吃過「釀粉腸」，這是一個清而甘香的夏令合時食製。這個菜有脸和爽兩種吃法。作料是粉腸、雞蛋黃。

做法：將原條粉腸的粉壓出，加進雞蛋黃一起拌勻，加味後，釀回粉腸裏，兩端用線緊紮。要吃脸的放在湯或開水裏煲至夠脸，上碟切之約一寸長即成。要吃爽的只在湯或開水裏拖熟即成。

不過，脸比爽的吃法較佳，因為韌的粉腸多，爽和脆的粉腸少，吃到不夠爽而韌的粉腸還不如吃脸的了。

吃來有無甘香的味道，完全在於粉腸本身。沒有粉的粉腸必沒有甘香的味道，所以做粉腸一定要選多粉的腸才好吃，不然就不會覺得「釀粉腸」有甚麼好吃。嫩豬的粉腸很少有粉，即使有也不會多。就我所知，餓豬的粉腸粉最多，從前來自廣州灣大豬的粉腸粉最多，本地飽豬的粉最少，要做釀粉腸還須找餓豬。

蒜豉炆苦瓜排骨

冬瓜和苦瓜都是夏令的「時菜」。家常菜固常有，請客筵席也常見冬瓜和苦瓜。不過做喜事的筵席則沒見過有苦瓜的，因為苦是不好的「意頭」，苦瓜又稱為涼瓜，也許就是為了避去了苦字。

冬瓜是清的，苦瓜是濃的，苦瓜食製少見沒蒜豉的味道，就因為用濃味的蒜豉配苦瓜才顯出苦瓜的好處。《隨園食單》有云：「凡一物

之成烹，必需輔佐，要使清者配清，濃者配濃，柔者配柔，剛者配剛，方得和合之妙。」蒜豉配苦瓜就是「濃者配濃」，得到「和合之妙」。

苦瓜有炒的做法，也有炆的做法，我認為炆的做法好吃。如「蒜豉炆苦瓜排骨」，做得好的，苦瓜比排骨好吃得多。

作料：苦瓜、排骨、蒜豉、豆豉、酒、醬油。

做法：苦瓜去瓤切成骨牌形，用鹽稍醃過，「出水」，「過冷河」後擠出苦水，備用。排骨切件，用醬油、酒少許撈過。瓦罉起紅鑊，先將排骨「走油」取出，再爆香蒜豉，傾下苦瓜，兜勻，再加進排骨、鹽、水同炆到夠火候即成。

愛吃辣的，加進少許辣椒同炆亦可。如要炆好的苦瓜仍有碧綠色，「出水」時加進少許梳打食粉。

涼拌三絲

香港之熱，不及印尼之椰嘉達、暹羅之曼谷。香港之冷，自然也遠遜於中國大陸。從好的方面說，香港不太熱，也不太冷。因此有禦寒設備的屋宇很少，除了風扇外，也不多見有足夠的防熱的設備。

有很多人喜歡香港，不太冷和不太熱也是一個不小的理由。香港之冷，我毫無所懼，惟香港之熱，有時卻使人難受。像日來的悶熱，幾被迫至寢食半廢。

除半仙和神仙外，任誰不能犧牲食和睡，睡得不好自然影響到精神頹萎。吃得不夠，長此下去，也會感到「命不久矣」的威脅。

冬瓜、豆腐、辣椒等，是目前當時得令的食製作料，但吃得太多，也會感到膩喉而不大喜歡下箸的。

「涼拌三絲」是夏令的食製，假如吃膩了冬瓜豆腐的話，「涼拌三

絲」是可以一試的。

作料：鮑魚、燒鴨、冬筍、蔴醬、生抽、蔴油、芥辣。

做法：將鮑魚煲腍切絲，燒鴨切絲，冬筍切絲（罐頭冬筍亦可），以碟盛之，加進蔴油（少許）、蔴醬、生抽、芥辣，拌勻即成。

這是夏令宜酒宜飯的食製，吃辣的可加進青或紅生辣椒絲。嘗見有人用鹹菜絲替代筍絲，我以為鹹菜的味道過濃，掩蓋了鮑魚和燒鴨的鮮味。

紫蘇豆豉炆牛胸

粵劇唱做之不潔，古已有之，不過於今為烈而已。故自各報抨擊粵劇唱做淫褻和日趨下流後，各方反應極大，公認粵劇該來一次「大力清潔」。粵劇圈內人也認為淫褻的曲白影響社會風化至大，應該接受外界批評，從新檢討一番。

友人羅拔鄭，為「幽默大師」之流，昨過寒舍也談及粵劇問題。據云：「戲人在舞台上扮演各種角色，所表現的都是劇中人，而不是他自己，今番社會舞台的清潔運動底劇中人，不是別人，而是劇人本身。這也該列入天理循環之類。」鄭君誠不愧為幽默大師。

正談間，「中饋」問我以頃購歸之牛胸如何製作？我問：「操叔賜贈的豆豉吃光了沒有？」她說：「還有一些。」於是我說：「試以蒜頭、紫蘇、豆豉、紅辣椒炆之。」

吃飯時「幽默大師」的筷子集中在一碟牛胸上面，盛讚味道佳。辣椒蒜豉炆牛胸原是很普通的，不過加進紫蘇葉炮製，味道更能刺激食慾，香濃中而帶微少辣味，誠為夏令可酒可飯的家常菜。

做法：蒜頭起鑊，先爆過牛胸（原件不要切），取出，稍爆辣椒、

豆豉，再加進紫蘇葉絲，然後加進牛胸、生抽、水少許，將牛胸炆至夠腍即成，吃時才牛胸片薄上碟。

捨本逐末

　　不管女生們對家政試題關於做菜的怎樣作答，有若干分數，和合格與否，起碼可予學校方面今後對家政科的教授不致「馬虎」、「是但」，也促使女生們不能不抽出留意電影明星私生活的一些時間，分配在家政科裏面了。說到這些，倒是未來一個好現象，出了中學校的女學生，起碼懂得一湯兩菜的做法，到廚房裏去也不致毛手毛腳。

　　中學女生要習家政科，是由來已久的事，但家政科搞得好的，真是百不一見。我在上海時，朋友告訴我一個笑話。他說：「我的太太是一間有名氣的學校的畢業生，該學校的家政科，也被稱為教得極有成績的。我們還未結婚前，她說她會做多種花式西餅，我自然十分開心。誰知結婚後多年，不但沒吃過她手做的西餅，連喝一杯太太燒的開水也不容易。某次臥病在牀，到了深夜，想喝一杯開水，但水壺裏的開水已沒有了，不得不勞動太太的玉手，豈知太太到廚房裏去搞了一個多鐘頭，沒把開水拿來，還問我：『水裏起了很多泡，算不算開？』我聽了好笑又好氣！她學會了做西餅，而不懂燒開水，捨本逐末，莫此為甚。」

　　這是真實的笑話。中國教師教中國學生做西餅蛋糕，而不教她們燒水、煮飯、炒菜，不但過去很多學校的家政科如此，就目前的香港，試問有多少女校的家政科，不是捨本逐末，教做西餅多過教燒水、煮飯？

涼拌豆角

日來各報本港版新聞反對的題目無日無之，幾乎可成為反對專頁。所反對的是即將二讀三讀的加租新法案，除政府外，反對加租成為一致的公論。廠商會和九龍總商會倡導的團體簽名反對加租意見書，更見搞得如火如荼，深望政府體念時艱，俯順輿情，取消加租法案，最低限度拖後一年再說。然而政府肯否放棄每年一千二百萬的稅收，讓市民鬆一口氣，須待下週才分曉。

天氣熱，已使個人對吃無大興趣，要仰事俯蓄的，為了最近的加租問題，益感到無甚胃口。

一連吃了幾頓炒和煮的豆角食製，很感到厭膩，但「中饋」說小孩愛吃豆角，我也無可如何。

豆角除了炆和炒的做法外，也可做涼拌，但做涼拌豆角則以白豆角為佳。

先將白豆角去根，折之每段約二吋長，用水煲至夠脸，「過冷河」後再用水滾過（作用在避免冷水不潔），去水以碟盛之備用。

另以碗盛上生抽、薑汁、芥辣、鎮江醋、蔴油少許拌勻，傾在已沒有熱氣的豆角裏，用筷子把作料和豆角拌勻即成。

一顆荔枝三把火

梁梅有詩云：「生來幸作嶺南人，買夏採春不厭貧；日日果餐三百顆，頭銜須署荔枝民。」

就週來所見，荔枝今年的產量不比去年少，價錢也不比去年昂，愛吃荔枝，想作荔枝民的，此正其時矣。

荔枝不但是嶺南佳品，也可說是果中之王，古時的騷人墨客為荔枝而寫的詩賦文章多得難以枚舉，荔枝的種類和名稱之多，也非其他果品可比擬。香港常吃到只是糯米糍、桂味、黑葉、懷枝、玉荷包等，還有十八娘、宋公荔、大丁香、周家紅、清白石、皺玉、蛇皮、脆玉、沉香、水母、爭龍瓶、進鳳子、延壽紅、一品紅、七夕紅、大將軍、麝香匣、松柏墨等。香港果檔不但少見標起這些荔枝的名稱，就是談的人也百不一見。水果檔所常用的荔字是草頭三個力，究其實是草頭三個刀字才是正字。

廣東俗諺有謂：「一顆荔枝三把火」，即是說，多吃荔枝可以補火，但補至怎樣程度則非我所知了。不過，廣東很多地方的小孩在夏天生瘡，禁吃荔枝。荔枝除了味甜汁多外，還有很高的營養價值。據專家們研究所得：荔枝含有水分 1.1%，蛋白質 0.1%，脂肪 0.1%，糖 1.1%，多量的維他命乙和少量鈣、磷、鐵、鉀，還有助消化的蟻酸。

這樣說來，荔枝不但是可口的果，還有上述的營養價值，頭銜上又何妨署上荔枝民呢？

妃子笑

過某水果檔，看見「妃子笑」的紅籤，食指大動。試嚐之，糯米糍而已，並不是南海產的妃子笑也。「妃子笑」的成熟期遲於「玉荷包」，也屬早熟一類，色似琥珀，果形較大。「妃子笑」的名稱始自唐代，原產於佛山，僅得一株，早已絕種，現在的只是類以當年「妃子笑」的一種而已。

楊貴妃愛吃荔枝，每當荔熟的時候，嶺南節度使即以驛運飛騎，傳送荔枝至華清宮，楊貴妃看見了荔枝就喜上眉梢，唐玄宗為取悅貴妃，遂名之為「妃子笑」。長生殿上，沉香亭畔，有荔枝吃的時候楊貴妃顯得特別開心，唐明皇看見貴妃開心，他比貴妃更開心自不在話下。

詩人白居易愛吃荔枝，叫畫工寫了一幅荔枝圖，自己在畫上寫上一篇序文，說得很詳細，中有：「若離本枝，一日而色變，二日而香變，三日而味變，四五日外，色、香、味盡去矣。」由此可見，吃荔枝新鮮的才好吃。在香港要吃新鮮荔枝，得到新界的果園去，惜乎多為黑葉之類，佳品甚少。廣州易手前有荔枝癖者，每喜聯羣結隊到產地去吃樹上摘下來的荔枝。這些荔枝當然不會「色、香、味盡去矣」，除了所謂「人民」或自詡為「進步」者外，香港人特地為吃荔枝而到廣州或回鄉下去的，恐不易有其人。

蝦子豆腐

豆腐是古已有之的，可列入國粹類的食製。有些食製宜於在夏天吃的，也有些食製宜於在冬天吃，在夏天吃冬天的食製，或在冬天吃夏天的食製，就會被認為是孔子所說的「不時而食」，但國粹食製的豆腐，春、夏、秋、冬吃都不會「不時」。

甜的豆腐花是夏令佳品；豆腐花加上醬油和熟油是夏令佐膳的食製；豆腐韭菜滾燒腩或魚一類的「一品窩」，卻是冬令家常佳品。

豆腐也是素菜的主要作料，吃「齋期」和吃「長齋」的，幾乎離不開豆腐，但吃葷的人對豆腐之愛好也不在吃素者之下。吃豆腐的好處除了不會有「骨梗在喉」和價廉外，豆腐的香味和葷的氣息，在食製中不會落伍，這是永遠在「前進」和被人們擁護的一個重要原因。

有關豆腐的食製，本欄提供過不少。茲再提供一個「蝦子豆腐」的做法。這個菜也有嫩的做法和老的做法，嫩的做法則豆腐夠滑，老的做法味夠，但不夠滑。

老的做法是先將豆腐膶煲至起蜂巢眼，以笡箕盛起，待水分完全流去後，再用鮮湯，起鑊將豆腐煨過，最後加進蝦子煮熟即成。

蠔油豆腐

「吃豆腐」是上海人的慣用語，並非真吃用白豆做的豆腐，廣東人每以為上海人所說的「吃豆腐」是討便宜的意思，究其實，吃豆腐固有討便宜的意思，有時卻也不是討便宜，還有幽默和諷刺的含義。嘗問諸精說廣東話的上海人：「吃豆腐」一句話代以廣東話，應該是甚麼？也找不出一個恰當的句語。

我愛吃豆腐，不過不是愛吃上海人或舞廳裏貨腰娘所常說的豆腐，而愛吃用白豆做的豆腐。特別是夏天，與豆腐更有緣分，雖不至「每飯不忘」，但一個禮拜中起碼吃三四次。兒輩稱之為「汪伯娘」，即擅做安徽菜「我的朋友」底夠福氣的太太，她把豆腐膶弄成蜂巢樣還有一個方法，那是將原件豆腐膶放在冰箱裏最凍之處藏之兩日後取出，再將豆腐「出水」，則豆腐膶會露出蜂巢孔，我以為這個做法的豆腐比煲老的好吃一些，不過，這做法只限於家有冰箱者，沒有冰箱，只有用煲老之一法了。

蝦子豆腐外，蠔油豆腐也是可口的食製，把豆腐弄成蜂巢後，以蠔油燴之即成。但是要做得好吃，在用蠔油燴以前，一定要用鮮湯將豆腐煨過，要不然味道是不夠濃的。蠔油用多了則過鹹，少則不夠鮮，當然，除了煨以外，要做得好吃，蠔油本身好不好也是一個問題。

涼粉

　　甜的豆腐花而外，涼粉也是夏令的食品，不過，不吃豆腐花的人很少，不吃涼粉的人較多。因涼粉帶涼削性質，不吃所謂寒涼東西的人是不吃涼粉的。做起來的涼粉是色黑如墨，也有人不喜吃黑色的食品。

　　讀者林小燕來函云：「我是先生的讀者之一，《食經》每有刊載必留心閱讀。現有一問題想請教的，就是：如何製可口的涼粉？希早日見覆。」

　　讀了這封信，也想到吃涼粉，於是叫「中饋」做涼粉吃。最初她不肯，理由是家裏沒備占米粉，要用沙盤磨米漿，弄得一身大汗。後來經不起兒子的懇求，終於做了一大盆涼粉，一連吃了三天。

　　它的做法是：涼粉草四兩（什貨店或藥店均售賣）、鹼水三錢、食米四兩。

　　將白米用石磨或沙盤磨成漿，再用布袋把米漿濾過（渣滓不要）備用。

　　中型企身煲一個，盛水至九分，將涼粉草洗過，然後放在已盛水的人仔煲裏，加上鹼水，煲約兩小時，取出涼粉草，放在沙盤裏，用手力擦之至爛，再用布袋將涼粉草和擦出之膠濾過，渣滓不要，復把濾過的膠汁傾進入人仔煲裏，再煲之約半小時，最後把磨幼之米漿傾入煲裏，同時一邊用筷子攪勻，再煲滾後，以瓦器盛之，涼後即成糕狀，置於冰箱藏至夠凍，和以糖膠吃之。

荔 枝 鴨 片

今年在香港所見到荔枝比去年較多且廉，但少佳品。前週桂味荔枝最平每斤七毫，糯米糍每斤一元至一元二毫。據說，廣東荔枝的佳品大部分運往北平。貢品的掛綠則運赴正在攪着大力清算的蘇俄，孝敬「老大哥」，其餘的則運來香港，換取「鹹龍」的外匯。

近幾天來荔枝的市道又呈現了「貨疏市爽」的情形，糯米糍最貴時每斤三元半，桂味扳到最高價是二元四毫，最低價和最高價的比較竟是一斤與三斤之比，使大部分「荔枝民」頗有吃不起之感。所以突貴的原因是香港生意佬趕辦洋莊，大量搶購，來貨也稀疏。

除了「日啖三百顆」外，荔枝也可作食製材料，「荔枝鴨片」就是用荔枝做作料的食製之一。

這是順德人在夏天喜吃的食製，做法很簡單，像「薑芽鴨片」和「菠蘿鴨片」一樣，只不過不用薑芽和菠蘿而用荔枝，將鴨片炒好後再加進荔枝兜勻即是。

做「荔枝鴨片」的荔枝多用桂味，因為桂味不大甜而又爽口。炒鴨片的荔枝去殼去核外，還須用剪刀剪去靠近荔枝蒂的荔枝肉不要，蓋該部分的肉不爽而微帶韌性。

糯 米 糍 燉 雞

荔枝有很高的營養價值，前已言之。廣東俗諺所謂「一顆荔枝三把火」，所指的火當然不是要勞駕滅火局人員撲救的火，而是人體內

的火，中醫所謂風火的火。也許那就是專家們研究所得的營養素，可以增加人體內的火。有謂荔枝有健腎補火之益，吃荔枝等於吃補品。

東坡居士的「日啖荔枝三百顆，不辭長作嶺南人」，固是詠荔枝的佳作，為了愛啖荔枝而想做嶺南人，除了口腹而外，可能還有一個目的是補身。東坡居士是大文豪，也是多妻主義者，荔枝可作補品，寧做嶺南人，為的是愛吃荔枝和多吃荔枝，多吃了荔枝會增加體內很多把火，自然也希望得到「妃子笑」。

吃了荔枝真的會增加中醫生所說的火嗎？我沒研究。不過多吃了荔枝後的翌晨，口腔內的津液有苦澀味，卻歷試不爽。據上了年紀的「荔枝民」說，多吃荔枝後，飲一杯鹽水，調和了荔枝的亢燥，口腔津液就不會有苦澀味，但我也向沒嘗試過。荔枝有健腎補火之功，因此用荔枝燉雞是補的食製。要常進補品的，在這荔枝當造的季節，不妨多吃「荔枝燉雞」。

用作燉雞的荔枝是糯米糍，去殼去核後和雞同燉到夠火候即成。

豆腐花湯

連天苦熱，室內掛着的寒暑表上升幾達華氏表九十度，飛動的風扇，還不能驅除熱浪的襲擊。

高等法院下月起辦公時間縮為半日，若干美國銀行已於月中開始半日辦公。新聞標題這樣說：「高院苦炎熱，且偷半日閒。」要天天過熬夜生活的我們，對「且偷半日閒」很感興趣和艷羨！然而亦只有興趣和艷羨而已，不怕熱浪襲擊的紅筆剪刀不忍離開我們，我們也不能離開紅筆剪刀。至於坐在遊艇上吃風，到郊外別墅去避暑，非在夢裏也難獲得這些享受。

流汗太多，自然想多飲茶水，多飲茶水就影響了食量，思茶不思飯，正是熱浪給予人們的賞賜。

賣豆腐花的挑擔到門前，買了二毫子豆腐花，試做四川人的「豆腐湯」，吃來還頗覺可口，多增了飯量。

除豆腐花外，配料是瘦豬肉或火腿、鎮江醋、生油、蔴油，嗜辣的可加辣油、榨菜。

先將榨菜、瘦肉或火腿洗淨切成小粒。起紅鑊，爆過榨菜、肉粒，用水滾過，加入鎮江醋、生油、辣油，最後傾下豆腐花，一滾即成，上碗時加蔴油數滴。

這是四川人的家常菜，也可稱之為醋辣湯。一滾即成，過多火候則豆腐不滑。

枝 渣 焗 鴿

明末清初的新會才子陳白沙，很愛吃荔枝，每當蟬鳴荔熟的季節，必以荔枝佐膳，並自號為荔枝仙。這種吃法比用荔枝燉雞更乾脆，而鮮的荔枝當較燉過荔枝更補火，更夠營養。

湖南不產荔枝，由廣東運去的荔枝乾成為上品，荔枝乾燉雞是湖南菜的上菜。據說荔枝乾燉雞比鮮的荔枝更補火，多妻妾的富豪經常吃荔枝乾燉雞作補品。據對吃補品有研究者說，荔枝乾燉雞的補火效用僅次於響螺燉雞。

也見過「枝渣鴿」一個食製，作料是桂味荔枝、山渣糕、乳鴿。

做法：先將乳鴿原隻燒好，切件，以碟盛之。桂味荔枝去殼去核，山渣糕切片伴在碟上即是。吃時是乳鴿、荔枝、山渣同吃。

鮮荔枝雖可做食製的作料，偶爾為之，還算新奇，常吃荔枝做的

食製，並不覺得有甚麼好處。

荔枝或荔枝乾燉雞都要用鹽調味，同是鹽的食製，我以為荔枝乾比荔枝燉雞可口，為的是荔枝乾不比鮮荔枝甜，鹹的食製裏有過多的甜味，變了不鹹不甜、賓主不分的味道，大部分人的舌頭是不大歡迎的。

假如有雞同時又有荔枝，我的做法是先吃雞後吃荔枝，絕不會吃「荔枝燉雞」的。

薑葱焗燒鴿

市政衛生局民選議員區達年，前日應女青年會之邀請演講「市政問題」，講到食的問題時，認為：「一般中等家庭對食的問題相當嚴重，質量少，物料貴，營養確成問題。本來四面環海的香港，應以魚為廉價的主要營養食物，但香港產魚，價值有時比倫敦還貴；又加以香港捕魚方法多屬陳舊，設備也未得到政府『大力』援助，尤其是魚的買賣，被中間人取去大大的利潤，結果漁民所得的不多，主婦買菜時要付出則大，這是一個不合理而亟待改良的現象。」誠是的論。最近紅衫魚最貴賣到每斤差不多要二元，最平也要一元二三毫半，漁民所得究有若干？產魚地方沒有平魚可吃，間接提高了其他食料的價值。兩週來，雞的最高價是每斤七元，豬肉每斤五元半，在食料價昂的情形下，真難為了主持中饋的主婦。

朋友羅拔鄭的太太不但會煮菜，也擅於買菜。有一次請客，正當節前，雞項奇貴，她用雙乳鴿代替雞項，價錢平過雞，量和味道也不在雞項之下。做法是用薑葱焗之，程序是這樣的：

（一）劏淨乳鴿，吹至爽身備用。

（二）大碗一隻，盛上薑汁、蔥汁、紹酒、老抽、蜜糖拌勻，然後以之醃勻乳鴿約二十分鐘，又起紅鑊，再以醃過乳鴿的薑汁、蔥汁、抽油等，焗乳鴿至僅熟即成，味佳而鴿肉嫩。所以夠味是醃得夠時間，焗至僅熟，則鴿肉自然嫩滑。

金瓜煮蝦球

俗諺說：「小暑大暑，有米懶煮。」形容熱的可怕，頗為貼切。

吃是任誰不能一日或缺的，然在酷熱的天氣裏，有米也懶得煮吃，不是不吃，只是不想吃不願吃，沒甚麼興致和胃口。

昨天是農曆大暑，正午氣溫僅八十七度點七，熱的程度還不及前兩天，下午且有幾點驟雨。據天文台報告，本月份天氣酷熱為時之久多年未見，目前還沒減低的跡象。希望天文台的預測不會成為事實，不然要過夜生活而白天睡覺的我們，更要多過睡不夠的日子。

大暑天吃冬瓜蓮葉煲湯可以辟暑，所以冬瓜蓮葉昨日是魚菜市場的「搶手貨」。吃了幾碗冬瓜蓮葉湯，想起金瓜（又稱番瓜）也是合時的瓜菜，因着廚娘購金瓜煮蝦球，闔家「食而甘之」，這一頓，飯也吃光了。

冬瓜是清的，金瓜是濃的，金瓜的食製一定要用蒜豉配合才好吃。以蝦球煮金瓜比用其他肉類更濃而可口。

做法：用蒜頭、豆豉起紅鑊，爆過蝦球，加進金瓜（切件）兜勻，加水，鹽煮至夠腍即成。

如果有雞骨，用來煮金瓜更夠濃香。

鹹魚兩味

　　日來無論家庭或店舖，買菜錢一項支出，假如有固定的預算的話，即使伙頭軍和阿彩姐之流沒有「吞金減宋」，擺在桌上的一湯兩味或一湯三味，也不見得會夠斤兩，如果在菜錢上還揩些油水，則非「撈汁」或「加料」，恐不易「埋尾」。

　　雞、鴨、豬、鵝等由於最近來貨稀疏，供求失調，遂造成食料價漲，買菜錢有固定支出的，所買得的菜，起碼比往常少了兩成。或謂雞鴨價貴可以吃香港的海上鮮，殊不知颶風季候漁船也不大敢出海，釣艇釣得的有限，於是魚的供應也形成求過於供，手上有漁獲物的，自然不須賤價求售，可作貓魚用的白飯魚每斤售價也竟高漲至一元。

　　同事的福州太太日來為了買菜大傷腦筋，頃在梯次相遇，她說：「幾天來魚菜太貴了，在魚菜市場裏徘徊很久仍買不到菜，問問這樣貴那樣又貴，一元五角的買菜錢真不知買甚麼才好。」我調侃她說：「少送一點錢給裁縫師就可多吃些好菜了。」她大發嬌嗔，道：「難道像樣的衣服也沒一件嗎？」隨後她堅要我告訴她幾個價廉物美的食製。被迫不過，只得說很久沒到街市了，魚菜怎貴，不大清楚，不過，我可告訴你兩個廉宜的菜，它的作料也許還沒有漲價，即是鹹魚兩味。買鹹魚（約半斤的成尾）四毫、豆腐二毫半、薑葱五先，鹹魚頭和骨煎過，加薑片做「鹹魚頭豆腐湯」，鹹魚肉則砍之成茸和豆腐拌勻，加油、葱花同蒸，這就是鹹魚兩味。她聽後很滿意，笑着走了。

香料與味精

　　人之能夠做到教授的，必有湛深的學養，正如廣東俗諺所謂「有料之人」。

　　料有各種不同，來自金元國的李芝底「有料」是精懂廚房裏的刀鏟窩鑊，調配五味，是烹飪專家，是教人煮吃和如何方煮得好的教授。

　　他除了精懂如何煎牛排，燒牛胸而外，久矣乎想學做唐菜，但他在金元國所吃到的，只是鴻章雜碎和咕嚕肉一類的，味道做法都不甚講究的唐菜。此番不遠萬里，自西而東的最大目的是想實地體驗住在東方的中國人所吃的唐菜。

　　為了好奇，我特設飯菜和這位專家接風，當然還有一個目的是想聆聽他對吃的高論。

　　吃了一頓，談了幾句鐘，覺得李芝教授對吃的學問確曾下過功夫。他跟我談他在香港所吃過的甚詳盡，對中國人的湯的製作，尤為激賞，並認為都能保持物體的原味。惟就我所知，他所吃過的湯，至少有一半以上是未能完全保持物體原味的，還有其他味道，他的舌頭還未分辨得出，雖然他的味覺也很不錯，比如有些湯靠味精做最大師傅的，便必不能保持完全原味。我不曉得美國人愛吃味精與否，但李芝教授沒有提到他吃過味精的食製。不曉得他吃慣了味精的還是吃不出有味精？

醒 胃 的 菜

　　加租案通過未幾,吃的問題又使香港人傷腦筋了。

　　內地食料來源稀疏,供不應求,各項食料漲價,惟一「充場」的暹羅牛肉又因有礙衞生而遭禁運來港,食無魚、食無肉雖不會再見,但食貴魚、食貴肉的情形似難避免。

　　無魚無肉可以吃菜,但菜也不平,不管菜價如何,九龍居民要吃香港蔬菜,要付出十分一代價。因為堅尼地城蔬菜批發市場與九龍蔬菜批發市場,皆由政府批准設立,從兩地採辦之蔬菜皆屬合法,惟自香港運到九龍售賣的菜蔬又須再付出十分之一的佣金,足見吃蔬菜也不便宜。

　　昨讀某報的二元四味的「醒胃菜式」後,頗覺「醒胃」,姑節錄之供讀者欣賞,原文云:「本日的兩元四味的支配量:一,涼辦茄子。購用茄子二毫五仙,蔴醬、蔴油共一毫,芥辣醬五仙,白醋五仙。二,黃豆芽炒肉絲。購用黃豆芽一毫五仙,豬肉四毫,韭菜五仙。三,欖角蒸魚腩。購用鯇魚腩五毫,欖角一毫。四,雪梨紅板豆湯。購用雪梨紅二毫,蠶豆一毫五仙。」大豆芽每斤時值約四毫,一毫五仙大豆差不多有六兩,炒起來還可以七吋碟盛之,但五元二角一斤豬肉,平均每兩為三毫二仙餘,購四毫豬肉重量不夠一兩三錢,用來炒六兩大豆芽,還加上五仙韭菜,菜的重量超過半斤,炒一兩三錢豬肉,在吃的時候不易見到豬肉,使愛吃豬肉的因想吃豬肉而益覺「醒胃」。

　　除了半斤大豆芽,加上五仙韭菜炒不夠一兩二錢的肉絲外,另一個醒胃的菜是:涼辦茄子。調製的方法也頗「醒胃」。原文云:「先把茄子的皮,間格削去,再把茄子直分剖成四塊,用清水將茄子煮至下筷熔爛的程度,才把茄子去水撈起,放置些食鹽,再把茄子和食鹽

調勻，等到茄子冷凍了，加上芥辣、芝蔴醬、白醋、熟油芝蔴油等作料下去拌勻，那便是醒胃而又別饒風趣的涼辦茄子。」

　　就我所知，「涼辦茄子」的做法，少有「先把茄子的皮，間格削去，再把茄子分剖成四五塊」的，做法普遍的只把茄蒂去掉，原條蒸熟或煲熟，少有把茄子皮削去的；因為茄子的皮也很可口。而做涼辦茄子的茄子用刀切過，茄肉有鐵黑色。故一般的做法將茄子原個弄熟後以手撕碎之，再和上調味的作料即成。更不須要當茄子還熱的時候用鹽調勻，而以生抽代鹽，用芥辣的則不要辣椒，因芥辣和辣椒合配起來是衝突的，有芥辣味便沒有辣椒味，有辣椒味便沒有辣芥味，用辣椒抑用芥辣，任便，惟不可兩辣並用。

節 瓜 兩 味

　　除了齋公、齋婆外，不吃葷的人不多，豬、牛、雞、鴨和海上鮮是葷菜的主要作料。

　　牛肉貴時多吃豬肉，豬肉貴時可多吃雞、鴨、海鮮，但是豬、牛、雞、鴨、海鮮都成了魚菜市場「搶手貨」的時候，只好冒充齋公，多吃素的食製了。

　　食料貴，「闊佬」和「大亨」滿不在乎，惟是「朝種樹，晚鏟板」日出而作，日入而息才謀得升斗的卻要大傷腦筋了。幾年來的豬肉價錢都在牛肉之下，牛貴豬平還可多吃豬肉。過去由大陸運港的生豬每日逾千頭，最近每日僅得二百頭供應，於是豬肉的售價也不斷攀高，幾天來竟與向來價高的牛肉看齊，這是香港重光後僅見的現象。但牛肉價也不會一直平下去的，劏光吃光了不會再來的暹羅牛肉，也就是牛肉價高漲之日。看樣子入息不多之打工仔之流非準備做齋公不可了。

節瓜兩味是似葷亦素，似素亦葷的菜，假如有一天要試做齋公的話，是可以一試的。

作料：節瓜、乾貝、蠔油。

做法：節瓜開邊後去青、去仁，在油鑊裏炸過，以乾貝水將瓜煲腍，取出節瓜後再用蠔油扒之，湯夠鮮味。用蠔油扒過的節瓜可以佐膳，這是似葷亦素的湯和菜。用油炸過的節瓜煲之不會變成瓜醬，不然，要做扒的時候已沒有成件的節瓜。

素 鮮

兩天來室內溫度在華氏表八十九至九十度之間，沒有風扇吹着的時候，額上和背上不停的爆出豆大的汗珠。在這種情形下，即使豬、牛、雞、鴨等食料售價廉宜，也是提不起吃的興趣，遑論多吃了。所以，不管肉的食料售價廉宜抑昂貴，素的食製是酷熱氣候裏比較使人看得順眼，嗅得順氣，吃得順口的菜。不問你是否齋公，大熱天裏看見素菜總比看見肥濃的食製較好一些。

昨談的節瓜兩味是似葷亦素的食製，素三鮮卻完全是素的製作，作料的價錢也比節瓜兩味較便宜一些。

所用的作料和比例大致是：冬菇五錢、木耳五錢、筍乾五錢、油豆腐條二十條。

先將乾筍浸透，切絲（最好預先兩天以清水浸之至夠身）。木耳用熱水發透，洗淨冬菇和油豆腐條都切成絲。

做法：起紅鑊，先炒筍乾，再下冬菇、油豆腐條、木耳等，加進鹽、生抽，兜勻，蓋上鑊蓋煮之約十五分鐘即成，以碟盛之，加蔴油數滴即成。

如要增加些綠的顏色，在煮熟之前把一些切成欖形的絲瓜加進去亦可。

豆 魚

東坡居士有兩句打油詩說：「無肉令人瘦，無竹令人俗。」大吃爛吃還最愛吃豬肉的東坡居士，假如此時活在香港，必大歎食無豬，尋且會弄成：「海康別駕復何為？帽寬帶落驚憧僕，相看會作兩臞仙，還鄉定可騎黃鵠」了。

由於生豬來源疏短，形成豬肉不斷漲價，大陸來貨更藉此機會不斷提高豬價，豬商和豬欄都吃不消，向大陸提出抗議，昨並實行停屠，這是香港罕有的新聞。前日豬肉價每斤五元二角，鮮牛肉僅四元八角，也是光復後豬貴牛賤的新紀錄。

食無豬的情形會不會繼續下去，愛吃豬肉如東坡居士之流當然很關切，不過今後即使食有豬，若價錢還是這麼貴，打工仔之流也只得與豬肉疏遠了。

廚娘買了細豆芽歸，想起了川菜的「豆魚」是用細豆芽作主要作料的，順向讀者介紹。

所謂「豆魚」，既無豆也無魚，作料僅是腐皮、細豆芽、韭菜花（這是素的做法，加入火腿絲和燒鴨絲即成葷菜。）

做法：腐皮剪成約三吋至四吋大的方塊，在大熱水內拖過使之軟熟。芽菜及韭菜炒熟，包入腐皮內，其形有如春卷，煎透，用生抽、浙醋、蔴油、芥辣（或辣油）混汁拌食。

素 肉

　　偶憶韓愈的「祭十二郎文」，末段有云：「自今以往，吾其無意於人世矣，當求數頃之田，於伊潁之上，以待餘年。」這些年代早已過去。不管你有無意於人世，又有無購買數頃之田的鈔票，想買田，想歸隱也未必能隨意之所之。有些人口口聲聲不談政治，不問政治，但這些年代誰都脫不離政治，即便你不談不問，但政治卻來過問你。

　　停屠豬肉事件，自表面觀之，似乎是商人爭利，究其實也是政治在背後作祟。據說高抬物價是大陸的「餓困香港」政策，中共認為香港人的食料大部分要靠大陸接濟，企圖通過聯營而達於專賣，使香港人吃貴肉吃貴菜，甚而根本不運肉、運菜來，是否事實，撇開不談，吃豬肉也要同政治發生關係，未審侈言不談政治，不問政治的有甚麼感想？

　　豬停屠的影響下，魚蔬也告漲價，使不吃素的，似乎也要準備吃「齋期」了。

　　「素肉絲」是「齋期」的好菜，要實行吃「齋期」時，不妨一試。

　　作料：豆腐乾、冬菇、油豆腐、木耳、筍乾。

　　做法：油豆腐和豆腐乾切成細絲，木耳、筍冬菇浸透洗淨後也切之成絲，起紅鑊，用水少許，加鹽、生抽將各項作料同煮十五分鐘左右，上碟後加蔴油數滴。

鮮與不鮮

讀者王素秋來函云：

　　我很愛吃海鮮，尤其愛吃廣東人叫作三鯬的鰣魚，但在香港幾年，從沒吃過像鎮江的鮮美。我以為最大的原因是在鎮江可以吃到活的，香港只能吃到雪藏的，當然比不上活的鮮美。南貨店有時也有鰣魚出售，據說是來自鎮江，實際同在魚菜市場所購到的無分別。前週在一個廣東朋友家裏吃過「苦瓜煮鰣魚」，味道還不錯，苦瓜也很可口，昨特購歸鰣魚，以苦瓜煮之，吃來不覺有好處，不但苦瓜不可口，魚也沒有鮮味。請問：（一）是否魚不夠新鮮？（二）做法不對？便希在《食經》裏賜答。

　　我不曉得煮法對不對，因你未詳列煮的程序。就我推測，魚既不夠鮮，做法也有問題。不然苦瓜即使不好吃，新鮮的魚也不會沒有鮮味。你在廣東朋友家裏吃到的，除了做法對，魚一定也是雪藏貨，但剛從雪房運到魚市場的魚仍能保存若干鮮味。如果賣到當天賣不完，再冷藏翌日再賣的，不但難保其鮮，甚至變霉。天氣太熱，魚枱上的魚鮮受過暑氣煎迫，再雪再賣，試問怎可以不失鮮味？你買到的可能是這種貨式，至於做法，前已介紹，這裏不再浪費筆墨了。

青豆炆黃鱔

　　除了「崩雞豆皮」者，小姐在男人心坎裏是美麗甜蜜的，但甚麼颺

風小姐之類，卻是任何人都感到可怕。颶風小姐帶來災難，極可怕，但在華氏表氣溫上升到八九十度時，使人也很懷想颶風小姐，因為颶風小姐會帶來涼快的喜悅，雖然同時也帶給人們痛苦和災難。

時序已過立秋，天氣仍是那麼熱，要不是「嫣娜小姐」正在太平洋上旅行，帶給香港幾股東南或西北風，並間有驟雨，則氣溫不會降低幾度。雖然「嫣娜小姐」帶來的風和雨或許會變成災禍，但在目前，沒有避暑資格和在溽暑下仍要操作過活的人，心頭已感到風雨帶給他們涼快的喜悅了。

昨午出門時看見芳鄰罵她的孩子，並謂將饗以黃鱔羹，想起現在也是吃黃鱔的季候了。黃鱔的做法不勝枚舉，「青豆炆黃鱔」是四川菜。

作料：黃鱔、青豆。

做法：活黃鱔放在瓦煲裏，加水少許，蓋上煲蓋，放在爐上燒，直至黃鱔不再跳動，取出洗淨，切段約吋許。慢火用油炸透，然後加入青豆、豆板醬、鹽、生抽、白糖各少許，炆至黃鱔夠腍即成。

有 始 有 終

過去若干年前的婚姻多是「父母之命，媒妁之言」，現在的婚姻，固不一定要奉「父母之命」，更不相信「媒妁之言」了。無論男的或女的，找到了對象，找到了意中人，即開始拍拖，進而戀愛，終而至於結婚，而結婚的儀式也無須乎三書六禮，並訂明若干禮餅燒豬和嫁奩。近年來，戴頭紗，坐砵砵（汽車）的所謂文明結婚也成了落伍的結婚儀式。刊一則「我倆情投意合，特此敬告親友」的結婚啟事，連茶也不請的也算結了婚，這是名符其實的「一切從簡」。沒愛情的婚姻，即使結婚最鋪張，也不見得一定「同諧到老」，一切從簡的結婚，到頭來也未

必是兒戲，也未必不會「白髮齊眉」。

　　結婚的儀式雖比從前簡化，但請新女婿的習俗仍很流行。「有始有終」是好友李君告訴我，他從前參加過人家宴請新女婿時吃到的一個菜。

　　李君說：「女的是有錢人家，請新女婿的菜，自然是鮑、參、翅、肚俱齊的上菜，但吃完了魚後還端上一個湯和四飯菜，一看，四飯菜固是常見的，但湯卻是前所未見的食製，裏面的作料是鹹魚頭、豆腐、鯇魚尾，味頗鮮美。當我喝湯的時，主人問我：『你喝過這種湯未？』我說：有生以來第一次。主人至是笑道：『我也是第二次，也是參加朋友請新女婿的宴會才喝過。』當時我問朋友，這個湯叫甚麼名堂，朋友微笑答道：『這叫作有始有終。』」

薑花肉丸湯

　　常常報告吹東南或西北風的天文台，雖高懸七號風球，夜以繼日的風風雨雨，颶風小姐卻不忍威脅大陸邊沿的「民主櫥窗」，慢條斯理地在香港南面二百哩外掠過。正感苦熱的香港人，藉颶風小姐帶來的風雨，祛除暑熱，獲得兩夜的酣眠。

　　昨談的「有始有終」是一個頗饒趣味的食底故事，同時也是一個可口的家常食製。

　　鹹魚在香港，是普通廉宜的食料，鹹魚頭的價錢比鹹魚更平；國粹食製的豆腐，價值也不貴過鹹魚頭，單用鹹魚頭煲湯有墜火的作用，但缺少了鮮味，加入鮮魚尾滾之，確是一個可口的湯，三四口之家，做一個「有始有終」不過一元幾角，味道和營養也不錯。但做這個菜一定離不開兩片生薑，用以辟去鹹魚頭的腥味。

「中饋」要做芥菜魚片湯，卻忘記了買芥菜，正要再到魚菜市場買菜時，我說：用花瓶裏的薑花瓣代替芥菜，不必再買芥菜了。她很詫異的問：「薑花也可吃？」我說，為甚麼不可吃。

我多年前吃過用薑花做湯，那是一個愛吃的遠親底廚師所做的菜，薑花以外的作料是肉丸，名之為「薑花肉丸湯」，有肉做作料的湯固鮮，還有馥郁的薑花味。

現在是薑花盛開的季節，用薑花做湯該是時菜吧。

做法也很易，只要薑花的瓣，洗淨後，待滾好肉丸時加入一滾即成。

蟹扒蒜子

颱風小姐也許趕着去參加一年一度七姐節織女牛郎相會，驚鴻一瞥自港南掠過即不復再來，天文台的七號風球也已除下。織女牛郎今夜銀河相會，拜七姐的今夜也許看不見了，為的是颱風小姐芳影仍像一塊黑幕，橫遮天際。

商場不景，影響到七姐誕也冷落了，到下午六時，紮作店的「七姐盤」等物，還未見生意興隆。今年賣「七姐餅」及拜七姐等物的攤販多於往年，但拜七姐牛郎的卻比不上往年熱鬧，商情影響，七姐收受的供奉也少了。

賣蟹的在門前高叫頂角羔蟹，引起了我吃蟹的興趣，雖明知這非頂角羔蟹，就是肉蟹的可能也不高，然食指既動了，也就不顧得是羔蟹還是水蟹了。和賣蟹的講好了價錢，他選了幾隻據說蟹角也有膏的，我不要，自己在籠裏挑了幾隻，誰知他卻推翻已講好的價錢，認為我付出的代價買不到這些貨色，如不增價就不賣，我當然不肯再增，結

果蟹吃不成。

蟹的製作先後提供過不少，蟹扒蒜子也是一個可口食製。作法是先將蒜子去衣，用油鑊炒過，再以蟹肉同炆即成，但一定要用上湯，爆過蒜子才好吃。

川式燻魚

乞巧節過後，接踵而來的是盂蘭節。盂蘭節俗稱燒衣節，實際是祭鬼節，但人們的五臟廟也同在被祭之列。焚化紙衣、元寶、金銀等用來祭鬼，為祭鬼而設的餚饌則是祭者口福之惠。

祭鬼節多數人家不劏雞，據說雞有利爪，會抓破燒給鬼的紙衣服；用破爛衣服祭鬼，當然是不敬，於是祭鬼的三牲以鴨代雞，因為鴨沒有利爪。

七姐節在寂寞平淡中過去，燒衣節如何？正在歡窮的人們會不會窮淡了「神心」？好在祭鬼節主要祭品的鴨不特沒有漲價，且比其他作料廉宜，殺鴨祭鬼比劏雞拜神較合「化算」，也易於張羅。

遇見擅於做菜的同事底福州太太，問我燻魚怎樣做法，一時記不起《食經》裏曾否談過燻魚，不敢請她看舊書依樣葫蘆，於是說了一個川式的燻魚做法。

（一）鯇魚弄淨，每塊切成約四分厚，用老抽、五香粉、少許蜜糖、薑葱汁、料酒、花椒、鹽，醃二三小時，再用慢火油鑊炸熟。（二）用白鑊，當中放進茶葉和黃糖，之上更放上切成條形的竹蔗，鋪成瓜棚模樣，然後置鯇魚於蔗架上，蓋上鑊蓋，文火焗半小時，將鯇魚反轉再焗之半小時即成。

炒 的 老 少 平 安

　　喜歡研究烹飪的某太太昨對我說：「某報近來每日也有二元四味的菜單刊登，但沒教人以做的方法。就菜單而論，也是百分之九十不切實際。比如做某個菜要買三毫子半肥瘦豬肉，殊不知有些豬肉檔根本不做三毫子的半肥瘦豬肉的生意。」我說：作者可能從未進過魚菜市場，要不然，不會外行到這個田地的。不過，有百分之十的切實際的，總比教人做菜放若干味精的不知好多少了。

　　某太太又說：「我的啤仔和蝦女很喜歡吃『老少平安』；一個禮拜我幾乎做三四次，為的是他們愛吃，而作料也不貴。」我說：用魚肉豆腐做的「老少平安」是蒸的做法，還有炒的「老少平安」呢，你吃過沒有？某太太搶着說：「魚肉炒豆腐是怎樣炒法？」我笑道：炒的「老少平安」的作料並不是魚肉豆腐。「那是甚麼呢？」她追問。於是，我要她請飲茶才肯說。她答應了，我把作料和做法告訴她，請飲茶卻未即時兌現。

　　炒的「老少平安」的作料是：筍衣（最好是用清遠的）、牛肉、米粉。

　　做法：筍衣浸透洗淨切筍絲，牛肉切絲。筍衣並用白鑊烘去所含的水分。然後將米粉炸透，以碟盛之，再起紅鑊，先炒筍絲，再傾下牛肉，兜至半熟，加味兜勻，牛肉即熟透，鋪在炸過盛米粉的碟上面便是。

有求必應

　　「朝種樹，晚鎅板」和打工仔之流的香港人遭遇到「流年不利」，反對加租無效後，跟着食料漲價，生活指數上升，然而辛勞所得卻不能比例增加，已是苦不堪言。再加上天公的有意為難，今夏雨水不多，使水荒日趨嚴重。為了有備無患，當局一再加強制水的措施，致使「樓下閂水喉」之聲，不絕於耳，因爭水而起的糾紛的事件疊見發生。苦矣，打工仔之香港人。

　　嫣娜小姐旅行到香港邊緣，雖沒有帶給香港人以塌屋傷人的災禍，卻也沒多帶一些雨水灑下太平山，要不然，水荒的情形，也許不至目前這樣嚴重。前、昨兩日的幾場大雨，可能使各處水塘的水量增加，雖未能解除香港的水荒，但三級制水的施行，起碼會多延一些日子。

　　昨在傾盆大雨之際，應朋友召赴大元酒家吃飯，其中有一個頗為可口的熱葷。詢諸「企堂」這個菜叫甚麼名堂？據說是「名振全球」。細看這個菜的作料是雞球、蝦球、螺球、腎球，僅得四球。我說，全球是五大洲，今得四球，叫作「名聞四海」還比較貼切，大家認為我說得對，「企堂」也頷首稱是。隨後我又說，假如是擺酬神酒而做這個菜，則該改為「有求必應」了。做東道的朋友說：「一個菜不能有幾個名稱的。」我說：人有名有字有號更有綽號，菜何嘗不可有名又有號？大家莞然一笑之後，「有求必應」僅剩下一隻碟子了。

麒麟斑與麒麟斑塊

　　豬肉、牛肉是人們主要的食料，豬、牛肉價格不斷上漲，其他的食料也跟着漲價百分之十、二十或三十，主持中饋的或「伙頭將軍」，每日到了魚菜市場，皆有買菜難之感。

　　生豬來源在擴闢中，新界養豬業也有蓬勃趨勢，然而豬肉價錢目前還沒有低降的跡象，買菜難的情形似還會繼續下去。

　　外江同事頃以「麒麟斑」與「麒麟斑塊」有何分別見詢。「麒麟斑」和「麒麟斑塊」的作料同是石斑魚、火腿、時菜，但做法卻有不同。

　　「麒麟斑塊」是用石斑肉切成骨牌形，拼上火腿一片，時菜一片蒸即是。

　　「麒麟斑」的正宗做法該是：原尾石斑起肉，切成骨牌形，拼上火腿一片，時菜一味。

　　石斑頭裂為兩邊，連骨和尾以碟盛之，後將石斑肉、時菜、火腿砌回如原魚形，然後才蒸，蒸熟即成。

　　照時值論，大酒家賣「麒麟斑」起碼要三十元，中小酒家也要二十元以上，蓋一斤半至一斤十二兩的活石斑每尾售價在十元開外。

　　「麒麟斑塊」則多用雪藏的大石斑肉，每斤不過三四元，味道不及「麒麟斑」，價錢自然也廉宜很多。

彭德與豉椒雞

　　警務處長麥景陶任滿歸國，香港人為表示對這位警務處長過去的賢勞，紛紛設宴為麥氏餞別。港督在公宴大會上說：戰後七年為本港歷史至艱難之一頁，既須推進復興工作，復須應付緊張的政治局勢。麥氏在這個時候出任艱巨，發揮其傑出的領導才幹⋯⋯

　　七年來的香港真是艱難的一頁，特別是大陸易手後，環境複雜更不易應付。做警察首長的，僅懂得拉人封舖，並不能把治安搞好，把秩序穩定；因為其間有「緊張政治局勢」存在，做警察首長的，除了懂得警政，警律外，還須具有政治的手腕。就個人所見，麥氏的政治手腕的表現，凌駕他底警察行政之上。

　　在連日各方歡宴大官聲中，想起現任衞生局主席彭德。兩年前休假返國前，香港人也紛紛設宴為彭德餞別，曉得彭德先生是唐人通，愛吃唐人菜，更愛吃唐人菜的「豉椒雞」，故款宴彭德先生的菜，幾乎都免不了「豉椒雞」。初，彭德先生「食而甘之」，後來吃得多了，不特感到膩，甚而看見「豉椒雞」就不想下箸了。

　　紅燒大裙翅是名貴的食製，但天天吃「紅燒大裙翅」，也會覺得大紅寶石煲大豆芽是一個可口的菜。彭德先生愛吃「豉椒雞」，很多香港人都曉得。麥景陶先生喜歡吃甚麼唐菜？用唐菜款宴麥景陶先生的又用甚麼菜色呢？照我推測，兩週來麥景陶先生可能吃過人家請他的「吉列石斑」，因為顯貴們多以為外國人愛吃「吉列石斑」。

檸檬鴨

昨談的「彭德與豉椒雞」，同事齋公讀後問：「彭德先生愛吃的豉椒雞和豆豉雞是否相同？」這使我一時難於置答，蓋我既沒有資格請彭德先生，更沒有與彭德先生同席吃唐菜的機緣，彭德愛吃豉椒雞是耳聞而非目睹，故愛吃豉椒雞抑愛吃豆豉雞非我所知。

論理，「豉椒雞」的豉椒應同等並用，也即是說，有五十份豉味也應有五十份椒味才對。但是「豆豉雞」也有人稱為「豉椒雞」，因為「豆豉雞」的作料除豆豉外也有辣椒，不過不是主要的配料，豉味才是主要的味道。豉椒雞也有炒和炆的做法，炒則雞肉嫩而夠香，炆則味濃但雞肉則不夠嫩。

盂蘭節後，豬、牛肉價格雖未見低跌，鴨的價錢卻已回復了盂蘭節前的價錢了。雞平多吃雞，鴨平多吃鴨，這是「伙頭將軍」必懂的道理。鴨現在比雞比豬牛都廉宜，多吃一兩頓鴨該是如意算盤吧？

關於鴨的製作，本欄前後提供過不少，現在介紹的「檸檬鴨」是潮州菜中湯的食製。

做法：將鴨洗淨，煎至微黃，以熱水淋去油膩，加上檸檬兩個煲之至夠火候加味即成。沒有本地檸檬用洋檸檬亦可，惟不能用兩個。

做得好的檸檬鴨有很香的檸檬味，講究吃的潮州人只喝湯而不吃鴨。

素香雞

　　據中央社二十六日下午報告稱：強烈颶風「烈打小姐」在北緯十五度，東經一百五十度，即關島東北約五百里之海面，向西北偏西移動，時速二十公里，中心最大風速每秒約五十公尺。這颶風「烈打小姐」是到處都不被歡迎的小姐。假如是影壇上的烈打希和夫小姐，東來抵達關島，日間且光臨香港，我想社會的反應，熱烈不會少過剛離開將軍澳海面的美艦新澤西號，起碼可以使正在放映的烈打希和夫主演的「碧血紅顏」多映幾天。

　　「體記」黎振兄見贈「素香乳」一罐，歸家試之，頗為可口，是腐乳形的南乳。在魚菜太貴的目前，多吃一些素菜，南乳是不能或免的作料。即使偶爾用來作為鹹魚一類的佐膳菜，也未嘗不可以增進食慾。

　　素香乳是潮州的製作，吃了素香乳也連帶想起民國二十五年經過汕頭時在朋友家裏吃過「素香雞」。「素香雞」有點像常見的白切雞，所不同的是「素香雞」有濃香的南乳味，吃時不必再蘸蠔油或薑、葱、鹽。

　　作料：嫩雞一隻、南乳約二兩。

　　做法：先將南乳弄之成醬，起紅鑊，用油爆香南乳後，加水約兩碗和之，煮之至滾，然後放原隻雞進鑊裏，加上鑊蓋，將雞煮至僅熟，取出切之上碟，淋上少許南乳汁即是。

鹹菜響螺湯

香港豬荒日趨嚴重，固然是大陸來途疏短；影響所及，廣州石岐的豬肉售價也由每斤共幣五千五百元漲至八千元。前日東江雖運來生豬七百頭，也僅足「充場」三數天。假如生豬沒有新的來源，豬荒的嚴重可能比水荒更甚。目前大陸豬每擔港幣二百五十元，新界豬每擔二百八十元，屠宰後約得七成，照推算每斤豬肉成本為三元六毫至四元，今竟售至五六元，豬商似乎「食水」太深一點。九龍豬欄商會理事長孫官清說：「余亦份屬商人，雅不欲對任何方面加以非議，然為大部分市民生活着想，余以為本港肉商應取薄利主義，俾助本港解決肉荒，予市民以良好印象，實為明智之舉。」肉商賣肉為甚要這樣多的厚利，其中必有文章，但非本文該談的範圍了。

昨談的「素香雞」是潮州人的食製，現在要介紹的「鹹菜響螺湯」也是潮州菜。據說響螺最滋陰，響螺燉雞是滋陰補腎的食製。鹹酸菜煲響螺雖沒有燉雞的滋補，卻是一個極可口的湯。做法很簡單，比如用響螺肉一斤，配上三兩鹹酸菜梗即可，同煲之至夠火候即成。

又據多吃響螺湯的人說，單用響螺煲湯，湯味不及有鹹菜梗煲的濃鮮。

七 彩 雞

本港生活程度一再高漲，使一般受薪階級感到莫大威脅。從一年來物價表比較，食住兩項數字最突出，但受薪者卻並未因生活數字之增加而獲得僱主的貼補。

最近佐膳品價之不斷增加，更使白領階級陷於百上加斤境地。另一方面，香港商業不但不見得有好的發展，後退的跡象反更為明顯。韓戰停火後香港可大做生意的論者，不特欺人，今且食其自欺之果了。

由於佐膳品價錢之不斷增高，提筆寫《食經》每感到踟躕，因為所提供的食製幾乎十之七、八的作料成本都非打工仔之流所能經常吃得起。比如「七彩雞」，除了做節或請客外，就不是打工仔們的家常菜了。

在七彩電影未上市以前，我想不會有「七彩雞」的名稱。由此可以推想，「七彩雞」是七彩電影流行後才有的。

作料：嫩雞一隻、勝瓜約一斤、紅蘿蔔四兩。

做法：勝瓜去皮只要瓜青，用滾水加入少許梳打食粉泡熟，再用上湯餵透勝瓜備用。紅蘿蔔切成花形泡熟。

嫩雞原隻隔水蒸熟（汁另碗盛之），斬件，每件復夾上勝瓜一件擺在碟上，紅蘿蔔花則擺在碟邊，用雞汁打白餸，淋在雞上便是「七彩雞」。

酒葱蒸鵝

看最近報上刊載的魚菜報價表，鵝的價格還沒顯著的上升，偶然吃頓鵝也許會覺得食而甘之。這番所說的蒸鵝不是「梅子蒸鵝」，而是「酒葱蒸鵝」。

做法：（一）五斤淨重光鵝一隻，洗淨，抹乾。鹽約三錢、古月粉、酒少許，以碗置之拌勻，遍塗鵝腹內，然後以生葱填滿鵝腹，外以線密縫之，再用蜜糖、酒、生抽各一份，拌勻，塗滿鵝身備用。

（二）用尺八鑊一隻，盛酒一大碗，清水一大碗，上置竹箸或竹架，勿使近水，然後置鵝在竹架上，蓋上鑊蓋，鑊蓋邊復以濕布封密，避免泄氣，然後用慢火蒸之至剛滾為度，取去柴火，至鑊蓋沒有熱氣時

才揭開鑊蓋，將置在竹架上的鵝翻轉，再蓋上鑊蓋，以濕布密封之，用慢火燒之至滾，取出柴火，其時火爐尚存炭火，待炭燒至成灰爐即成。

這樣做法的蒸鵝，肉固濃香嫩滑，鑊裏的酒和水加鹽調味後也是很鮮美的湯。上法是指嫩鵝而言，較老的鵝，蒸的火候當然要增加，但增加多少卻難以舉例了。以上法蒸鴨，也是可口的食製。

紅燒鵝掌

豬牛肉不斷漲價，原可多吃魚鮮，但在颱風季候，漁獲物也大為減少，於是四面皆海的香港，雖不至於食無魚，然魚價也不比肉價平。目前要不是每月還有二三千擔日本魚運來，恐怕魚的價錢也不會比豬牛肉廉宜很多。

由於主要的肉食不斷漲價，向來認為不值錢的菜蔬，售價也有扶搖直上之勢。瘦白菜每斤售價在八九毫之間，檳榔芋仔也售至每斤五毫，真是難為「東方之珠」的「打工仔」市民。昨談「酒葱蒸鵝」，做得好壞第一是火候，用急火或猛火是做不好的；第二在蒸的時候絕不能泄氣，不然，用不多的火候蒸鵝，必不會臉。

說起了鵝，也想起了「紅燒鵝掌」。據故老傳說，做得最標準的「紅燒鵝掌」，製法是這樣：

先將活鵝的掌洗淨，置鐵楞上，蓋以竹籠，下用文火烤炙，鐵楞逐漸加熱，鐵楞上的鵝自然唬跳不已，然後飲鵝以醬油和醋，是時鵝仍在鐵楞上跳躍，受了高熱的鵝掌也逐漸發大，直至於活鵝被炙熱至不耐，其掌也發大至像一把扇，然後斬其掌吃之，味道極為鮮美。據說這是正宗的「紅燒鵝掌」，但這種做法未免殘忍了。

穿標鯰腩

　　雞貴吃牛，牛貴吃豬，豬貴吃羊，羊貴吃鴨，但目前豬、牛、雞、鴨都貴，連雞蛋也上漲至每元四隻，數口之家的家庭，負責買菜的拿着兩三元到魚菜市場去，真不曉得買甚麼才好。不吃葷者，吃素也未嘗不可，但也不能天天吃沒有魚腥和脂肪的食製。不吃慣齋的，多吃兩頓齋心理上就有點營養不夠的感覺。各項食料都跟着肉類的價錢比例漲價，吃素實在也並不廉宜。到今還未見食料有減低跡象，連不大合唐人胃口的澳洲豬、牛，也提高售價，且有供不應求之勢，這是一個嚴重的問題。

　　鯰魚是淡水和鹹淡水交界才有的魚鮮，香港海幾乎不產鯰魚，但魚市場間中也有鯰魚出售。

　　廚娘購歸幾尾，每條約四兩重，以蒜子炆之。吃了蒜子鯰，不禁想起前在中山之石岐吃過的「穿標鯰腩」。

　　這是一個湯的食製。如果想湯味夠鮮而又不用上湯，滾湯的時候一定要加入冬菇、乾貝或瘦豬肉，單用鯰腩滾湯，味不夠鮮。鯰腩和斑腩比較，鯰腩的肉且比斑腩滑而鮮，不過在香港不易購得大鯰魚的鯰腩。

　　做法：鯰腩洗淨，切成骨牌形，中破一小孔，穿進火腿絲、半肥瘦豬肉絲和筍絲各一條，放在湯裏滾熟即成，薑和古月粉是不能或缺的作料。

南乳豆腐

為海內人士景仰的東北耆宿莫德惠先生這次自台灣來港，自己雖說是為了醫治牙疾，不承認有甚麼任務，但就莫老先生在港的活動以觀，來港最大目的當然不是治療牙疾這麼簡單，除了同「國大代」談談外，還同反共人士交換一些意見。莫老雖說：「並沒有談到甚麼政治問題」，實則所談的就是政治。

嘗有東北同鄉詢莫老在台生活狀況。他苦笑着說：「白菜豆腐生活，還勉強維持下去。」白菜豆腐雖是廉價的食物，但在香港要「勉強維持白菜豆腐的生活」也不是易事。目前香港的豆腐仍是每毫二件，但已比一個月前的小了三分之一；像柳條一樣的白菜售價每斤也要七八毫。不過，豆腐白菜畢竟還比豬、牛肉廉宜很多。談到了這，為讀者介紹一個「南乳蒸豆腐」的食製。

作料：豆腐塊、金菜、雲耳、南乳、蔴油。

做法：先將金菜洗淨，雲耳浸透洗淨，用刀剁之成碎粒備用。

南乳加少許水搓之成漿，加進盛豆腐的碟裏，雲耳、金菜碎粒也加進豆腐裏，拌之至爛，加味在飯鑊裏蒸之至熟即成。吃時加進少許蔴油。

蛋黃蓮蓉

歲月不居，流光如駛，農曆七月十四祭鬼節過後，轉眼又快屆月圓節。

俗諺有云：「先行交易，擇吉開張。」今年太平山下的月餅市都有這種情景，盂蘭節過後即有月餅面世，直到八月初一，賣月餅的茶樓、酒肆才張燈結綵，大事宣傳月餅上市。「先行交易，擇吉開張」，賣月餅的也實行「預期上市」，世界變了，由此又多一證明。

為甚麼月餅也要「預期上市」呢？究其原因可能是：生意愈淡愈要爭取銷場，人同此心，心同此理，於是乎剛過盂蘭節，大家就賣起中秋月餅來，時與不時，也就顧不得許多了。到了初一才大吹大擂，不過是「擇吉開張」，實際上早已「先行交易」了。

在香港，大多數人們喜愛的當然是雙黃或三黃、四黃蓮蓉的月餅，蛋黃愈多的愈貴。究其實，蓮蓉成本貴過蛋黃，蛋黃多的蓮蓉月餅應平過蛋黃少的才對，因為真正蓮蓉的成本比蛋黃貴（雖然今年的蛋比去年較貴，但成本仍在真正蓮蓉之下）。有一部分人士以為蛋黃多的蓮蓉月餅才好吃，於是賣月餅的，凡多蛋黃的貴過少蛋黃的，這實在沒甚道理。就我個人來說，每個蛋黃蓮蓉月餅中有兩個蛋黃為最合理，且要將蛋黃切為小粒，吃時任何一角落都有蛋黃的香味才好吃，惟現在的月餅普遍將原個蛋黃放進餅餡裏，吃到蛋黃太多的部分只吃到蛋黃的味道，而極少蓮蓉的蓮子味，吃到沒有蛋黃的一份，又只有蓮蓉而沒有蛋黃的香味，未審讀者有此同感否？我以為把蛋黃變為欖仁大小的蛋黃蓮蓉月餅比原個蛋黃的好吃得多。

炒豆腐鬆

親戚朋友遇有甚麼喜慶的事，送來一張寫着甚麼「薄酌候光」的請束，不管你對這一頓「薄酌」有無心情或有無時間去參加，總免不了要送一份厚的或薄的甚至於「公價」的禮，也算是「人情」。禮尚往來，

人所不免；生活在人羣裏，有時雖覺得這些「人情」主客有點浪費，但假如把這些事情置諸腦後，又被認為無「人情」。沒有「人情」的人是沒有互助精神的。所以俗諺謂「人情緊過債」，因為債還可以拖，送「人情」卻限時限刻。

今年的月餅市道，賣餅的雖仍像往常一樣張燈結綵，大吹大擂，惟由於商情不景，送節禮的必比往年減少。「親家兩免」自然也不少，一般預料今年的月餅市不會好過往年。

翻閱日前所談的「南乳蒸豆腐」，偶憶素菜裏還有一個用南乳和豆腐做作料的「炒豆腐鬆」。

這個菜的作料是：豆腐膶、醬薑、醬瓜、酸蕎頭、南乳汁、白糖、蔴油。

做法：先將豆腐煲老，去水後再以白鑊烘乾，然後切之成細條，醬薑、醬瓜、蕎頭也切成絲備用。起紅鑊，先炒過豆腐細條，再傾進醬瓜等炒熱，最後加腐乳汁、白糖少許，兜勻即可上桌，吃前淋少許蔴油。

紅 燒 魚 塊

吃有大小，也有好壞。到「為食街」消夜有「為食街」的吃法；到酒家吃菜或在家裏吃家常便飯，自然也各有標準。

在「為食街」，不能用在酒家吃的標準來衡量；在酒家自然要站在吃酒家菜的角度去衡量它的標準。簡言之，「為食街」第一以「大件抵食好味」為標準，酒家菜除質量外，還要注意製法是否精美。比如吃八九十元一個「紅燒大裙翅」，只吃到味精的刺喉味而嚐不到真正上湯的濃鮮，則即使製作極好，也不算夠標準。

偶爾又吃了一次魯豫菜合流的所謂京菜「紅燒魚塊」，深覺用料馬虎，做法劣拙，還得比不上「為食街」的食製。用雪藏石斑肉片成骨牌形，油泡熟後以生粉、鹽、味精、白糖打「白饋」，便稱為京菜的「紅燒魚塊」。雪藏石斑肉的鮮味很薄，「白饋」裏有味精，本已不能吃到石斑肉的薄鮮，還加入甜味，更袪盡了魚的味道。假如閉上眼睛吃這「紅燒魚塊」，舌頭所感到的只是甜和味精，並不是在吃魚肉。竊以為其作料和做法，還不及「為食街」的「抵食」和高明。

胡 椒 雞

　　陸游詩云：「年年最愛秋光好。」在香港，秋天是最使人感到舒服的季節，特別是中秋和暮秋，因為還可以穿單衣和夾衣，不像北國的秋天，有時比香港冬季更冷。黃仲則的「九月衣裳未剪裁」，香港人到了暮秋還未備有寒衣，也不會被認為寒酸；就是公子哥兒們，此時在天宮或麗池裏攬腰狐步，依然有穿上白色沙士堅西裝的。

　　就吃而論，食慾也是秋天好過夏天。

　　昨晚南洋朋友又空居士招吃夜飯，酒醇菜豐，吃得既飽且醉，初不知又空居士太太也是「好撚兩味」的同志，不期然的談到《食經》，更談到香港和南洋的食製。我自然也天南地北的胡謅一番。酒多吃了，當時談了些甚麼也無從記起，酒醒後想起在檳城吃過一種食製，叫作「胡椒雞」。際茲秋收冬藏之際，胡椒雞也該是合時食製，因為胡椒雞據說是很有功效的補品，暮秋正是宜於進補的季節。

　　胡椒雞的作料是雞一隻，原粒胡椒一兩。

　　做法：將雞劏淨，原隻不切備用。起紅鑊，爆過原粒胡椒，再將雞兩面煎過，然後加水加味炆到夠腍即成。吃時將雞切件上碟，原粒

胡椒不要，雞肉有濃香的胡椒味，辣味並不很重，如果吃得辣也可吃炆雞的原胡椒。

雙皮奶

讀者鍾秀華來函云：

我是由印尼來港旅行的一位讀者，拜讀先生大作《食經》一至三集之後，使我對烹飪方面得益不鮮。惟未有提及牛乳餅的製法。我平生頗喜食牛乳餅，用以送粥，送茶或送飯，都覺甘香軟滑，味道雋永，較之其他食品，其甘、脆、肥、濃真不可同日而語。只惜去國十年，此物無從購得，今欲自能製造，以快朵頤，茲特專誠請教，敬希不吝指示，倘在九月十日以前能在貴報娛樂欄內發表，我自然可以讀得到。如蒙函覆，則更為感紉也。

雙皮燉牛奶，往時在省港到處都能夠嚐得到的，這回來港，遍找各處茶室，對於這種燉奶，都感有名無實，甚至賣燉奶出名的某兩茶室，都沒有真正的燉牛奶，這燉雙皮奶的方法，倘蒙示教，尤所欣幸！

答：（一）在香港難吃得到雙皮奶，賣雙皮奶的，實際是賣普通燉奶，為了招徠顧客，借用了雙皮奶的美名。

牛奶燉起來成為雙皮的，第一是作料，第二是燉的方法。在香港難吃得到雙皮奶是牛奶質太稀薄，賣牛奶的要母牛產牛奶，在飼料方面加強奶的產量，奶質當然遠不及剛在產乳牛的母牛所擠出來的濃

厚。還有先將牛奶抽出忌廉，用這種牛奶做作料，燉起來當然不會成為雙皮奶。就我所知，過去廣州賣雙皮的，方法是牛奶加上少許蛋白撈勻，燉好後，上面再加一層很薄的凝得像膠一樣的牛奶再燉，熟後攤之至凍，使之結成一層皮，到吃之前再在蒸鑊裏蒸熱。

（二）牛乳餅的做法是用白醋少許將牛奶凝結後，取凝結的奶漿用餅印做成餅形，再以鹽水浸之使之凝固，同時辟去醋的酸味。

魏 太 守 鴨

芳名叫作蘇珊的颶風小姐，早不來，遲不來，正當香港人準備做中秋節的時候，趕來湊熱鬧。蘇珊小姐的芳姿也許比任何一屆的「世姐」美麗，但追隨在蘇珊小姐周圍的風姨、風舅，卻是任何一個香港人都不願意展開笑臉歡迎的嘉賓。風姨、風舅即使不會帶給香港人甚麼災難，起碼會在香港人心坎上留下一些懊惱。就以往而論，無論甚麼颶風小姐降臨香港，或驚鴻一瞥在港外掠過，必使魚菜價錢平步高升。昨夕天文台還懸七號風球的時候，鯇魚的價錢已高漲至每元四兩，菜蔬等新鮮副食也比例地跟着上漲。向例凡節前，肉類等副食品必比平時漲價，「打風味」更是漲價的幫兇。預算在中秋節大吃一頓者，如果不增加預算的話，則吃方面要大打折扣了。

魚、菜的價錢都漲了，光鴨的價錢昨午還沒上升，每斤二元八角，假如你對吃鴨有興趣的話，「魏太守鴨」的做法可以一試。

作料：鴨一隻，糯米酒一杯，瘦火腿、正菜、冬菇、葱白各項切成小粒，還有蔴油、老抽、生抽。

做法：生鴨劏淨去骨，抹乾備用。瘦火腿等作料用糯米酒，生抽老抽等拌勻，放進鴨肚內以線密縫。起紅鑊，將鴨「走油」或煎之至微

黃亦可，然後以燉器盛之，隔水燉至夠腍即是。做法同燉八寶鴨無大分別，不過配料不同而已。這是袁才子所說的真定魏太守燉鴨。

油泡子雞

「中饋」自外歸，買了兩隻不夠十二兩重的子雞。我說：「這些雞要來幹嘛？」她道：「在家裏養一個月便成為七八元一斤的上雞，買這兩隻小雞用不了八塊錢。」「發雞瘟怎麼辦？」我說。她默然無語。看見這兩隻子雞，想起「油泡子雞」的食製，那是鮮嫩可口的下酒物。

將子雞劏淨，切之為四塊，用布抹乾，用薑汁、酒、老抽，將子雞醃過，燒滾油鑊，連油移離竈口，以炸籬盛着子雞，放進油鑊裏把雞泡至僅熟，吃時蘸薑葱汁和芥辣。

鹹酸菜煮魚

讀者李素民來函云：

鹹酸菜煮魚是廣東人最普通的家常菜，我也很愛吃。自廣州易手來港及今，轉眼數年，也吃過多次鹹酸菜煮魚，但總不及從前在廣州吃到的可口，特此函達，希為賜告如下：

（一）是否魚與鹹酸菜都不及廣州的好？

（二）因此而致影響做得不好吃？

（三）這本來是誰都懂得做的菜，有無可能是現在的「伙頭」

不及廣州那位「伙頭」做得好，做得好的製作程序如何？

答：作料本身好不好，是做得好與否的第一個條件。變了味的魚和肉，即使是天字第一號的廚師也沒法做得好吃。廣州的淡水魚一般說來較香港的新鮮，因為廣州靠近產魚區。至於鹹酸菜，大致說來廣州較多佳品，香港未嘗不可找到沒酸臭味的鹹酸菜，視乎會不會選購。作料不好和製作不得其法，自然不會做得好菜。

作法應該是這樣：（一）先將鹹酸菜以清水浸透約二十分鐘，加入少許鹽，然後洗至乾淨，梗菜分開切，去水，繼用白鑊（不用油之謂）先烘菜梗，再烘菜葉，至菜裏所含水量已乾，以碟盛之備用。（二）用薑片起紅鑊，將魚肉兩面煎過，加入少許頂豉爆香，然後把菜梗菜葉傾進鑊裏，加水同煮至夠火候，煮好前加鹽和少許糖即成。煮得太乾不好吃，煮好後須有汁才合標準。

蒸勝瓜

「月色從密密的樹蔭罅裏漏下一片清輝，照在張雲艷的素面上，正在酒後，薄薄起了兩朵紅暈，比染了胭脂還美。胭脂雖紅，紅得死色，血氣泛上肌膚透出來天然的紅潤，正如清晨曉露下的盈盈花瓣，又鮮又艷，秦季子恍惚對着一枝名花，只覺得世界上最美的事物就在這片刻間了。」

傑克所寫小說擁有不可勝計的讀者，我以為傑克着了書中人的迷，讀他的小說的又着傑克迷，晚飯後讀傑克賜贈之《一曲秋心》，正為書中的「薄薄起了兩朵紅暈」而着迷，彷彿變了秦季子，「中饋」卻在此時走過，驀然驚覺還未寫《食經》。

俗諺有云：「一節淡三墟」，何況中秋是大節，不管市場上魚菜等副食品的來源如何，今日必普遍跌價。一般說來，中秋節誰都比平常多吃一些，大吃之後，對於吃，多少會感到膩，食慾自然沒有中秋節的旺盛，如果對於肉的食製不感興趣，吃「蒸勝瓜」佐膳，也許會覺到口味新鮮。

這是素的食製，也是鄉下人底經濟簡單的佐膳菜。雖是素菜，卻也很可口，尤其吃的太多，偶吃清的蒸勝瓜，更會覺得勝瓜好吃。

做法：將勝瓜（也稱絲瓜）批去上面一層瓜青，洗淨，在煮飯時與米同時落鑊，飯熟後取出勝瓜，切件，以碟盛之，加上熟油和醬油即是。

蒸白菜

「蒸勝瓜」是鄉下人底家常菜，「蒸白菜」更是農人在農地時底不費時而省事的家常菜。

近來的白菜雖也跟着其他副食的作料漲價，比起其他肉類，白菜仍是一般人們有資格吃的副食。

北方人所說的「白菜豆腐」的生活，廣東鄉下人所說的「鹹魚青菜」，都是壯碩肥美的青菜，不特可口，還有豐富的香味，和香港最近所見到的好像籬條一樣的白菜大不相同。香港天氣太熱，到了中秋，天氣還像夏天，需要秋露潤澤才能肥壯的白菜當然長得不夠理想。

往時菜販沿街叫賣的白菜，稱之為江門白菜，實所賣的白菜不一定是來自江門，不過，由此可見江門白菜是白菜的佳品。現在魚菜市場裏有無江門白菜售賣，沒作過調查，但到目前止，所見的白菜都是籬條的模樣，當然不是壯碩肥美的江門白菜了。

蒸白菜雖說是蒸的做法，究其實是湯中有菜，菜中有湯，惟作料只是白菜，也有人喜歡放進一片薑。

做法：將白菜洗淨，切後葉梗分開，用作煮飯的鑊或罉，燒紅，落油少許，將菜梗煎至半熟，然後加進菜葉，兜勻，加進清水一碗，鹽少許，即連水及菜以碗盛起，傾米下鑊或罉裏，加上燒飯的水後，在米和水上架一個竹架，把盛着菜和湯之碗放在架上，蓋上鑊蓋或罉蓋將飯燒熟，在飯面上的菜已夠腍，湯也有菜的原味。

炆牛胸

「一節淡三墟」，中秋節後，需求減少，各項副食品自然降價。中共也在秋節後放寬副食品出口，昨日大量雞鴨運銷澳門，澳門一時容納不得這麼多，又大量運來香港，遂使雞鴨售價再向下跌，想吃平雞平鴨者，此其時矣。

愛吃番菜的同事羅拔鄭，每吃消夜，也要吃要用刀叉的食製。昨晚有人請他消夜，要了一個燴牛胸，「食而甘之」，並問我為甚不吃？我說，未開化的人吃生肉，半開化的雖懂吃熟肉，臊味很大的澳洲牛胸，不是有數千年文化歷史的黃臉人吃得消的，這是我不吃澳洲牛胸底理由之一。

沒有臊味的牛胸是牛肉好吃部分之一，但全瘦的牛胸不及半肥瘦的牛胸好吃，因為牛胸的肥肉不膩而爽。西餐的燴牛胸怎樣做法我不曉得，中式炆牛胸，我有這樣的做法：

作料：半肥瘦牛胸一斤、洋葱四兩、陳皮一小片、薑半兩。

做法：將牛胸、陳皮、薑、洋葱用水煲至八成火候，取出牛胸切塊備用。又取出煲過的薑、陳皮，弄之成茸。起紅鑊，將陳皮薑茸等

爆香，再加入已煲過的洋葱，兜勻，最後加進已切塊的牛胸肉和先前煲過的原汁，將牛胸炆至夠火候即成。

燉 節 瓜

中秋節後，連天風雨，老天爺黑了面孔，益使人感到秋的肅殺。

假如在三個月前落下像日來的幾場大雨，則香港人不知省了幾多閒氣，為爭水而打架的事當然不會發生，就是：「樓下閂水喉」這些話也不須說。

諺云：「不如意事常八九」，水塘滿的時候卻連天傾盆大雨，也許可以列入不如意事之類吧。

昨竟日風雨，又逢禮拜天，毫沒出門的興致，只得睡覺看書過日子。廚娘冒雨買菜歸，一看菜籃裏有一個大節瓜，問她要來做甚？她說：「用來滾鹹蛋湯。」

節瓜是夏天的瓜菜，快到暮秋時節吃節瓜，是不時而食，因告中饋，少吃一頓湯，將節瓜做燉的食製。燉節瓜的作料除節瓜外，還要江瑤柱、蒜頭。

做法：將節瓜去青開邊後，用油炸過，以瓦器盛之，節瓜周圍伴以江瑤柱（乾貝）和用油炸過的蒜頭數粒，加味，放進燉鑊裏將乾貝燉至夠腍，則乾貝的鮮味已滲進節瓜裏，瓜因而可口，乾貝和蒜頭也可佐膳。

為了保持節瓜的青色，先將節瓜放在有梳打食粉或鹹水的滾水裏泡過也可，但吃時則沒甚瓜味。我以為，如非請客，不必一定要保持瓜的綠色。

雞鮑翅

　　周遊「西方」人士所能到達世界各地以後，月前返抵美國之美籍華僑陶瓷家兼作家黃玉雪小姐，偕夫鄧君頃自美國來書，云：

　　　　我底丈夫和我都記得在港時，得與你和你底太太同遊之樂。我們不特得嚐香港最好的菜，更得暢談之快。我們已暢遊回來，這次出遊雖然很吃力，但得接觸世界人士，結識朋友，殊為值得，你則為我們此次所識的朋友之一。

　　　　我的父親已經七十九歲了，近猶學英語，準備做美國公民。我甫解行囊，即以你著余呈父之《食經》奉渠。彼即開卷，朗誦給我媽媽聽。他們得聆中菜烹調新法，甚樂。日前，我們曾依法試製假燒鵝。

　　正在讀黃小姐手札時，同事羅拔鄭在側，問我看甚麼有這般興趣？我說：這是黃玉雪小姐的手札，隨將信給他。看後他說：「你請他們吃甚麼菜？為甚到而今仍是齒頰留芬呢？」我道：「不過略盡地主之誼，請他們吃便飯而已。她底先生最喜歡吃中饋監廚的雞鮑翅，認為來港以後吃過不少唐菜，但從沒吃過像這樣好的食製。實則雞鮑翅底做法並沒甚特別之處，被認為好吃，不過是選好的作料和不用味精而已。」「你用甚麼作料呢？」羅拔再問。我答道：「四十頭的窩麻鮑魚五兩，雞一隻連毛二斤十二兩左右，中鈎翅同煲至雞和鮑魚夠腍，翅身已腍、軟、滑而已（翅的製作和雞煲翅的做法前已談過，也有做燉的，惟燉味清，煲則味濃）。羅拔接着說：「怪不得，你用上等作料來做雞鮑翅，一定味道濃而好吃，照我底不正確估計，這個菜單光是

作料成本已近四十元吧？所以，通常所見十元二十元的翅食製，實在毫沒好處。如果看見翅食製便眉飛色舞，以為是上菜，還不如多吃一兩頓豆腐煮魚，夠營養而經濟。想你也不會否認了吧？」

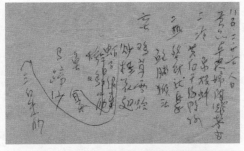

菜單列上客人名單及日期，紙背是購買作料的備忘。

鮑魚雞燉包翅

　　我吃過灣仔道文園酒家和石塘咀廣州酒家的「鮑魚雞燉包翅」，兩者所用作料均上選，堪稱上菜。文園酒家賣甚價錢我不曉得，因為第一次是著名「老細」添哥做東，第二次是紳士朋友做東。廣州酒家「埋單」，「鮑魚雞燉包翅」是一百四十元，這個價錢自然有人為之咋舌，不過，用上選作料做菜，也不算是太「吃銀紙」；如果以包辦筵席六七十元一桌，還有「紅燒包翅」來比較，一百四十元一個菜那就太貴了。但是你要知道六七十元一桌菜的包翅用甚麼翅身？所謂上湯究

竟又是甚麼湯？就上湯而論，絕對不會是三十斤肉取出三十斤湯的上湯，而是將少許骨頭肉屑煲滾，加重量味精的湯。這類湯的成本很廉宜，所以賣得平價，但味道和營養與上選作料做的比較，當然有天淵之別。

就昨日所提及我自己做的「雞鮑翅」而論，成本也不少，十兩中鈎翅，時價是九元，四十五元一斤窩蔴鮑魚五兩是十三元，上雞一隻十一元。除雞以外，鮑魚和翅都不算最上品，作料價錢已是三十三元。如用大鈎翅和大網鮑，則更不止此數。黃玉雪小姐底鄧先生認為好吃，不過是作料本身不錯，加上火候夠，如此而已，並非製法有甚特殊。六七十元一桌的菜，甚至一百元，一百二十元一桌，當然吃不到這樣的「雞鮑翅」了。

解 酒 湯

靠做街坊生意起家的汕頭街「操記酒家」，老闆梁姓，名操，街坊顧客皆稱之為「操記」，大肥佬也。亦有直稱之為「肥佬」者。

操記像一尊活的彌勒佛，笑口常開，樂天派之同志也。「肥佬」能吃能飲，吃必四大晏，飲必一斤「雙蒸」，夕夕如是，年年如是，飲和食德，此「操記」之所以成為「大肥佬」也。

能飲能吃而外，「大肥佬」在嚴冬天氣也穿單衣，尤為街坊顧客所健羨。

有詢「操記」每天喝酒數斤，能不怕酒濕乎？操記則答謂不知何為「酒濕」。惟就予所知，患酒濕病者，每因天氣轉變而致腰酸腳痛，予之畏酒，怕患酒濕亦原因之一。偶與齋公編輯談及「操記」多飲而不患酒濕，誠難獲致。齋公則曰：「操記誠能飲而多飲，惟每週必喝一海

碗『解酒湯』。」因問齋公：操記之「解酒湯」怎麼做法？齋公曰：「予固喝過操記之『解酒湯』，怎樣做法則因非食家之流，未予研究。然就所見，『解酒湯』裏有雞，有生魚骨，有實心藕，有豬粉腸，味甚鮮。」

古老的飲多酒和飲醉酒的解酒法是用梘巨子、葛花、土茵陳煲水飲之。「操記」喝實心藕煲湯實則用之解酒濕而已，不知何謂「酒濕」也者，「大肥佬」欺人之語也。

啖佳菜如啖木屑

《隨園食單》裏的戒縱酒云：「事之是非惟醒人能知之；味之美惡，亦惟醒人能知之。伊尹曰：味之精微，口不能言也。口且不能言，豈有呼呶酗酒之人能知味者乎？往往見拇戰之徒，啖佳菜如啖木屑，心不存焉。所謂惟酒是務，焉知其餘，而治味之道掃地矣。萬不得已，先於正席嘗菜之味，後於撤席逞酒之能，庶乎其兩可也。」

多吃了酒，「啖佳菜如啖木屑」，我亦云然。酒，姑無論是濃酒抑淡酒，多喝了舌頭感覺被酒精麻醉了，對餚饌味道好壞的鑒別，的確大打折扣。呼呶酗酒之徒，吃菜真的難辨味之美惡。

《星洲日報》同事鍾君，返星前談及星洲粵菜，認為無一是處。一百元一席等於港幣一百八十元的，價錢不平，但味道比香港二三流酒家甚至「大餚館」還壞。

我說，香港酒家也不見得有菜皆好，「大餚館」有時比稱為酒家的做得好。星洲粵菜館的粵菜所以做得不好，第一是作料所限，更沒有如秋季的禾花雀與禾蟲等季候菜，其次是製作技巧也不大肯研究。在星洲你請一個星期客，想每天菜式不同是件難事。還有一個間接原因是酒，星洲請客習慣未上菜主人已勸客飲酒，到上菜時已飲罄了一二

支拔蘭地或威士忌者，視為平常。試問惟酒是務者，焉知味之美惡。這是使酒家不肯「大力」研究的其中原因。鍾君同意我這一個看法，也認為有理。

五門齊與八大仙

　　星洲人請客在開席前，主客飲罄一二支拔蘭地和威士忌酒，不但是平常事，且成了習慣。請一席菜，酒家的陳設是一張桌是供吃菜用的，上陳杯箸等物，另一桌則放上「萬里望」花生一碟，菩提子一碟，威士忌兩支，拔蘭地兩支。客來主人便開酒敬客，下酒物是花生和提子。到了吃菜時，主人復慇懃勸飲，一桌菜飲了半打烈酒乃等閒，赴宴客人只喝一支半支烈酒的，不會自詡能飲。我嘗見一席客飲了六支拔蘭地和三支威士忌，最後還來一大盆被稱為五門齊或八大仙的混合酒。五門齊是：波打、啤酒、檸檬水、拔蘭地和氈酒；八大仙則除了上述五種酒外，還加入醬油、芥辣和咖啡。五門齊的味道還不壞，不過飲上兩杯，玉山不傾者不會有半數。八大仙則五味齊全，未入口人已先醉了。

上世紀五十年代特級校對在宴會上。

黃九煙論飲酒的戒苛令說：「世俗之行苛令，無非為勸飲耳。而不知飲酒人有三種：其善飲者不待勸；其絕飲者不能勸；惟有一種能飲而故不飲者，宜用勸。然能飲者故不飲，彼先已自欺矣，吾亦何為勸之哉。故愚謂不問作主作客，惟當率真稱量而飲，人我皆不須勸，既不勸，苛令何為？」星洲人雖豪於飲，惟不飲或絕飲者不強勸，但能飲而故意不飲，或「出尾陣」者，必為同席諸人聯而攻之，被圍攻而不醉者百中無一。

星洲人飲酒豪於量，這是香港人所不及的。且能作黃九煙之同志，尤其難得。所謂禮失求諸野，此之謂歟！

燉 禾 蟲

英國旗與五星旗有邦交，和青天白日旗則已中斷友誼。昨為辛亥革命紀念日，青天白日旗在港九隨處飄揚，這不是甚麼「特」或甚麼「彈」的戰功，而是充分地表現「人心思漢」。大陸政權是否為黑髮黃臉者所擁戴，從「十‧一」與「雙十」懸旗者之多寡也許可以看出一個大概了。

「生猛禾蟲，生猛禾蟲」日來到處聽見有人叫賣。愛吃禾蟲的，正是可以大吃特吃的時候。

廣東俗諺裏有：「丈夫死，丈夫生，禾蟲過後想唔返。」可見廣東人吃禾蟲更甚於三蛇和狗肉。

賣禾蟲者為甚要叫「生猛禾蟲」？這因為不生不活的禾蟲好像黃泥漿，變了漿的禾蟲，無法以水洗之；而且禾蟲長在禾田裏，變漿的禾蟲裏可能混有其他害蟲，不慎吃了，輕則致病，重則喪命。因此，吃禾蟲不比吃魚，非生猛者不宜吃。

禾蟲有燉、煲、炒等做法，茲先談燉的做法。做禾蟲的食製，少不了蒜頭和欖角，尤其燉的，一斤禾蟲要用二兩蒜頭二兩欖角，更要多油。蒜頭的作用在殺菌和增加香味。先將禾蟲洗淨，以瓦器盛之，欖角、蒜頭剁成茸，加入禾蟲，再加雞蛋、鹽、油、粉絲或油條，拌之至勻，其時禾蟲已成半漿，隔水蒸熟即成。吃時另加古月粉以辟去禾蟲的特殊味道。

禾蟲蓮藕湯

廣東人愛吃禾蟲，由來已久。明末詩人屈翁山《廣東新語》關於禾蟲有這樣的記載：「廣東近海稻田所產之蟲，長至丈，節節有口，生青，熟紅黃，夏秋間，早晚稻熟，潮長浸田，因乘潮節斷而出，日浮夜沉，浮則水面皆紫，人爭網取之，以為食品。」

愛吃禾蟲的人認為禾蟲為佳品，凡在產禾蟲的季節，必大吃特吃。活的禾蟲做得好，無論炒或燉都頗為鮮香。不吃禾蟲的固亦大有其人，但禾蟲畢竟是可口的食品。據說禾蟲最暖胃，用禾蟲乾煲眉豆可治腳氣病，惟確否能暖胃和治腳氣病，沒見科學證明。

中山龍都人很愛吃「禾蟲蓮藕湯」，據說湯味比豬踭煲蓮藕更鮮，惜乎沒機會喝過這種湯。

煲蓮藕的禾蟲要用活生生的禾蟲，煲好以後，禾蟲則過半數已在藕孔裏，將藕橫面切片，則每個藕孔裏都有禾蟲，吃藕也同時吃到禾蟲。

做法：將蓮藕洗淨，切為數段，每段頭尾有孔，放進煲裏，繼將洗淨之活禾蟲放進，然後加進凍水，蓋上煲蓋。其時煲裏的禾蟲仍是

活的，將煲置在爐上煲之，禾蟲受熱力蒸炙，相率游進藕孔裏躲避，所以熟後藕孔裏有禾蟲。禾蟲鑽進藕孔後，再加進蒜頭煲之。

乾燉禾蟲

　　不管是蒸、煲、炒、燉，做得好的禾蟲鮮香可口。除了禾蟲洗不淨或滲入了其他毒蟲外，禾蟲本身是否有毒，抑是吃了不會致病的食品？至今還沒得到最正確的解答。因怕禾蟲的模樣而不吃禾蟲者不計外，有人說禾蟲有毒，也有人說吃了禾蟲不會損害身體。但我親眼見過同桌吃禾蟲的，其中一人吃後肚痛，如果說禾蟲有毒，則其他人吃後完全沒有反應，吃了肚痛的，最低限度不能不說禾蟲含有不潔的東西。香港似乎沒有禁人吃禾蟲的法例，但魚菜市場禁止售賣禾蟲，卻是盡人皆知的事。在香港也見過有人吃了禾蟲後皮膚立即有反應，遍體浮起紅暈，而且癢得難受。

　　前談過燉禾蟲，也可以蒸，二者同是不用直接火力將禾蟲弄熟。乾燉禾蟲的做法雖不是用直接火力，和隔水燉比較，乾燉就很接近用直接火力了。

　　所謂乾燉的做法，好處是吃時比隔水燉更鮮香。所用的作料和濕燉無異，但火候的控制較為困難，火候不夠則不熟，過多又會變成焦炭。常見做一斤乾燉禾蟲，以燒一枝香的時間為標準，燉時宜用慢火。乾燉的方法是：鐵鑊一隻，不用注水，將盛禾蟲之瓦器放進鑊裏，蓋上鑊蓋，周圍封密，慢火燉之，至燒完了一枝香，禾蟲即熟。

　　乾燉禾蟲所以夠鮮夠香，原因是禾蟲和作料所含的水分大部分被炙乾了。

炒禾蟲

生活指數日趨高漲，予白領階級以嚴重的威脅，因為打工仔之流，日入或月入所得百分之九十以上是固定的，收入不會跟生活指數之升降而增減，即使東家有意加薪，也在歲暮年頭才實行。大部分靠薪給維持生活的人，生活原不豐足，一遇生活指數高漲，有時節衣縮食也維持不了。據報載，九月份之生活指數為今年以來之最高者，且有逐漸上漲之趨勢，誠為打工仔一件頭痛之事。

香港是禁售禾蟲的，假如生猛的禾蟲果真不含有吃病人的毒質而又富有營養，何妨為「打工仔」爭取營養而暫時解禁。禾蟲的售價比沒有鮮味的鹹水魚更平，愛吃禾蟲的人會同意我的說法。實際上想政府撤消禁止售賣禾蟲，等於想中頭獎馬票一樣難。

禾蟲的做法前談過煲、燉和乾燉，還有炒，也值得一談。炒也有乾炒與濕炒，吃來夠香的當然是乾的炒法。

作料：細豆芽菜、米粉、韭黃、蒜頭。

做法：將禾蟲洗淨，用大熱水拖過，然後煲至僅熟，以笪箕盛之，待禾蟲較為爽身時，以少許油、蒜頭慢火將禾蟲烘乾備用。

用油鑊先將米粉炸透，然後炒熟芽菜，去水後以碟盛之。再用蒜頭起鑊，傾下韭黃、禾蟲兜勻，然後加入芽菜，兜勻即可上碟，炸過的粉仔則鋪在上面，最後加上古月粉，更覺香口。

禾蟲炒蛋

人們日常所吃的食料，很多都有季節限制，如俗諺所謂「春鯿秋鯉夏三鯬」。在香港，三鯬只夏天才可吃到，但鯿魚和鯉魚，前者以春天為佳，鯉魚則在秋後才肥美。諸如此類有時令限制的食品，真不勝枚舉。

香港禁止售賣的禾蟲也有春蟲和秋蟲之分，春造的禾蟲較秋天的肥美，秋天的禾蟲長小芽，且較春天的瘦。精於吃禾蟲的，春造吃燉的，秋則吃炒的。因此禾蟲雖有煲、炒、炸、燉的做法，但秋造禾蟲則宜於炒。

除了炒細豆芽菜外，也有人愛吃禾蟲炒雞蛋，也是一個可酒可飯的香口食製。

作料：禾蟲、雞蛋、蒜頭。

做法：鮮雞蛋破開，以碗盛之搲勻備用。

將禾蟲洗淨，以笡箕盛之，濾至沒有水分時，起紅鑊，爆香蒜茸，加鹽，把禾蟲傾進鑊裏，遇到蒜和鹽的禾蟲立即變為漿。將禾蟲漿取出，放進已搲過的雞蛋裏，攪之使蛋與禾蟲漿混合，最後再用紅鑊，多油，爆香蒜茸，才傾下禾蟲漿混合的雞蛋，炒熟即是。

炸禾蟲

據曾患過腳氣病又吃過禾蟲煲花生的人說，禾蟲確有治腳氣病的效果，吃上三次則腫氣全消。

代理黑白牌香煙的惠明行容師爺也說：「禾蟲的益處除了補腎，健脾去腳氣外，還可以治血壓高。」信不信由你。假如禾蟲對人體有如許益處，且能治所謂「有錢佬病」的血壓高，確值得醫學家們「大力」研究了。

不過，為克服人羣最大仇敵 ── 疾病而服務的醫學家們，有沒有興趣去研究崇尚歐化的人們所不愛吃不敢吃的禾蟲，那是另一回事，但禾蟲畢竟是鮮香可口的食製。口福之惠是人們每日的現實問題，再談禾蟲的做法，也許為愛研究吃的問題者所樂知。

炸禾蟲也是愛吃禾蟲者的做法之一。當禾蟲大造的時候，售價自然廉而夠新鮮，愛吃禾蟲者也自然大吃特吃，而且變換多種製作方法，煲、燉、炒而外，有時也吃炸禾蟲。

炸禾蟲也有兩個做法：其一是將禾蟲用大熱水拖過，以笪箕盛之，吹至爽身，然後以慢火油鑊炸之，吃時蘸古月粉、淮鹽。其二是當燉禾蟲吃不完時，留諸明天，以刀切成每件若骨牌形，蘸雞蛋、鄧麵炸之，像炸生蠔一樣。兩種炸法，前者雖濃香，微嫌味道單調一點，還不如後者好吃，因為後者原是燉的，配有其他作料，自然比前者更可口。

精燉禾蟲

清明節、端午節、燒衣節、中秋節、重陽節都是大節，除了重陽節外，其他幾個節日都和吃有大關係。凡遇節日，少不免大吃一頓。魚菜市場的雞鴨等副食，凡在大節也生意興隆，有時供不應求，比平日漲價百分二十或三十是很平常的事。重陽節大吃的人不多，因此豬、牛、雞、鴨也不致於陡然漲價。

昨為重陽節，偶憶及十餘年前有一次在廣州過節，在朋友家裏吃過一頓製作得極好的燉禾蟲，至今仍「齒頰留芬」。友人固亦食家之流，他的禾蟲的做法確也講究，談了多天禾蟲的製作，這位食家的「燉禾蟲」也值得介紹。

作料：禾蟲、生油、白糖、燒豬油、粉絲、雞蛋、蒜頭、欖角、古月粉、陳皮。

做法：將禾蟲洗淨以筲箕盛之，待禾蟲沒有水分時，以瓦器盛起，其時禾蟲仍是活生生的。加進白糖和生油，至禾蟲飽吸糖油，然後加入已切碎的蒜茸、欖角等作料，搦之成漿，最後加燒豬油拌勻，隔水燉熟即成。蒜頭要先炸過才夠香，吃時再加古月粉。

葱和蜜同吃中毒

最近，本報刊登載了一篇鴻烈先生的「食物的相剋」，舉了很多甚麼不能與甚麼同吃，否則有可能中毒；同時舉例裏所說的「相剋」大部分是傳說，少有科學的根據。

關於「食物的相剋」，在古籍裏有不少這一類的記載，故老傳說也有不少禁同吃的東西，但是古籍裏的記載和傳說都缺少了科學根據。

鴻烈先生在他的大文裏說到：「葱和蜜，《本草綱目》、《本草圖解》和孫思邈的一本書裏也有同食致死的記載，真不可解；不過葱和蜜一同吃的機會很少。」

本報讀者止廠先生最近來函也提到這一個問題：「本晨報載，燻魚須塗蜜再用葱花，曾聞蜜與葱不能同吃，確否？」

止廠先生的垂問，我至今還未奉答，因為對於葱和蜜同吃會否中毒，還找不出真憑實據。不過，在幾個月前，本欄刊登過的「葱薑烟

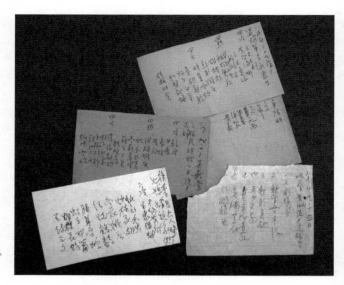

特級校對家宴，用小
紙頭寫菜單。

乳鴿」，作料除薑葱外還有蜜糖，做法是先取薑汁葱汁和蜜糖，拌勻，
塗遍鴿身乾後再塗，如是三四次，然後以瓦煲焗之，我自己動手做過
這個菜，該次且有兩位外國朋友同吃，大家都沒有中毒，外國朋友還
說這是一個好菜。但不敢保證不會中毒；因為塗鴿身的葱汁和蜜糖並
不太多，其中還有薑汁，也許葱和蜜會中毒，加上薑汁就不會有毒也
未可知；更或用來塗乳鴿不會有毒，如將葱汁或葱和蜜糖一起同吃中
毒也未可知。我以為這些問題頗值得有興趣研究食物相剋者研究。

蟹 與 五 加 皮

　　鴻烈先生底「食物的相剋」大文裏又說到：「據說吃蟹之後不可吃
柿，也不可吃石榴，也不可吃荊芥，也不可喝五加皮酒。最奇怪的是
說吃蟹不可喝五加皮，是有好幾處的民間傳說，可是我卻曾親眼見過

有一邊吃蟹，一邊喝五加皮酒的，吃後並不曾發生甚麼意外」。

　　吃蟹後吃柿，吃石榴，吃荊芥，會不會發生甚麼意外，非我所知；但吃蟹同時又喝五加皮酒，我在香港仔的海鮮艇上嘗試過，結果並沒甚麼反應，也沒意外的事發生。假如我早曉得這個傳說，也許不敢喝五加皮酒。我所吃的蟹是來自澳門一類的蟹，吃其他地方的蟹，也許含有某種東西，如果同時又喝五加皮酒，或會招致吐瀉意外事件也未可料。

　　這些相剋的傳說很多，但也不能謂這些傳說毫無根據，不足為信的。我以為傳說未必無所本，惜乎至今還沒有人探本求源去研究，於是傳說有時確有其事，有時也成為無稽之談。

　　由吃蟹聯想到吃蝦，有很多人吃多量的鮮大蝦，毫無異象，毫無反應；也有一些人吃了鮮大蝦後不到半小時便大瀉特瀉。我的朋友廖君每到香港仔海鮮艇吃飯就不敢吃蒸中蝦。據他說，吃過蝦以後必大瀉特瀉，歷試不爽。然則蝦是否有毒？抑是他個人腸胃的感受不同？為甚麼有些人吃後又毫無異象呢？這也是值得研究的問題。

田雞與莧菜

　　「田雞不埋莧菜地」，這是廣東中南部的農村歌謠。事實上，種莧菜的田找不到田雞，田雞吃過淋莧菜的水也不肥壯，因此，田雞莧菜同吃，也列入「食物的相剋」之類，不過這種相剋卻吃不壞人。如用田雞炒莧菜，用肥壯的田雞炒起來也變了瘦田雞。莧菜和田雞的製作很多，但卻從未見過有田雞和莧菜合做的食製。

　　北方人稱水魚為腳魚，認為吃腳魚時不可與莧菜同吃，同吃則會致死。

莧菜實在也和普通菜蔬有所不同，其他菜蔬淋水的時候在晨間和太陽落山後，莧菜則要在太陽最烈的正午淋水，否則不會肥美。廣東鄉下人也有稱莧菜為「贊菜」者，取義是到中午才「贊」水。

據說吃了酸楊桃後不能吃葛，否則會招致傷寒病，是否屬實，也值得研究。

廣東人婦孺皆知的是：吃了狗肉不能吃綠豆沙，不然會飽脹致死。據故老言，這不是傳說，而是有事實的根據，並歷舉證明；嚴格說來也是不夠科學的。不過，也有可作佐證的事實：屠狗者必先以綠豆同狗肉一起「出水」，即使是不夠肥壯的狗肉，一經用綠豆煲過，就會肥壯起來。這即是說，綠豆對狗肉有發酵的作用，先吃狗肉，再吃綠豆沙，狗肉就在人肚裏脹大起來。

蒸蛋糕

讀者趙楚先生來函云：

我是《星島日報》的基本讀者，對於先生之大作「食經」一欄，差不多每天都讀過，增加我的見識不少。茲我特專函奉上，請教兩種食品製法，相信先生是不會見棄的：

（一）菜館裏時常都有「酥炸生蠔」一味，其炸法是經多時仍保持爽脆的，未知用何「粉質」炸法。

（二）晚上與二三知己常到甜品店消夜，我常常很喜歡吃「蒸蛋糕」，而此種「蒸蛋糕」由朝到夜仍然保持如棉花一樣的彈性，又鬆又軟而且不收縮，其製法是如何？怎會如此？因為

普通之蛋糕是經過數小時後就會變為硬性的。請先生將以上製法公開,在「食經」欄指教是幸。

答:(一)炸生蠔有用麵粉者,也有用「鄧麵」者,惟麵粉則脆硬,「鄧麵」則脆鬆,做法詳見《食經》第一集,茲不贅。(二)「蒸蛋糕」的作料是:雞蛋一斤、白糖二十兩、麵粉十二兩,大北風天要加水一兩。做法:先將雞蛋和白糖捹至成白色,然後以篩盛麵粉,着少篩進已捹好的蛋裏,蒸熟即是,蒸器和蒸的水要先弄滾,不然蒸起來不夠鬆。

芫荽魚片湯

讀者呂芳頃來函說:

凡遇睡眠不足或虛火上升而至影響到牙痛,用芫荽、醬瓜、紅薑滾鯇魚片湯,一碗吃下確有奇效,道理雖不明白,卻也屢試屢驗。不曉得先生也吃過這種芫荽魚片湯否?

我現在請教的是:從前在廣州老工人做的芫荽魚片湯,魚片都能成塊,但近年來內子做過幾次,魚片都是爛的。內子說要魚片不爛,只有魚片半生熟,熟的魚片沒有不爛的,但我又不愛吃半生熟魚片。是否廣州的鯇魚和香港的有所不同?或有其他方法可使滾熟的魚片不爛。希在這裏賜答為荷……。

答:滾至熟透的魚片固然成碎塊,半生熟的也不一定完全不爛,如果要吃滾熟後仍能成塊的魚片,請按下述方法一試:

鮮鯇魚肉切片,以碗盛之,用幼鹽少許用筷子撈勻後,魚片逐漸

緊貼變為球形，然後再加入生油少許，再用筷子攪之，則緊貼變成球形的魚片，逐漸又每片分開，至是，無論滾至全熟或半熟，魚片均不會成為碎塊。

除「芫荽魚片湯」外，用魚片做其他湯食製，也可採用上法。

炸禾花雀腦

「生猛禾蟲，生猛禾蟲」之聲，旬來已不再聽到，大概禾蟲已經「過造」了。秋天有禾蟲的時候，也有禾花雀。禾蟲雖已過造，禾花雀還是當時得令的可口食品。

禾花雀的價錢日來逐漸趨跌，同最貴時比較，每打相差凡二三元。目前最新鮮的去毛禾花雀每打三元五至四元五，次者三至四元，連毛不夠新鮮的每打約二元上下。不過要吃的話，還是新鮮的好吃。

惟廣東才有的秋天時令食製有蛇、禾蟲和禾花雀。除廣東人外，其他地方的人到了廣東，不敢吃蛇的固多，不敢吃禾蟲的更佔百分九十以上，但不敢吃或不吃禾花雀者也許不會有百分之十。這因為禾花雀是禽鳥類，吃禽鳥肉是所有外江或內江老祖宗傳下來的習慣，與吃禾蟲三蛇只廣東才有的不同。

有關禾花雀的食製方法，本欄前後提供過不少，昨在某酒家吃到「網油焗禾花雀」，做法同《食經》第二集裏所說無大出入，美中不足是不夠香。用網油焗禾花雀，要把網油焗至有點焦黑才夠火候。友人又同我談起吃過「炸禾花雀腦」，是極可口的下酒物。做法是用浸過滷水的禾花雀，取其頭蘸雞蛋、「麵」，慢火炸之即成。雀頭的骨固酥化，腦也甘香。不過要吃一碟炸禾花雀腦，要幾打雀頭才吃得夠味。

脆皮鯉魚

週來副食品價錢大部分有跌無漲，主要副食肉類更普遍下跌，豬肉每斤四元八，牛肉每斤五元，羊肉四元五毫，中雞三元六；主要副食不漲價，則次要副食品也水退船低；相反則連最普通的鹹魚豆腐也隨而扳高。就鹹水魚而論，本港每月銷約二萬擔，本地魚獲固不夠供應，加上日本漁船運來幾千擔，有時也供不應求，尤其在颶風季節，鮮魚供應更感不足。目前颶風季節已過，漁獲物供應大增，豬、牛供不應求的情形也已逐漸不存在。主持中饋者，當可減少為買菜錢預算而頭痛吧？

「春鯿秋鯉夏三鰲」，現在是鯉魚肥美的季節，也是黃花魚當造的時候，「中饋」購了黃花魚歸，偶想起四川人的「脆皮鯉魚」，是頗為醒胃的食製，因以黃花魚代鯉魚試做「脆皮黃花魚」。

作料：鯉魚（或黃花魚）、薑、葱、紅辣椒。

做法：鯉魚或黃花魚蘸上生粉，放在油鑊內炸至鬆脆，盛起。另用料酒、鎮江醋、生抽、老抽、白糖打紅饀，淋在魚上即成。

宮保田雞

「太史蛇羹」與「太史田雞」同是以精於吃見響嶺南的南海江孔殷太史底蛇和田雞食製，上了年紀的廣東人誰都曉得所指的太史是誰。

「宮保雞丁」是香港大部分外江菜館，無論京菜館或滬菜館的菜牌上都有的菜，究其實是四川菜。等於「回鍋肉」一樣，有很多人愛吃，

所以京菜舖或滬菜館均兼賣。嘗問過好幾個四川朋友，一致公認「宮保雞丁」是四川菜，卻不曉宮保是誰。

「宮保雞丁」外，也有「宮保田雞」，是否出自同一宮保則無從得知，但是均可口的食製，所不同者，一用雞，一用田雞。「宮保田雞」較「宮保雞丁」更為嫩滑，茲提供做法如下：

作料：田雞、葱或冬筍、乾辣椒。

做法：田雞斬件約拇指大小（純用田雞腿更佳），葱白切成約四五分長小段，乾辣椒切成長約半吋一段。辣椒在白鑊內炒脆，盛起備用。如用冬筍則切成約尾指大小方粒，先用沸水拖至八九成熟。田雞用少些鹽及生抽、薑汁、料酒醃過。起鑊先炒田雞，須油多火熾，炒至僅熟，加入葱白或冬筍、乾辣椒，加味及少許醋，即可盛起。如不嗜辣，可少用辣椒。注意忌用腰果及花生作配料。目前香港一些菜館為減低成本，多以腰果或花生作配料，所以做得不夠標準。

斗洞茨菇

綽號「一味靠滾」之「水壺大王」梁祖卿先生，最近購得靚翅一副，托大元酒家烹製，並恭請香港廠商巨子「卜爺」岑載華，廠商「三劍俠」的飲酒代表徐季良，「聖人」謝伯昌，廠商會現任副主席李樹繁等共嚐佳饌。祖卿先生以予為「為食」之流，逢請必到，逢到必早，特招予陪末席。惟是，廠商巨子皆以能酒見譽，予雖愛吃，獨不能飲，然在主客盛意拳拳之下，雖不能飲，也得勉為其難，兩杯以後，酩酊極矣，幾至於食不知其味。「三劍俠」及樹繁先生等則談笑自若，彷如未沾杯中物。醉中聞季良先生言：廣東生果惟香蕉，荔枝最美，菜蔬除芥蘭外，鮮有佳品。「一味靠滾」聞之，曰：季良先生或未遍試廣東菜蔬，

即就茨菇而論，台山斗洞茨菇之佳，其他地方恐難與倫比；蓋「斗洞茨菇首尾皆有蒂，墜地如碎玻璃」。予稍能為台山語，識台山朋友至夥，然予不知台山斗洞茨菇之美，見簡聞陋，倍感愧恧。

　　季良先生愛吃大閘蟹，並謂吃正式大閘蟹必需紹酒方覺到大閘蟹的好處，吃夠新鮮的黃油蟹，也是「交關好吃東西」，但，一定要原隻生蒸或生焗方好吃。

　　如果先將黃油蟹撕開了才蒸或焗，則黃油蟹的好處完全沒有了。

食經·下卷

第八集

醬 肉

　　美副總統尼克遜夫婦年前訪問港，華資工業界鉅商，假塘西設筵款宴。頃據報載，一席盛宴共用去港幣萬餘元，攜眷參加者每份科款一百五十元，大會收入僅得七千餘元，其餘不足之數由廠商「三劍客」岑載華、余達之、徐季良及代理事長李樹繁負責包支包結。古老時代的「一席萬錢」被認為豪奢飲食，工業界宴尼克遜總統夫婦也是一席萬金，誠不讓古人專美。不過，古人的一席萬錢的菜，多是難得的山珍海錯，絕不會用「咕嚕肉」上菜的。尼克遜先生當然會吃過美國唐人街的咕嚕肉，也許知道賣甚麼價錢，但絕不會想到香港的咕嚕肉比美式的還貴。假如有人把這事告訴他，一定咋舌不已。

　　做得好的「咕嚕肉」也很可口的，吃膩了，不妨一試川菜的「醬肉」。

　　材料：豬肉（最好腿肉）、京醬、硝（每斤豬肉約用二錢）、鹽（每斤豬肉約用二錢）、花椒（每斤豬肉約用一錢）、玫瑰露酒（每斤豬肉約用三錢）。

　　做法：豬肉整塊洗淨後，用硝、鹽、花椒、玫瑰露酒醃一日，取出掛在當風處（製時宜在冬季北風天），滿搽京醬，搽醬宜勻宜薄。俟風乾後再搽，每一斤豬肉約搽醬約一兩。俟醬搽完，再風吹數日，即可收藏。在搽醬時，如有好日光，可移掛日光下曝曬（醬雞製法亦同）。蒸吃。

香菇肉醬

　　「咕嚕肉」、「醬肉」等菜的主要作料是豬肉。日來由於生豬來源時斷時續，豬肉又比前週貴了。菜錢支出不能增加的中饋，勢必因豬肉太貴了而少買了。

　　過去有一段時期生豬供不應求，養豬是可以賺錢的生意，新界的鄉下人大多會養三幾頭生豬。後來大陸要爭取外匯，大量生豬運港，一時成了供過於求。大陸豬價下跌，影響到新界養豬的也大虧其本，現在有些人談起養豬，仍有談豬色變之感。

　　但這幾個月來生豬來源短缺，豬價步步高升，又有人打養豬的算盤，甚而一部分人又開始做養豬了。

　　「咕嚕肉」是廣東家常菜，「醬肉」是四川人家常菜，「香菇肉醬」則是廈門人家常菜，前兩者都談過了。廈門人的「香菇肉醬」，頗類廣東人的「椒醬肉」，只是作料和做法都不同。茲列如下：

　　作料：五花肉四兩、冬菇半兩、蝦米一兩、乾葱頭半兩、頂豉及辣椒各三兩。

　　做法：先將生油一兩放入鑊，油熟後放下葱頭及辣椒等，煎香後加入麵豉炒熟，再將冬菇（切粒）及蝦米（須先浸水）放入鑊內，再加入剁爛之五花豬肉，炒熟後加饀即是。

香糟魚

豬肉價貴，牛肉也不廉宜，每天兩頓飯菜不能完全食無肉，故豬肉不能不吃，但次數和量卻不能不減少了。

豬牛以外，魚也是富營養的副食品，目前一般來說魚比豬、牛肉便宜一半以上，原因是每月有六千擔日本魚供應，二來本地漁船釣的拖的魚穫，也比颱風季節多了數倍，大量供應，吃魚的自然也不必付出過多的代價。偶過灣仔海傍，見艇家賣生猛海鮮，活的雞籠鯧每斤只售二元，油䲝和花蟹每斤一元六，該是益食家。

如果吃膩了鹹水魚，也可吃淡水魚，淡水魚的價錢也因鹹水魚的升降而起跌，故目前淡水魚也不算貴，可一試川式的「香糟魚」。

作料：鯽魚（土鯪魚亦可）、鮮紅辣椒（每斤魚約用一至二兩，視嗜辣程度而定）、酒糟（每斤魚約用四五兩）。

做法：鯽魚選肥大者，劏淨，用少許鹽、料酒及薑葱汁、花椒醃約二三小時，將魚掛在當風處吹乾。然後用一瓦埕，將魚及斬碎之鮮紅辣椒，連酒糟混合與魚同放入埕內密封，須不漏氣，約兩週後即可取出蒸食。製時須選冬季有北風時，最忌南風天。此種魚製品可久藏至次年夏季前也不壞。可多製以備隨時取食。用此法糟雞及豬肉均可。

香酥鴨

香港是波的世界，波迷便有數十萬，難怪有「遠東足球王國」的雅號。幾天來，報上雖有各種重要新聞，但在若干香港人眼裏還不若足

球比賽新聞夠刺激。事實上報上刊載足球新聞的面積，比甚麼重要消息還要大，報導之外更有評論，評論而外又有內幕和花花絮絮。在任何一個角落，談足球比討論香港大事甚或世界大事的人多，更有興趣而熱烈。

昨與友人在快活谷看了一場成人與小孩較量的足球賽，勝方當然不會屬於小孩，朋友對這些毫無體育競技味道的比賽大為不滿。後來請我到某外江館吃飯，其中有一個川式「香酥鴨」，吃來不香不酥，一如成人與小孩的足球比賽，毫無興趣。除了這一次，其實大多數外江館的「香酥鴨」也不及標準，最常見的毛病有三：（一）鴨小而瘦；（二）用舊油炸鴨；（三）外皮炸焦，黑而不酥。就我所知，「香酥鴨」的做法應該如此：

鴨劏淨，用料酒、幼鹽、薑葱汁醃一小時，蒸至八成熟，再敷以少許麵包糠，在油鑊內慢火炸至極酥，即可上碟，食時拌以淮鹽。炸時切忌炸至焦黑，如在蒸後未炸前，雪藏一兩小時，就比較容易炸得酥。

丸子湯

繁盛區域食店多，雲吞麵檔更多，幾乎街頭有一擔，街尾也有一檔。原因第一是賣雲吞麵的成本不大，不必要甚麼裝潢，也不須大賣廣告，開張容易，關門也不難。其次是吃得起雲吞麵的比比皆是，不同上茶樓酒館起碼要付出若干代價。雲吞麵檔雖多，但做得夠標準的卻不多見。麵的製作如何姑且不談，就麵湯而論，做法正宗的幾百不得一。正宗的麵湯是用大豆牙、蝦殼、蝦頭、大地魚及豬骨熬成，時下雖仍多用上項作料，但份量減少而以味精代之；味精多的湯，鮮味

是刺喉而不實的，當然不及沒味精的可口。

　　四川人的「丸子湯」的作料頗多與雲吞麵湯相似的地方，如豬骨與大豆牙便是丸子湯熬湯的作料。

　　湯味濃鮮，丸子味道也不薄。

　　做法：腩肉、榨菜、蝦米、大豆牙、豬骨、葱、蛋白。將腩肉、榨菜、蝦米剁成茸，加蛋白少許、生抽、幼鹽少許調味，搓成丸子。另用大豆芽、豬骨熬湯，至少須熬兩小時；湯不宜多，熬成一大湯碗為度。俟湯熬好，盛起，棄去大豆牙及豬骨，放入肉丸，蒸熟，食時加葱花。宿酒及胃口不好者，調製此湯佐以鹹魚，當使食慾大增。

醋 溜 白 菜

　　香港是交通發達的城市，「出無車」並不是嚴重問題，有時安步當車也是一種運動。除了吃齋的人外，「食無肉」一般人都不大習慣，「三月不知肉味」雖未至嗚呼哀哉，惟食量宏者少吃肉對健康是有影響的，至於影響程度如何，須視個人習慣和身體如何而定。香港陷落以後，吃過以綠豆和米煮飯的人，談起當時「食無肉」的苦況，猶有餘悸！

　　如非食齋人，「食無肉」的生活固不易過，「食無菜」也是一件頭痛問題。雖然每人每天平均吃不了多少蔬菜，但是常吃的菜餚如果完全沒有蔬菜，對健康也有影響。肉和菜都是人們必需的副食，鮮肉當然營養高而好吃，菜也是要新鮮的才美味可口。一般說來，香港的肉比菜蔬新鮮，尤其是魚，可以吃到剛從海裏釣上的。新界雖有菜圃，惟不足供應全港所需，大部分還要靠內地。當年港九交通發達，能吃到較新鮮的菜蔬，現在交通不便，內地蔬菜起碼距離摘下來的三四天才過到，故愛吃菜蔬的談到新鮮程度，就想回鄉去吃個飽。

廣東人的黃芽白，也叫作紹菜，北方人稱為白菜，是營養豐而好吃的菜，來自天津的為佳品。吃膩了粵式做法，試試川式的「醋溜白菜」也是「醒胃」的家常菜。

作料：黃芽白、鎮江醋。

做法：將整顆黃芽白撕開，去梗去筋（忌用刀切），在油鑊內炸透，然後炆脸，再加鎮江醋拌匀即成。

豬肚烏骨雞炖龜

前日溫度最高為七十一點一，晚上竟降至五十八度，白天氣候像初秋，入夜突變為寒冬，我們的吃齋編輯在本港新聞寫上第一個標題目：「晨似新秋暮似冬」。氣溫升降本來不是甚麼新聞，但標出這樣一個有詩意的題目，讀者就有親切感了。有錢的在計劃穿甚麼大衣，寒衣太舊的也沒問題，瑟縮街頭和樓梯底的人只能希望有人夜送寒衣。季候轉變，特別是秋盡冬初，有時給人們帶來喜悅，但寒流襲擊，也使窮措大特別感到苦惱。黃仲則的「九月衣裳未剪裁」成為好詩句，因為能代表窮措大的心聲。

季候與吃也大有關係，時序秋冬，宜於吃補品，廣東最流行的補品是三蛇、果狸等食製。「秋風起，三蛇肥」原是賣蛇者的廣告語，現在變為流行的俗語了。《食經》前已談過三蛇和三蛇果狸的做法，偶想起四川菜的「豬肚烏骨雞燉龜」，也是愛吃補品者的大補劑，用特介紹如下：

作料：龜、烏骨雞、豬肚。

做法：先把龜放在盆內或小池裏，滴下生油少許，以水養二三日方取出，宰之備用。雞劏淨去內臟，把龜肉放進雞肚，以線縫之，再

將雞放入洗淨的豬肚裏，以瓦器隔水燉五六小時即成。養龜的清水放生油，作用是龜吃了生油會大瀉，燉時龜肚裏已沒有污穢東西存在了。

韭 菜 盒

故老相傳，滿清時代廣州有一種特殊職業，就專替犯罪的人捱打腳骨。被判罰打腳骨的犯人，有錢者可以僱人代罪捱打，代捱打的人收幾錢銀至幾兩銀不等。捱打以後獲得韭菜一束，用來搓擦被打傷的地方，但捱打者往往將韭菜拿回家做菜。替人捱打的當然是窮人，兒女看見父親拿韭菜回家，就歡天喜地，因為有韭菜就是有生意，有生意就有買米錢，起碼一兩天免於捱餓。做神女的固是地獄生涯，替人捱打的何嘗又不是？

提起韭菜，想起廈門的「韭菜盒」，有興趣可依法一試。

作料：麵粉、熟豬油、酥扁魚、豬肉、冬筍、鮮蝦、香菇、馬蹄、韭菜。

做法：除麵粉熟豬油，其餘作料均切成碎粒，以熟油炒熟，加入生油、生粉，攪拌盛起備用。約以六兩麵粉，用熟豬油攪勻，先取出一小塊（約十分之三），其餘再加入一半油一半水，拌至有彈性，分為十餘塊，每塊放入未混水之一小塊（即前取出之一小塊）於中央，用小棍棒碾成條狀，先切為兩塊，再縱橫壓為片狀，作為盒皮。才把已準備好的作料，用筷或匙酌量撥入，包密，捏成有邊之餅形。

爐竈生火後，注入花生油，俟油有溫度時（切勿過熱）即陸續將餅放入炸酥，夾起趁熱款客，吃時蘸芥末醬及辣椒醬，倍增美味，佐以上湯亦佳。

石耳雲吞

由於來途稀疏，生豬不夠應市，豬肉價又大漲，最平的豬頭肉，每斤也漲至三元多，非豬肉不歡的人要付出當比平常多一倍的代價了。豬肉價貴，其他肉類副食的價錢也跟着上升，農牧總監胡禮士赴日，商人赴台，都是為了香港人不能食無豬，但是甚麼時候有日本豬和台灣豬運來，真使買菜錢不多而又食無豬的人望眼欲穿。

友人談及生豬的供應問題，同時提到「石耳雲吞」的一個菜，他說：「那是過去廣州幾大酒家常有的上菜，但在香港不多見。」廣州易手來港以後，他不但沒吃過，也沒聽人談起這個菜。我說：「香港雲吞麵店雖多，卻少見有賣魚皮雲吞的，也許香港人不大喜吃。」

「石耳雲吞」其實是魚皮雲吞，好處是清鮮爽脆，包餡的皮不是普通雲吞皮，而用魚皮，作料除上湯、石耳外，餡料也和普通雲吞不同。一般雲吞的餡是蝦和豬肉，石耳雲吞用的是鯪魚肉、生魚肉和塘虱魚肉剁成，所以吃來鮮爽而脆。

為甚麼其他雲吞餡雖爽而不脆？據有研究的人說，爽脆完全是塘虱魚的作用，因為試過不用塘虱做餡的，就爽而不脆。

蠔 煎

同事的福州太太頃問我：「雲吞有魚皮包餡的，魚皮怎麼做法，叫人家做魚皮或買魚皮呢？甚麼地方有魚皮出售？所謂魚皮又用甚麼魚的皮？」我說，假如您請我吃的話，馬上告訴您。雲吞魚皮的作料

是土鯪魚和「鄧麵」，先將土鯪魚肉刮出（像潮州人做魚丸一樣），拌勻。份量是四兩魚肉加十二兩鄧麵、油和水少許，搓勻，掊之成膠狀，研成薄片，切成雲吞皮即是。

福州太太善做家常小菜，嘗吃過她的「蠔煎」，據說是廈門菜，和粵式的大不相同，愛吃蠔的不妨一試。做法可學廈門人，粵人不叫「蠔煎」，該叫作煎蠔吧？

作料：生蠔、番薯粉、青蒜、豬油、臘腸、鴨蛋。

做法：青蒜切碎，混入番薯粉，以清水調勻漿狀（撒入白鹽少許），以豬油在平底鍋中煎熱，然後將粉漿倒入攤平，再將洗淨的生蠔鋪在上面，現焦黃色時翻轉，如此兩面煎，將熟時加入臘腸、少許些豉油、胡椒粉拌和，隨即再取鴨蛋數枚打破撒上，頃即可盛食。其味清甜可口，如再以芥醬，或辣椒醬蘸食更佳。

四川毛肚

廈門「蠔煎」確是可口的食製，尤其在北風怒號的日子裏，三五好友喝一點酒，吃剛做起的「蠔煎」，可抵禦迫人的寒氣。

廈門沿海都產蠔，尤以禾山何厝社出產最多。蠔季大小菜館都有蠔煎售賣，正如廣東有禾花雀的時候，大小酒家的菜牌皆列上禾花雀食製。惟禾花雀不及廈門「蠔煎」普遍和價廉。廈門蠔煎所以好吃，第一是蠔夠新鮮，第二是味道夠濃香。在產蠔最多的季節，到廈門的遊客，鮮有不吃蠔煎。

「中饋」昨日買了一斤牛百頁回來，問我怎麼吃法，我說可以一試四川毛肚，並告她應用的作料和做法。

作料：毛肚（即牛百頁）、豆瓣醬、花椒、辣椒、生抽、蝦米、蔴油。

做法：毛肚洗淨，用沸水淋過，這樣易於將表面黑皮撕去，肚切條。另用瓦罉炒豆瓣醬、花椒、辣椒、蝦米，加入生抽煲半小時，加入蔴油，即為毛肚汁。食時有如生鍋，將毛肚在味汁中浸至僅熟取食。隨浸隨食，香脆爽辣，極具刺激；但不食辣者恐不能入口。所煲味汁宜多，剩餘者可久藏不壞。以後食毛肚時，如味汁不足，只需加入調味品即可，勿須另煲。老汁較新汁味更鮮。此種食法不限於毛肚，牛肉亦可。

腥 和 臊

生活靠近海邊或生長在海邊的人，比較能吃得有腥味的魚鮮；生活在內陸的，吃臊味很大的牛、羊肉也不覺得有難下嚥的異味，這是習慣使然。就吃魚鮮來說，稍為腥一點的魚鮮，香港人比廣州人易於吃下肚裏，潮汕人吃來更毫不覺得有腥味。也就是說，潮汕人比香港人吃得腥，香港人又比廣州人吃得腥。潮汕的魚鮮食製中有些簡直是生的，生的魚鮮當然腥味很大，潮汕人卻認為可口，對有些廣州人就吃不消，遑論下箸了。廈門臨近海邊，所以廈門人也吃得腥味食製，他們蠔煎，也有煎得半熟的；半熟的蠔當然有腥味。

又據報載：澳洲人斯雲本在十七分鐘內吃了一百八十隻生蠔，獲得新南威爾的吃蠔冠軍。他所吃的生蠔每隻都有直徑三吋。直徑三吋的生蠔，差不多有二兩重一隻，等於吃了三百六十兩生蠔，共二十二斤半。食量之宏也許還有人及得上，吃一百八十隻腥味極大的生蠔，我想即使自稱大食的也不敢領教。不要說十隻八隻，有些人就是一隻生蠔下肚，也許會反胃而嘔吐狼藉。參加這種比賽，除了食量，還要有吃得腥的本領才行。十餘年前，我在內蒙古旅行，所到的地方喝茶

和吃飯，幾乎都帶有腥味，同行有人吃不慣羊肉，七天以乾糧充飢。所以，揀飲擇食有時是會吃虧的。

拌鵝腸

商情不景，一年一度的聖誕節在平淡中又過去了。所謂平淡，只是人們對聖誕的消費減少，非信徒而湊熱鬧的人也採可免則免的態度，形成了今年聖誕節比去年冷清得多。

另一方面，上帝的兒女們對於聖誕的慶祝雖不比去年熱鬧，卻也不比去年冷淡。聖誕前夕，報佳音的歌聲仍像去年一樣，無論在大街小巷隨處聽到。同事中有信徒，因工作關係沒空參加報佳音的盛會，到了深宵夜靜之後，召我去操記宵夜，算作吃聖誕餐。要了三個小菜，其中有「炒鵝雜」，味道甚佳，也夠鑊氣，到今天還有餘味。由「炒鵝雜」想起川菜館也有「拌鵝腸」，特為愛吃甘、脆、肥、濃食製底讀者介紹：

作料：鵝腸、淨芥蘭薹或菜薹。

做法：先將芥蘭薹切開，以滾水拖熟。鵝腸洗淨，剟之為二，用少許薑葱汁及料酒醃過，以滾水拖至僅熟，然後切段，用油、辣椒、浙醋、生抽和芥蘭薹拌食。如不愛辣可改用芥辣。此菜佳處為夠爽夠脆，最宜佐飲。

烏豆炆塘虱魚

大陸生豬來源不繼，香港人幾致「食無豬」，事實上又不盡然，澳洲、印尼、印度、緬甸、日本、台灣各地都有大批凍肉運來，價錢且

比本地豬為廉，但凍肉不合大部分香港人的胃口，尤其澳洲豬肉，臊味不下於澳洲牛肉，更為香港人所不喜。印尼凍肉也久煮不腍，來自印度、緬甸和暹羅等地的稍佳，但遠不及日、台等地的為香港人歡迎。印尼或印度的凍肉與來自日、台的有何不同，確非外行人所能辨別。有些買凍肉吃過虧的香港人，索性凡凍肉都不買的，大有其人。於是運來香港的凍肉雖不少，但吃凍豬肉的人卻不多。不愛吃凍肉，原可多吃魚鮮，但黃花魚大造的時候，竟亦由每斤一元二角漲至二元二角。豬荒日趨嚴重，想不到魚鮮價錢也上漲百分之三十至四十，真難為了「東方之珠」的小市民。

豬肉既貴，鹹水魚也不廉宜，中饋昨購歸塘虱魚兩尾，兒輩正在玩塘虱的鬚，為我瞥見，因問中饋：塘虱怎樣做法？她說：用紅棗、陳皮、烏豆炆之，好吃不好吃還在其次，但吃完了第一碗飯後，必不會吃光烏豆，我會心一笑。

烏豆炆塘虱，炆得好的很可口，而且屬於補的食製，如果怕乾燥，最好不將烏豆炒過，雖然炒過的烏豆則更香。我以為荷爾蒙不是支出太多的，冬季多吃烏豆炆塘虱魚，是價廉物美的補品。

黃花魚麵

目前黃花魚當造，往年此時，黃花魚在魚菜市場佔盡了威風，為的是售價廉宜，最平是每斤七八毫，最貴是一元一二毫。黃花魚在港海附近捕獲，雖然鮮味不很濃，但平均比其他大海捕獲復經雪藏多時的海鮮，仍然較為新鮮，遂成為季節洄游魚類最吃香的一種。漁家說最近所獲得的黃花魚遠不及去年，因之售價最高時比去年漲了一倍。漁業中人認為最近黃花魚不多是反常現象，基因於兩週前寒流襲港，

把浮現港海周圍的黃花魚羣吹去。供不應求，香港人自然要吃貴魚了。

釣魚朋友日昨赴大澳釣魚，獲黃花十餘條，我分嚐了一尾，味道之鮮確為魚菜市場購的遠遠不及。

蘿蔔煮黃花魚可以說是香港人的家常菜，要煮得好吃，用頂豉起鑊是少不得的，不然味道不濃。本欄前曾提供過黃花魚的做法多種，還沒談過「黃花魚麵」。吃了一尾夠鮮的黃花魚，想起十餘年前吃過的「黃花魚麵」，順此為讀者介紹：

刮黃花魚肉（像潮州人的魚丸做法），搨成膠狀，加麵粉搓成如普通麵團，研至薄，切幼條，用上湯泡即是，吃來味道極鮮。

陳皮牛肉

家庭間不會常備上湯，為吃一碗「黃花魚麵」而買大量肉料熬上湯，不但錢用得多，時間也不上算。「黃花魚麵」本身雖有鮮味，但麵湯如果沒有鮮味，單靠麵的鮮味是不會好吃的。

製作上湯，時間金錢都不上算，但又不能沒有味湯，最簡單的做法是將雞一隻劏淨，起骨，剩下來的雞肉以刀背拍爛備用。用滾水一碗，把雞肉放進滾水裏，隔水蒸熟，滾水成了很鮮的雞湯，再用這雞湯加味煮麵，吃時加入少許火腿茸，味道濃鮮。但話又得說回來，用一隻雞蒸湯煮一碗麵固然好吃，不過有資格這樣吃的人不會太多吧。

豬、牛肉的價錢都貴，比較之下牛肉還比豬肉廉，假如你要吃牛肉，四川人的「陳皮牛肉」可以一試。

材料：牛肉、陳皮、乾辣椒、花椒。

做法：牛肉切成片，厚約二分上下。陳皮切塊，乾辣椒切段。先將牛肉用少許料酒、葱、薑汁鹽及生抽醃過。乾辣椒、花椒和陳皮則

先用白鑊炒脆備用。炒牛肉時須油多火熾，將牛肉炒至鬆脆，始放入陳皮、辣椒、花椒及適量生抽，再炒至全無水分，盛起即成。甘香麻辣，為下酒佳品。

炒醬瓜肉

淘化大同公司選了部分拙作刊印《淘大食經》，業已出版，本欄前已略為介紹。旬來一再接到讀者函詢《淘大食經》何時發行及何處售，亦有寄款至淘大公司定購者。據淘大公司黃秀桐先生稱表示精、平裝均已全部印妥。此書將作為第十一屆工淘大展攤敬送用家的贈品之一，順此奉覆。

《淘大食經》裏有一小部分是廈門菜，「炒醬瓜肉」是其中之一，茲先在這此為讀者介紹。

顧名思義，「炒醬瓜肉」有點像廣東的「椒醬肉」，是家常佐膳小菜，也可以送粥或用作點心餡料；「炒醬瓜肉」夾在燒芝蔴餅中更另有味道。

「炒醬瓜肉」做法和粵式「椒醬肉」有所不同。作科和做法如下：

瘦豬肉三份、肥豬肉一份、醬瓜二份、乾葱頭半份。

做法：肥豬肉切成條，再切為方粒，瘦豬肉切粒後剁成漿，醬瓜也剁成碎粒，乾葱頭橫切成片備用。

先將乾葱頭慢火炒微黃，然後加入醬瓜炒熟，再加鹽及水少許，稍煮即是，以有少許汁為合。

清燉牛肉

據署理工商管理處處長宣佈：肉類批發價經已普遍減低，牛肉價平均每磅減九仙，豬羊肉每磅平均減一毫六仙，但食貴肉的情形依然存在。漲時每斤漲一元八角並不是新聞，跌時一毫幾仙也是新聞，白領階級對着有增無減不斷上漲的生活指數，無時不感到頭痛。可是，當局在三年零八個月不短的日子裏，大力學習了日本人統制後，每年「刮龍」（搜刮取利之意）的數字有增無已，要寫「東方之珠」的美麗畫面，該不應漏了這一筆。

鮮牛肉售價減低，唐人怕吃臊味很濃的澳洲牛肉，當然也普遍跌價。新鮮牛肉跌價不夠九仙，總比搶手貨豬肉較為廉宜，尤其牛腩和豬肉價錢相比，食指繁多的自然會捨豬取牛了。

清燉牛肉是川菜，等於粵菜的煲牛腩，不過作料和做法與粵式有別。

作料：牛腩、蘿蔔、花椒、料酒、葱、薑、甘蔗一小段。

做法：牛腩、蘿蔔切大件。先將牛腩加入料酒出水，然後與蘿蔔同煲，煲時放入花椒（用紗布包好食時棄去）、葱（紮成一束食時棄去）、薑及甘蔗。煲至極腍，至少約需四小時以上，方夠火路。初用猛火，一小時後逐漸減少火力，減至火力一半時即不須再減，注意去煲去油泡，湯方清而不濁。

炸春雞

　　下雨的時候，假如在非工作的時間裏，除了睡覺看書讀報搓幾圈小麻將外，同朋友談天也很容易打發日子。

　　我正在斗室讀報時，愛弄家常小菜的同事太太過訪，話匣打開，除了談吃，也拉到男女間的愛情問題上去。同事的太太站在女人的立場舉很多例子都說男人不對，但我認為朋友或夫婦間的和睦與反目都是相對的，凡事先問問自己，並為對方打算一下，大事未必不可以化為小事，甚至無事。夫婦失和甚或至鬧離婚，不一定是任何一方不對，也不一定是雙方都對。住居在都會裏的太太對待她底丈夫，假如能用像對待玻璃絲襪的愛護和小心，則不和與離婚的事當可大為減少。

　　同事的太太又談及「童子雞」和「炸春雞」的雞身和做法有無不同？我說，「童子雞」和「炸春雞」應該都用十二至十四兩的雞身。「童子雞」有多種做法，「炸春雞」當然是炸的製作。做法是先將嫩雞弄淨，以古月粉、喼汁、酒、鹽各少許，將雞醃過約半小時，然後用油鑊慢火將雞身炸至微黃即是。

　　尖沙咀格蘭酒店的「炸春雞」頗夠標準。炸得好不好，原來沒甚秘密方法，最主要是雞身夠嫩，要用生的雞肉炸，吃來才有雞肉味。有些用熟雞或在湯盆裏浸過的雞做「童子雞」或「炸春雞」，吃來少有雞肉味。格蘭酒店做得夠標準，用的是生的雞身，不是拖過湯的或熟雞。

暹羅辣椒膏

　　為友好及航運界人士稱之為三叔之泰國航空公司經理是活潑而又風趣的人物，日前來函招吃暹羅菜。他在信上說，有運輸工具而不善於利用，是一件傻事，因此特由曼谷運來了暹羅菜，假如你高興的話，某日某時惠臨寒舍賞光。談吐風趣的人，寫一封簡單的信，也富有吸引力，訥夫兄和我，深表健羨。

　　我與曼谷嘗結數日之緣，皇宮及佛寺等名勝，雖走馬看花也算看過一遍，惟無緣一嚐暹羅食製。因為在曼谷的時候，友好召吃的，不是潮州菜便是廣東菜，製作得如何，姑置不論，惟皆以味精為主要作料，已沒有好的起碼條件。三叔函招吃暹羅菜，不由得食指大動，如約而往，參與「立食」之會。席上所陳的，盡是雞、魚、豬、牛、菜蔬之類，做法卻是暹式。暹羅名稱固不懂得，大致的味道和馬來的味道不相上下，辣的程度則不及馬來，「醒胃」的效果則和馬來的不相上下。

　　我分嚐了各項食製後，認為最富有魔力的是辣椒膏。它具有海鮮的鮮味，加上鹹、甜、酸、辣的總和，吃來五味俱全，說濃似淡，淡中卻又有濃，更不易分出五味之中哪一種味道誰高誰下。如以人來比擬，恰像一個多姿而富有魅力的少婦，卻又使人只可以遠觀而又不得親近之感。馬來的「馬拉盞」的味道雖和辣椒膏不相上下，卻濃烈得像到了狼虎年華的美艷婦人，雖有可親之感，但也使人生懼。

葱燒魚

馬來亞的「馬拉盞」，好像廣東的仁面醬、檸檬醬、椒醬肉，都是家常的佐膳品，暹羅的「辣椒膏」據說也是窮人底日常餸菜。「馬拉盞」的作料是蝦米、葱頭、辣椒，加入南洋特產的酸柑，但份量和做法到今我還沒跟南洋朋友學過。假如有一天你面對最佳的菜餚，還提不起食慾，還不想下箸，不妨一試「馬拉盞」或暹羅辣椒膏，包保有意想不到的效果，令你胃口大開。

永安堂的巨頭，綽號季里諾的陳寶藏兄，以我愛吃「馬拉盞」，嘗賜贈一盅，味道極美。初不料兒輩也有同嗜焉，幾雙筷子不斷襲擊着盛「馬來盞」的碟上，轉眼間即吃光了。

除了向南洋朋友打秋風，在香港不易購得「馬拉盞」，還是談談可以買到也可以做到的川式葱燒魚吧。

作料：最好用鯽魚，土鯪魚亦可，一斤魚需葱四兩。

做法：魚用少許鹽及薑葱汁醃過，慢火煎透。再用葱、生抽、蜜糖或白糖、料酒與魚同焗，約半小時即成；焗時用慢火。

清蒸鯽魚湯

台豬未到，豬價未見下跌，還是先吃幾頓較豬肉廉宜的魚吧。以下是四川「清蒸鯽魚湯」的做法。

作料：新鮮鯽魚、葱薑、料酒、上湯。

做法：鯽魚劏淨，用葱薑汁、料酒和少許幼鹽醃幾十分鐘。上湯

蒸滾，將魚放入湯內煮至魚僅熟，再加葱花即成。切忌加胡椒粉，會減清鮮之味。

青筍炆雞

豬肉價錢已開始下跌，平均比上週平了十分之一，豬腩最高價時每斤五元四毫，前昨兩日腩肉已回跌至四元二毫。據說肉價仍在續向下跌中，這是主持中饋者的喜訊。

今天給讀者介紹一個四川的食製：「青筍炆雞」。

材料：雞項、青筍、料酒少許。

做法：雞斬件，青筍切塊，先微炒過備用。瓦罉放油，下雞微炒後，加入料酒炆至六成脤，再加入青筍炆至夠脤即可。此菜香腍而不膩，佐酒佐餐兩宜。

蜆芥豆腐

由於西伯利亞寒流南移，本港氣溫陡降，富有的太太和小姐們製備已久的新大衣，日來也有穿的機會了。據天文台的預測，冷天氣還有兩三天繼續。

酒家飯館雖早已製備了生窩應客，惟到最近幾天吃生窩才算合時，有關做生窩的作料價錢，也跟着天氣轉冷而上漲。這因為除了飯館多賣生窩外，香港人在家裏吃「打邊爐」的，着實也不少，菜蔬是必需的作料，也跟着漲價了。

除菜蔬而外，豆腐也是必需的作料，因為吃「邊爐」後可能引起虛火上升，豆腐含有少量石膏，石膏有墜火作用，所以「打邊爐」在水裏放進幾塊豆腐，就不會因虛火上升而至牙痛。

豆腐是否跟菜蔬一樣因天氣轉冷而漲價，沒見報章刊載，預料市道也不會壞。豆腐是國粹食製，是世界公認為富有營養的食品，本欄前後也提供過不少有關豆腐的食製，頃見雜貨店已標出「蜆芥上市」的紅籤，於是想起「蜆芥豆腐」一個價廉味美的食製。

作料：豆腐膶、蜆芥、葱。

做法：先將豆腐膶蒸熟（蒸碟上的水不要），葱切花鋪在豆腐上面，再淋蜆介，最後以大滾的豬油或生油淋在蜆芥上面即是。蜆芥受了淋油的煎迫，蜆芥的味道便滲進豆腐裏面，這是半元以下可以做到的家常菜。

乾焙大豆芽

同是一尾黃花魚，相隔數小時水程的澳門，零售價每斤在八九角之間，香港的零售價有時上漲至二元餘，假如香港的黃花魚比澳門的新鮮美味，甚而營養素也比馬交的好，吃貴一元八角，也沒甚麼不值得。事實上，香港的黃花魚跟澳門的同是一個祖宗，捕魚的也同在附近海面捕獲，但在香港賣的有時且比澳門貴一倍，是漁人抬高售價，賣魚人從中剝削得太厲害，抑是統制魚鮮的機構有意要香港人吃貴魚？其中必有道理。不過四面皆海的香港人也要吃貴魚，則生活指數的不斷增高，並沒有不合邏輯，有錢的當然不在乎，靠薪水吃飯的小市民，卻常對着不斷上漲的生活指數發呆。

昨談的「蜆介豆腐」，是三四毫可以做得的食製，是「打工仔」底

理想的家常菜。不過，不吃豆腐的很少，不吃蜆介的卻大有其人。在不吃蜆介者看來，「蜆介豆腐」仍不算是夠理想的平菜。因此，特在這裏再提供一個三四毫可以做到的四川人的平菜：「乾焙大豆芽」。

作料：大豆芽菜。

做法：將大豆芽截尾後，在白鑊內焙至極乾，以水分須完全焙乾為度，始盛起備用。切生薑數片，葱白十餘段，及麵豉先在油鑊內爆過，然後放入已焙乾之大豆芽同炒即成。如嗜辣，可加入乾辣椒同炒。雖是廉宜的菜，而吃來甘香可口。

燴白菜

香港四面皆海，多產海鮮，居住在中國內陸上的人們談到香港的吃，必及於海鮮，因為內陸有的只是塘鮮、湖鮮、江鮮，沒有海鮮。在香港吃海鮮，不但吃到活生生的海鮮，種類之多也難以數計。內陸人們普遍認為石斑一類是香港海鮮的上品，其實大錯特錯。嚴格說來，石斑去上等海鮮資格甚遠，惟因四季皆有，而活的時間較長，少吃海鮮的人們便誤認為上品。這等於現在有一種極流行的洋酒，實則酒質和最劣的洋酒無異，知酒者極少喝之，但請客的宴席十九都以這種酒款客，似非此不夠排場。請客用甚麼酒甚麼菜原是不成問題的，但做主人的假如自詡為知飲知食之流，用石斑和該種洋酒宴客，則未免貽笑方家了。

香港養豬的地方不多，外來牛豬不夠供應不是奇事，但四面皆海，竟也會大鬧魚荒，倒是出爐新聞。幾天來三四等的魚鮮零售價竟增至二元多，大陸來的淡水魚也漲至每斤三元餘，究竟是捕魚者休息，抑統制魚的機構調節不得其方法呢？豬荒未已，魚荒接踵而至，真難為

了「東方之珠」的小市民！在魚貴肉貴的情形下，只有多吃點素了。下面的「熗白菜」是川式做法。

作料：卷心白菜、乾辣椒、花椒。

做法：將卷心白菜用手撕成塊，並另用鎮江醋、白糖、鹽、生抽、薑汁先混合好備用。後將卷心菜炒至九成熟（須多油火猛），隨即放入乾辣椒，花椒及混合好之糖醋汁，卷心菜熟時起鑊即成。

豆腐羹

寒流南襲以後，天氣驟冷，香港人才體驗到時序已是冬天。幾天的氣溫都在五十度上下，而以十一日為最冷，寒暑表低降至 1.3 度，張口呼吸還未見冒出白煙，少穿一件衣服，也會手僵腳凍的。

手僵腳凍的時候，晚飯宵夜吃「打邊爐」是大佳事，既可抵禦寒氣侵襲，也可大增食量。四五人「打邊爐」可以吃掉好幾斤的作料，但如將這些作料做其他食製，則四五人又未必可以盡吃，因為吃「打邊爐」時間較長，邊做邊吃，多吃了不自覺。所以同三五友好到酒家飯館吃三十元的「打邊爐」，少有不超出預算的，有時且超出一至兩倍。嘗有一次與同事合股吃「打邊爐」，結算時每人要多付倍半價錢。燒飯的買了豆腐青菜回來，原想吃「打邊爐」，惟作料不夠，於是以豆腐作川式「豆腐羹」。

作料：豆腐、青豆、冬菇或榨菜（冬菇與榨菜忌同用，兩物之味相衝突）、火腿、蟹肉（或用魚肉、腤肉亦可）、瑤柱。

做法：豆腐去皮，切成約四分大小丁方。冬菇、火腿，切成粒。蟹肉、瑤柱撕成絲，先將冬菇、蟹肉、瑤柱、青豆熬湯。湯熬好，放入豆腐再煮約十分鐘，即可盛食，如能備上湯更佳。

若係素食，則捨蟹、火腿、冬菇、瑤柱等，改用蘑菇切粒與青豆熬湯，吃時加蔴油數滴。

頂豉�水魚

據天文台報告，寒流已不再在香港盤旋，天氣轉暖，寒暑表陸續回升，魚菜的價錢也因寒暑表回升而低降。又據報載，中國恢復大量淡水魚運港，吃貴魚吃無魚的嚴重情形也減少了。為了買菜而感到煩惱的人，也許可以鬆一口氣了？

「秋風起矣，三蛇肥矣，吃補品者此其時矣！」在廣州，秋天可吃補品，但香港暮秋時分也許還沒吹秋風，除了體質虛弱者外，秋天吃補品可以說是不時之食，因此酒樓飯館雖然中秋後已製備有補的食製，但還要等到冬天或吹北風的日子，吃補品的顧客才漸多。

補的食製很多，水魚（外江人稱之為腳魚）是頗為流行的一種，常見的做法是「紅燒水魚」、「清燉水魚」，現在提供一個焗的做法，愛吃水魚的值得一試。

我以為用焗的方法製作水魚，比紅燒的，清燉的吃味較佳，但焗水魚補的程度是否不及紅燒或燉的，則非我所知了。

焗的做法，作料是水魚、冬菇、蒜頭、頂豉、豆苗。

做法：起紅鑊，爆香蒜頭，再爆水魚，然後加進已用刀頭舂爛的頂豉、冬菇，與水魚同焗至夠火候。吃之前加進豆苗煮熟，上碟時豆苗墊底即是。

四川臘味

「頂豉焗水魚」可用豆苗墊底，不用也可，用豆苗的目的在於水魚汁味濃鮮，豆苗吸收，吃來味道極佳，以塘蒿菜亦佳。最近一連吃了加入燒腩同焗的水魚兩次，甚覺可口。要用這個菜請客，一定在最後才上，不然吃了「頂豉焗水魚」再吃其他，就會覺得味道不大，因為這道水魚菜式味道太濃。先淡後濃會覺得各菜都有它的味道，先濃後淡，則味道不濃的菜不易刺激食慾。

看完了國展會後，與朋友到柯士甸道竹林菜館吃川菜。朋友問：「川菜樣樣皆備，惟未吃過四川臘味。」四川也有臘味，但和廣東做法有所不同，順此為讀者介紹：

作料：豬肉（腿肉最佳）、玫瑰露酒（每斤豬肉約用五錢）、硝（每斤豬肉約用二錢）、鹽（每斤豬肉約用二兩）、花椒（每斤豬肉約用一錢）。

做法：選北風天，先將豬肉用玫瑰露酒、硝、鹽、花椒醃最少一天以上，取出放當風處吹一二天。用松柏枝、花生殼或蔗皮燻肉，須斷續燻八小時以上，即可藏可吃，吃時蒸或煮熟均可。臘味可藏數月不壞，但忌南風，吹過不僅難久藏，且無香味。臘豬腰、豬肝、豬肝法同臘豬肉，惟鹽則須減為每斤臘味約用一兩五錢。

香酥元蹄

美國女明星麥達基波說：「吸雪茄煙的男子是最好的丈夫，並會給他的太太以最美麗、最貴重的禮物。」真是妙論。

吸雪茄煙的男子固然有好丈夫，但也不一定沒有壞丈夫。常見整夜在賭場裏賭到天亮的男子，過半數是吸雪茄煙的，因為聚精會神賭，吸雪茄煙似比吸紙煙減了麻煩。女人眼底這些男子也許不是好丈夫吧！又如給太太以最美麗名貴的禮物，吸雪茄煙的男子也許給太太買一百元禮物，卻給情人或女朋友買的會是二百元的禮物，因為給太太的禮物微薄一點，太太也會心滿意足；情人或女朋友的禮物一定不能太薄。

我正要寫《食經》時，「中饋」指給我看報上美國女星的妙論，並問我以為如何？我說：「我要開始學吸雪茄煙了。」她不假思索的問：「你哪裏來吸雪茄煙的錢呢？」「那麼只有不做好丈夫了！」閒話不談，書歸正傳，為讀者提供一個川式的「香酥元蹄」。

作料：元蹄。

做法：先用料酒、葱薑汁、蜜糖、老抽、生抽混合，在洗淨之元蹄上擦三四次，隔水蒸至透熟，再入油鑊炸酥，惟不能炸燶。吃時拌以淮鹽、噲汁或甜醬、葱白，同時佐以荷葉卷、花卷或饅頭。

炒 肉 末

讀者周湛華來函詢問多則食的問題，大多均在《食經》談過，惟有一類值得一談。來信說：「你為甚麼要反對做菜用味精呢？」

我不愛吃味精，其中一個理由是吃過有味精做的菜，大半天喉乾頸渴，而我並非反對人家或菜館用味精。不過，如果認為味精食製是上菜的話，等於說鄉下人喜歡掛在壁間的五彩月份牌是最好的藝術品，同是可笑的事。有些自稱專家的廚師，教人做菜用若干錢味精，等於教小孩子背書時可以偷看桌上攤開的書本，也同是可笑的事。

就味本身言，味精的味道無論如何比不上作料原有的味道好。糖精是廉宜作料，為甚麼一般人吃甜品要吃由甘蔗做的糖而不吃糖精呢？簡單說就是糖精的味道不像糖。要做好菜，一定要先從正途入手。閒話就此結束，下面提供的是四川菜「炒肉末」，愛吃外江菜的可按法一試。

　　作料：腼肉、榨菜、蝦米。

　　做法：腼肉、蝦米剁成茸，榨菜切極幼粒。腼肉茸用生抽及少許豆粉撈過。先爆香蝦米及榨菜盛起備用。開紅鑊，腼肉茸炒至九成熟，加入蝦米茸及榨菜略炒，即可盛碟。

乾扁牛肉絲

　　香港儘管有人不曉得自己是上帝的兒女，不讀聖經，不進禮拜堂，更不祈禱，但在為拯救世人而來的上帝兒子耶穌基督的誕辰，這些非信徒不少也會拉上關係。比如有些做生意的，幾個月前便定購耶穌誕的用品和禮物，準備在耶穌誕前大做生意。又如聖誕節夜舞院的生意也特別暢旺，有些跳舞地方還要提前留座。雖然跳舞的男女僅有部分是耶穌信徒，但非信徒為耶穌誕而跳舞的，可能會超過信徒。所以香港有若干不讀聖經，不進教堂的人，會藉耶穌誕而大做其生意，大跳聖誕舞。

　　連日接到遠近朋友的賀年柬，裏面照例有「恭祝聖誕並賀新年」一類字句，我曉得有些朋友授受雙方都不是信徒，賀年柬卻提及聖誕，該列入摩登幽默故事吧。

　　兒輩也收到同學們的聖誕咭，正在欣賞聖誕咭的圖畫。中饋問他們要吃甚麼菜？兒輩三分之二要吃牛肉，大兒還要吃有辣味的，於是

試做川式「乾扁牛肉絲」。

作料：牛肉、鮮辣椒。

做法：牛肉與鮮辣椒均切絲，辣椒絲先以白鑊焙乾水分備用，牛肉絲用生抽、薑葱汁、料酒醃過。紅鑊（油多火猛）炒牛肉絲至乾透，加入辣椒絲再炒，加味即可盛起，甘、香、腴三絕。

粉蒸牛肉

當茲歲暮年頭，很多報章除夕或元旦日均選載過去一年的世界或本地十大新聞。今年的十大新聞是甚麼？照我的意見，本港今年的豬荒和魚荒雖或不能列入十大新聞，但食是人生四大要素之一，魚荒豬荒造成的影響，縱的方面不覺得怎樣大，橫的影響卻難以估計。荒的情形繼續下去，足使整個社會陷於不安。

最近豬的來源增加，豬價已趨下跌，但和最廉價時比較仍相差甚大。牛肉價錢雖跌但不多，一元牛肉只得三兩餘，日昨買一元牛肉做「乾扁牛肉絲」，幾雙筷子夾不上幾次便吃光了。

「乾扁牛肉絲」是炒的，「粉蒸牛肉」是蒸的，也是四川流行食製，作料和做法如下：

材料：牛肉、炒米粉、薑、葱、料酒、蔗汁（片糖亦可）、芫荽、花椒粉、辣椒粉。

做法：牛肉切片（約厚二分），用葱、薑汁、料酒、蔗汁、生抽、幼鹽撈過，再加炒米粉拌和，隔水蒸至僅熟即可。吃時加入葱花、薑粒、芫荽、花椒粉、辣椒粉，趁熱吃，稍冷即味遜。不嗜麻辣者，可免去花椒粉及辣椒粉。蒸時宜注意火候，蒸不夠則生，過久則老。外江食肆中售粉蒸牛肉者雖多，但佳者極少。（粉蒸雞製法同。）

土鯪三味

內地淡水魚運港最近比較增加，魚價因之稍跌，但和最低價時比較仍相差近一倍。據業魚者云，本港每日需要一千二百擔淡水魚供應，最近運港雖比前增加，亦不過多三二百擔而已。供不應求，淡水魚成了「搶手貨」，這是淡水魚貴的最大原因。假如鹹水魚有充足供應，則淡水魚的價錢也會跟着下跌。

據報載，本港的魚荒情形已為市政衞生局的民選議員所注意，將於最近一次市政會議席上提出質詢，尋求香港「食無魚」的因素。

食雖非一日不能無魚，但除了魚而外，肉和菜也鬧起荒來，是一個甚為嚴重的問題。據傳中共外貿局將於明年起，對運銷港澳的副食品實行統制，但詳情未知，然就過去經驗，香港未來副食品的售價將不會比目前低。

久矣沒吃過土鯪魚，最近售價低跌，買菜的昨購歸三尾，用之做一魚三味：

（一）魚骨豆腐湯；（二）蒸鯪魚腩；（三）煎魚餅。

豆腐魚骨湯沒甚麼可談，蒸鯪魚腩連腸同蒸，因為鯪魚腸的味道甘鮮，配料是頂豉、葱花和油，切忌加薑絲，不然吃時會有泥味。

煎魚餅的做法是用魚脊肉剁成茸，加入葱花、冬菇茸、蝦米茸拌勻，放入少許古月粉、生抽和鹽，煎香即成，是可口的下酒物。

川式芙蓉蛋

賣鵪鶉蛋者言：「一隻鵪鶉蛋所含營養比雞蛋更多，因而價錢貴過雞蛋。量質不及雞蛋，實際的益處比雞蛋多一倍以上。」

我沒研究過鵪鶉蛋所含的 A、B、C 營養素有多少，故賣蛋者說得對不對，未敢妄加月旦。賣雞蛋的有另有說法：「鵪鶉蛋的營養素即使比雞蛋好，不過一打雞蛋可以裝滿飢餓的肚子，一打鵪鶉蛋是否同樣可以？如不能，是否要吃一打以上的鵪鶉蛋。營養豐富，對身體大有裨益，但吃不飽又將如何？」

鵪鶉蛋目前的價錢不算太貴，雞蛋售價雖比最平的時候貴了許多，但也比鵪鶉蛋廉宜。就我而論，仍以雞蛋比鵪鶉蛋「抵食」。

有關蛋的食製，本欄提供過不少，惟多是粵式的，茲提供一個川式「芙蓉蛋」給讀者參考。

材料：雞蛋、腌肉、冬菇、蝦米。

做法：腌肉、蝦米剁成茸，冬菇切幼粒。腌肉用少許生油撈過，先將蝦米、冬菇爆香，盛起，再開紅鑊將腌肉茸炒至七成熟，加入蝦米、冬菇，同炒至僅熟，打饋盛起備用。雞蛋照燉蛋方式燉熟，再將已炒好的腌肉茸傾在蛋面上桌。宜作早餐佐膳。

豆腐兩味

「人生幾見月當頭？」月當頭的日子固不多見，今年的月當頭之夜，竟沒有月亮。昨為農曆冬節，氣候有如初夏，如非看見人們為了

冬節而忙，誰會感到季候應該是寒冷的日子？

俗例冬節吃湯丸，也必劏雞殺鴨做節，有錢的當然吃得豐盛，沒有錢劏雞殺鴨的也盡可能多花些菜錢。我也不能免俗，中午吃過湯丸後，晚上也多花了些菜錢，其中有魚頭，也有豆腐，原打算做魚雲豆腐湯，後來又將豆腐分製為兩味，因為魚雲豆腐湯的湯雖好味，煲湯的老豆腐並不可口，將煲過湯的豆腐用蝦子炆之，這是豆腐的「一賣開二」的做法。

「魚雲豆腐湯」和「蝦子豆腐」的做法前已談過，但是要將豆腐做「一賣開二」，煲湯的時候一定要用原塊豆腐，如將豆腐弄爛，則做成的蝦子豆腐變了蝦子豆腐羹，原塊豆腐煲至有蜂巢孔時取出，切成骨牌型，再以蝦子炆之即是。若用豆腐做兩味則湯裏的豆腐味不多，故要用板塊豆腐。

生 爆 鹽 煎 肉

昨在路上遇見一位「闊佬」朋友，問我：「明晚到哪裏去玩？」我一時不知所答，待看到百貨店的聖誕裝置，才想起已是聖誕節前夕了，於是答道：「我非基督徒，聖誕來臨不會帶給我甚麼歡樂，反過來說，聖誕老人來臨多少總給我一些麻煩。至於甚麼狂歡聖誕舞會，更不需要沒有歡樂情懷的人參加，帶着一頂紙帽，聽幾支頌聖歌，我也不會領略到有甚麼歡樂。」

在不景氣籠罩下，準備大做聖誕生意的商人也大感失望。據不正確的估計，今年聖誕物品的市道僅及去年百分之四十，這不是人們淡忘聖誕，而是不景氣下，聖誕的慶祝不能不得過且過罷了。

慶祝聖誕，假如你不想到外面吃用臊味澳洲牛肉做的聖誕餐，在

家做菜慶祝的話，不妨一試川式「生爆鹽煎肉」。

作料：腿肉、鮮辣椒。

做法：「生爆鹽煎肉」為「回鍋肉」的姊妹菜，兩菜有異典同工之妙，做法則較「回鍋肉」簡單。

豬肉切成薄片，鮮辣椒切塊。辣椒在白鑊內爆乾水分，盛起備用。豬肉亦在白鑊內生爆，俟豬肉所含油質爆出八成，肉亦已熟透，始加入辣椒同炒，加鹽至夠味為度，即可上碟。

炆油鯧

際茲魚肉價貴，數口之家的白領階級或「打工仔」之流，副食預算不多，難為主持中饋者籌謀。食品營養不夠固然不可，如因營養不足而致生病，則更超出預算。豬、牛、雞、鴨等肉類大部分要靠外來，來源短缺或供應不足，價格陡漲還有可說。盛產海鮮的香港也常陷於「食無魚」的境地，真是耐人索解。本地海鮮供應不足，日本魚的來源也時斷時續，要吃一頓豐盛海鮮，對於數口之家的「打工仔」家庭，不是一件易事。尚幸東區海傍常有黑市海鮮魚艇，懂門路的可購得價廉活海鮮。生猛的雞籠鯧每斤約三元二毫，海底雞項每兩也在三毫左右，比市場的雪藏魚廉宜，而且新鮮得多。昨日即以每兩一毫的價錢買了一條油鯧，歸而炆之，極為濃鮮可口。

油鯧大多數的做法是蒜子燒腩炆，我以為用豬網油更可口。

做法是：油鯧洗淨，切件，逐件以網油包裹備用。起紅鑊，爆香蒜子，加入頂豉兜過，然後加入用網油包的油鯧，加水炆至夠腍，上碟前加入塘蒿或生菜，煮熟，上碟時以菜墊底，生菜吸進油鯧汁，味道極佳。

番薯扣大鱔

「炆油鱸」用網油包，第一個作用是保持油鱸肉嫩滑，其次是增加香氣，但不用網油包之亦可，因為油鱸本身甚肥，每斤油鱸用一兩蒜頭炸透，炆起來就夠香味，我以為那蒜頭比做蒜子瑤柱的蒜子更濃香可口。

與油鱸同類的鱔，做法與油鱸不相上下。鱔中還有鱔王，但不常有，中山順德有些地方較多。惟據說鱔王被捕後，不多久就再不會有鱔出現了。

一般鱔多用扣的做法，實則同炆無大出入，不過要做得好，一定要用瓦器。「番薯大鱔」一菜在順德很流行，作料和方法如下：

作料：鱔、蒜子、網油、頂豉、番薯（紅心或白心均可）、麵粉、雞蛋。

做法：番薯去皮，切成骨牌形，蘸上雞蛋開麵粉的炸漿，炸透備用。鱔肉用網油包裹備用。用鑊炸香蒜子肉備用。

起紅鑊，稍爆過頂豉（爆得過久則有燶味），然後放入鱔肉，加水扣之，上碟時先以炸過的番薯墊底。吃鱔後，再吃吸收了鱔汁的番薯，另有一番味道。

鹽白菜

北方人所謂「豆腐青菜」，即南方人所說的「鹹魚青菜」，都不是「大亨」或「闊佬」們的生活，這是平民的，甚而是捱窮的生活。「豆腐青菜」也好，「鹹魚青菜」也好，這些平淡的生活也不一定永遠不再變

壞,像白田村的災民,原本大部分已在過「鹹魚青菜」的生活,誰料火神降臨,將僅足容身的木屋也燒個精光,連「鹹魚青菜」的生活一時也維持不了,要做待救的災民。知足者貧亦樂,想到了這,有「鹹魚青菜」的生活可過,也該心滿意足了吧?下面是四川人一個「鹹魚青菜」的做法,頗值得參考。

材料:黃芽白、鮮辣椒。

做法:黃芽白切成長約三四分小段,鮮辣椒切塊。先將黃芽白在滾水內煮至七成熟,撈起,放入切好之鮮辣椒、生鹽(以夠六七成味為度)拌勻,裝入有蓋之盛器內,蓋好,醃六七小時後即可取食。食時再拌以生抽、浙醋及油辣椒。

金 玉 滿 堂

鳥與獸戰,蝙蝠在樹上觀戰。鳥勝,蝙蝠飛向鳥羣中曰:「我有雙翼,亦鳥也。」及鳥獸再戰,獸勝,蝙蝠走向獸羣中,與獸共祝勝利。中有獸問蝙蝠曰:「嘗睹君在鳥羣中。」蝙蝠曰:「我有四足,我亦獸也。」時秦時楚,亦秦亦楚,是為蝙蝠政策。

香港是唐洋薈萃之區,有洋的風俗,也有唐的風俗,因此香港人有時也奉行蝙蝠政策。比如有些拜菩薩的人,遇龍母誕或譚公誕,必前去廟裏進香,到了洋俗重視的耶穌誕,也到餐館裏吃聖誕餐。拜菩薩的人吃聖誕餐,有時雖不是出於自動,但拜菩薩的人吃聖誕餐,在香港不是新聞,也不會被人揶揄,因為香港是華洋薈萃之區,現實環境有時不能不唐洋兼顧。

今日是公曆的一九五四年元旦,在唐人言,熱鬧程度雖比不上唐人的農曆新年,但慶祝洋新年同唐新年一樣熱烈,也大有其人。有商

人在洋新年前追收年結的欠項，到了唐新年也依樣的追收年結欠賬，唐洋人薈萃之區，連做生意的收賬也須唐洋年兼顧。

今日元旦是公眾假期，是玩的日子，但也有人在今天請客，讀者羣中，假如有人在今天請客，不妨做一個「好意頭」而合時的「金玉滿堂」。這個菜的作料和做法很平凡簡單，惟菜名「好意頭」。

作料是塘蒿和羔蟹，做法是拆蟹肉蟹羔燴塘蒿。假如被請的客人中沒有不吃塘蒿的，「金玉滿堂」還是一個可口的菜。

雞籠鯧三味

無論聖誕節或新年假期，歐美國家的大都會幾乎必有意外事件。所謂意外是若干人在假期裏狂歡死於意外。電訊傳來，紐約在新年假期裏死於意外者最少有一百零五名。慶祝聖誕節或新年本是快樂事，有人由於狂歡過度而至「魂歸天國」，正應了中國一句老話：「樂極生悲。」在中國或香港，中國人的狂歡機會未嘗沒有，但狂歡而發生意外者不多，喪生的更屬少見。

本報於元旦日放假，要過熬夜生活的我們，罕有一日假期，最好的去處是同周公談天，總可減少發生意外的機會。

飽睡一天後，到灣仔海傍魚艇，以一元八角一斤買了一尾三斤重的活雞籠鯧，歸而做其一魚三味，算是闔家的新年娛樂。

三味是：魚頭用頂豉、蘿蔔炆之，魚尾做鹹菜豆腐湯，中間部分蒸蜆芥。

炆和湯的做法前已談過，以蜆芥蒸鯧魚我自己還是第一次。用其他作料蒸魚吃過很多，姑試以蜆芥，味道還不錯，但蒸時須加薑絲和陳皮絲。

白菜卷

冬節聖誕過後，轉眼過了新曆年，明天又是農曆十二月初一了。

日曆牌現了十二月初一，年關兩字又爬進要仰事俯蓄者的心頭了。冬節、聖誕、新曆元旦的關還比較易過，農曆年關卻是一個不易過的關。

同事的福州太太見了昨日所寫「雞籠鯧三味」，對我說：「你真懂得享福，幾塊錢買一尾雞籠鯧，闔家已吃得箇暢快。我陪朋友去看跑馬，學人家買了幾場馬票，輸了四十五塊錢。早知如此，還不若買海鮮吃幾天。」我說：「看跑馬是摩登玩意，像你這樣年輕漂亮，不到馬場去給愛美者欣賞是暴殄天物。」她說：「你又胡說八道，不談這些。前天我吃過用黃芽白捲作料的食製，據說是川菜，究竟怎樣做法？」我說道是川菜的「白菜卷」，作料和做法是這樣：

材料：黃芽白、腤肉、火腿、蝦米、冬菇。

做法：黃芽白去梗，選中心嫩葉。腤肉、火腿、蝦米剁成茸。冬菇切極幼粒，將上述材料混合，用黃芽白嫩葉（在滾水中拖至熟）捲成條，每條切成四五分厚圓片，或湯或炆均可，如蒸，能另備上湯更佳。

青豆炆油鯥

晚飯時吃「蒜子炆油鯥」，蒜子味道甚佳，我吃了碟裏半數以上的蒜子。消夜時吃了幾件十分鮮嫩的「白切雞」，也盡吃伴碟的生葱頭。昨日起牀後，漱口前，自己也嗅到濃烈的葱蒜味，假如這時候與人家

談天，一定使對方掩着鼻子。

有少量葱蒜做作料的食製，幾必夠香味，作料裏有多量葱蒜，除了夠香，還能刺激食慾，不過吃後幾小時，口腔裏還有葱蒜臭味。是吃「蒜子油䱛」而不吃蒜子，如入寶山空手回，因為蒜子吸進了油䱛的鮮味，比主要作料可口，不過多吃了蒜子的以後，同人對話自己先要用手掩着口才好，對方如不掩着鼻子，嗅到葱蒜的臭味是很難過的。

炆油䱛如不想用蒜子，也可一試川式的「青豆炆油䱛」。

材料：青豆、油䱛、花椒、乾辣椒、料酒、薑、葱、豆瓣醬。

做法：油䱛去頭，拆骨，切片。先用料酒及葱、薑汁醃過，再在紅鑊炒至焙乾（忌爛），盛起備用。花椒及乾辣椒在白鑊內焙乾，盛起備用。開紅鑊，將青豆炒過，亦盛起備用。豆瓣醬在紅鑊內爆香，加入花椒及乾辣椒同炒一二分鐘，即放入油䱛片、青豆，加水、加生抽老抽各半（以夠味為度）同炆，以青豆炆至夠腍，即可上碟。此乃用港產魚而採川式製法。

四川泡菜

鹹魚青菜是廣東平民的家常菜，有時也是副佐膳菜。俗諺所謂「鹹餸」，便是副佐膳菜。比如一湯兩菜是佐膳菜，另有一小碟鹹魚或腐乳，便是俗諺所謂「鹹餸」。商號工廠的「伙頭將軍」買菜，少不了買「鹹餸」，以防大碟被吃光，小碟「鹹餸」仍可吸引若干對筷子「鬥爭」。

四川人也有「鹹餸」，常見的鹹菜（亦稱泡菜）便是主要的「鹹餸」。

四川鹹菜每家均有，為佐膳不可或缺者。在農村中更是主要佐膳之需。

鹹菜之良否，決於鹽水之好壞。鹽水之製法是先將清水煲極滾，俟其冷卻後盛入玻璃缸中。（玻璃缸宜選有蓋而不透氣者為佳。普通盛糖果之玻璃缸極合用，以其多係樹膠蓋，且蓋好可旋緊而不透氣也。在四川製鹹菜，則有特製之泡菜埕。）放入鹽及花椒、玫瑰露酒（高粱酒亦可），每開水一斤用鹽約四兩，花椒約一錢，酒約五錢。完成上述手續後，即可開始泡菜矣。

鹹菜之材料，蘿蔔、芥菜、黃芽白、嫩薑、鮮辣椒、豆角、黃瓜、卷心菜均可用，視季節而定。

選定之蔬菜，洗淨吹至外皮水分全乾始可放入鹽水，泡夠鹹味，即可取食。

首次製就之鹽水，宜先泡鮮辣椒或嫩薑，能預防鹽水變壞及增加泡菜鮮味。鹽水不僅可久用不壞，且歷時愈久愈佳，有如滷水。可注意下列各項：

（一）切忌滲入生水，故所泡蔬菜須絕對吹乾水分。每次取食宜特備竹筷一對，專供自玻璃缸內夾取鹹菜之用，每次取用前時先用乾布將竹筷拭淨。

（二）每次加入蔬菜泡時，酌量加入鹽、酒、花椒及少許芹菜。每次增泡蔬菜時均加泡鮮椒及嫩薑更佳。

（三）鹽水減少時，可酌加凍開水，但加水時須同時酌加鹽、酒及花椒。

羊額燒鵝

燒鵝列入甘、脆、肥、濃的食製。雖然有些菜館和燒臘店週年都賣燒鵝，但夏天吃燒鵝似乎有些「不時」。燒鵝一定要肥才好吃，不夠

肥的鵝燒起來不夠甘脆。肥燒鵝在盛夏的時候吃來會感到太膩，所以我認為冬天吃燒鵝比夏天合時。

凍了的燒鵝皮不夠脆，要吃還是吃剛燒好的才夠香，而且凍了的燒鵝吃來滿口肥膏，少有甘味。因此愛吃燒鵝的，要吃剛燒起的才「過癮」。

無論菜館或燒臘店的燒鵝，都說是新會潮連的製法，是否都是正宗的做法？要吃過方知，但潮連燒鵝是燒鵝中的佳品，是無可置疑的事。潮連燒鵝以外，精於吃的順德人底羊額燒鵝也是燒鵝中的佳品，不過，羊額燒鵝的甜味較重，不為一般人所喜。它的作料和做法如下：

作料：肥光鵝一隻四斤（以劏淨算）、黃酒四兩、金菜二兩、紅棗一兩、白糖一兩、鹽五錢、五香粉二分、靚生抽五錢，拌勻放進鵝肚裏封密。

做法：用薑蔥滾水淋過鵝身外面，然後以蜜糖水塗勻鵝皮，乾後燒熟即是。

截 截 菜

最近新界出產菜蔬奇廉，最好的白菜和白菜芯每擔才售四元至六元，稍老些及次等貨色且無人過問；無人過問的菜蔬除投諸大海外，別無其他更好的辦法。胼手胝足、辛辛苦苦得來的產品賣不去的，要投諸濁流，血本無歸，菜農們欲哭無淚。

「菜賤如糞土」成為新界農區的流行語，造成此種現象，第一是隆冬時候少吹北風，大回南天氣迫使菜蔬早熟，早熟的菜蔬大量湧進市場，遂成了供過於求，廉價傾銷，市場也容納不了，只得投諸大海了。

菜蔬是人們不能或缺的食料，菜平多吃是量入為出者的好算盤，

茲提供一個川式「截截菜」給愛吃菜蔬者參考。

作料：芥菜、蔴油、花椒粉、辣椒粉、玫瑰露酒、幼鹽。

做法：先選芥菜極嫩的部分，棄其老梗，純選芥菜膽更佳。芥菜洗淨，切段約長四五分，放在日光下曝曬約四五天，至極乾為度。芥菜曬乾之後，和以蔴油、花椒粉、辣椒粉、玫瑰露酒、食鹽。和勻後，盛入有蓋之瓦器或玻璃缸中，蓋緊，須不走氣，約過一週即可取食，久藏不壞。製作及每次取食時切忌滲入水分。又曬芥菜時宜選吹北風天，忌吹南風。每曬乾芥菜一斤，約用蔴油五錢、花椒粉三錢、辣椒粉五至八錢（視嗜辣之程度為準）、玫瑰露酒五錢、幼鹽一兩二錢。川製鹹菜中，以「截截菜」為雋品。

黃連豉味叉燒

順德的羊額燒鵝也好，新會的潮連燒鵝也好，假如你喜歡吃又想自己動手，燒以前的製作過程一切都不成問題，到了燒的時候，就大有問題了。因為燒鵝要用特製的燒爐，除了鐘鳴鼎食之家外，備有燒爐的家庭很少。所以你要吃自製燒鵝，燒的工作要請燒臘店代辦，但肯替你代燒的燒臘店，一定要收回若干燒的工錢。為了愛吃燒鵝而特別購置一個燒爐，自是不上算的事，但不買又有點違背了自己動手的目的，自然也就不得不把自己動手的計劃放棄。想吃燒鵝的時候，只好向燒臘店定購原隻燒鵝吃個暢快。

順德的羊額燒鵝向稱佳品，順德黃連的豉味叉燒也是叉燒中的佳品。燒鵝非用燒爐燒不可，叉燒則以鐵器叉之，在炭爐上燒熟即成。喜歡自己弄燒味吃的，還是燒叉燒比較方便。

做黃連豉味叉燒的作料比例如下：五花肉一斤、豆豉五錢、生

抽一兩、白糖一兩、玫瑰露酒二錢。先將豆豉舂之成茸，加進生抽等作料拌勻，以之醃已切成長條形的五花肉約一小時，然後以鐵器叉之燒熟。

豉味叉燒的主味是豉味，故要燒得夠香味的叉燒，一定要選原味的豆豉。

菠菜泥鰍豆腐湯

吃飯人多，買菜錢有限，魚貴肉貴的時候，買菜的人真不易做，尤其商店的「伙頭軍」。有些同事不知魚貴肉貴至何程度，看見每碟菜的斤兩差一點，便以為伙頭一定是「忽必烈」之流，「吞金滅宋」。「伙頭軍」固有「忽必烈」之流，但副食品供求一時失調，以至魚肉價大漲，即使加倍菜錢也不易每碟菜做足斤兩。肉貴少吃肉，魚貴少吃魚，是菜錢有限而人多吃飯的購菜原則，但仍不能完全吃無魚食無肉的。

昨以每斤一元一斤購了兩斤活泥鰍魚，最小的二吋，大的三吋。泥鰍是下乘魚鮮，但總比雪藏沒鮮味的魚可口。兩斤泥鰍分三種做法，最小的以布包而煲泥鰍粥，大者清蒸，另一部分則做「菠菜泥鰍豆腐湯」。

做法：泥鰍劏洗乾淨，用油煎過加水熬湯，約半小時後加鹽，再加入豆腐熬十分鐘，最後加入菠菜。菠菜熟即可盛起，湯呈葱白色，與菠菜碧綠，豆腐純白相映，至為悅目，味則清鮮，是價廉而色味雙美的湯製。

菠菜麵

某報嘗刊過教人做菜的文章，且以幾毫子一個的家庭小菜做標榜，如兩元四味或兩元六味，但假如照該文臚列的作料去做，則大部分超出兩元以外。我不敢說作者對此道外行，但街市的門在東南或西北他也許不大清楚，不然對作料的價格不會這麼生疏的。

記得有一次，兩元四味中有酥鯽魚，作者教人買六毫子作料。如果香港還在十元一擔上米的時代，六毫子發辦當然可以吃酥鯽魚，但一百元一擔上米的今日，較大的鯽魚頭有時也要六毫以上才購得。

「菠菜泥鯭豆腐湯」才是實際幾毫子可以做得到的菜，尤其菜平的現在。提起菠菜，也想到四川人的菠菜麵，愛吃麵者不妨一試，作料和做法如下：

作料：菠菜、麵粉、雞蛋。

做法：菠菜榨汁去渣，即用菠菜汁及雞蛋打麵。每麵一斤，約用二斤菠菜榨汁，雞蛋五或六隻。打麵時先用菠菜汁與雞蛋和麵，再加入適量清水及少許幼鹽。吃時，先將打好之麵在滾水內煮熟，配以上湯。麵色碧綠而味清甜，為麵類中別具一格者。

炸 豬 腦 片

豬牛業公會週年紀念日休息一天，魚業總會週年紀念日又休息一天，雞鴨行職業公會成立週年紀念也休息一天，於是一年有三天市民「食無肉魚」。除長年吃素者，吃葷的人年中有三天「食無肉」，對健

康不會有壞影響，即使三十天也必不至於皮黃骨瘦。

「食無肉」的經驗香港人不但是有過，而且是長期的生活，那就是香港陷落三年又八個月，遭遇過不少恐慌，有些人至今談起舊事也有色變之感。

昨天是雞鴨行公會復興七週年紀念，全行休息，是食無雞鴨的一天，無肉不歡的人只有吃豬、牛、魚了。下面是四川菜豬肉食製之一的「炸豬腦片」，對豬腦有興趣的話，不妨一試。

材料：豬腦、瘦火腿、豬網油、雞蛋、麵包糠。

做法：豬腦去紅筋絲，洗淨，先燉至六七成熟，切片約厚二三分如骨牌大小，瘦火腿亦切成同樣大小厚約分許之薄片。每兩片豬腦夾一片瘦火腿，包以豬網油，塗以雞蛋白及麵包糠，在油鑊內炸至呈微黃即可。

燉 火 腿

海菜有海菜的好處，陸菜也有陸菜的好處，同時也各有壞處。單就陸菜或海菜的觀點批評陸菜或海菜的好壞，未嘗不對。

就以山東菜為經，河南菜為緯的京菜而論，我在香港所吃到的只是涮羊肉和掛爐鴨夠所謂京菜標準，到目前止，其他的仍未覺有甚是處，尤其外江館被認為是海菜的翅，根本未吃過一次像樣的。這不是京菜或甚麼外江菜的大司務做得不對，而是不曉得海菜中魚翅的做法竅門，也沒有研究所致。這與天時地利有極大關係。

比如廣東不產火腿，而廣東人炮製火腿一般來說比不上江南人和雲南人。這不是廣東人不吃火腿，而是火腿在廣東不像魚那麼普遍。

說起火腿，「廠商三劍客」之一的徐季良先生日前同我談到一個火

腿的做法，值得在這裏給讀者介紹。

做法很簡單，將火腿的外層刷淨，洗淨，連皮以碟盛之，加入冰糖（每斤火腿約五錢），隔水燉約三小時，然後切而食之，火腿最夠香味，火腿的肥肉也極甘香。

北 平 的 廣 東 菜

本版昨日刊載火星先生一篇大文，題為《從食在廣州說起》，末段說到：「北方的平津是以吃著名的地方，也是山東館子獨霸的地方，雖然那裏也有川館、蘇館等菜館，但廣東菜並不行時，推而至於關外以及西北也是如此。」

平津兩地是山東館獨霸的地方，而今香港的所謂京菜館，實在以山東菜為本。嚴格說來，平津的山東菜，與在濟南所吃到的也有多少不同。平津所以為山東菜獨霸，第一是地理環境相連，第二是吃濃的能耐不相上下；比如山東人愛吃大葱，平津人也愛吃大葱。至謂廣東菜在北平並不行時，這是事實。東安市場附近有一間廣東菜館，我吃過多次，假如你問我：這館子的廣東菜夠標準嗎？我只能答：這間菜館的招牌是廣東菜館。這菜館的菜有粵菜的形，卻沒粵菜的質。試問這樣的粵菜怎可在北平行時呢？我雖是廣東佬，在北平的時間十九也吃魯豫的小館子；冬天上魯豫館子吃菜，大葱的味道雖很難受，但作法和味道確是北方風味。

又如當年上海人說新亞的粵菜最好，假如訂一桌新亞的菜回家宴請幾個廣州客人，若問客人這是否正宗粵菜，客人若非答一個否字，便是很像粵菜而已，因為新亞的粵菜已遷就了愛吃醬油和甜味的江南口味。

北方菜的風味

香港的所謂京菜，比較還像樣的是涮羊肉和烤鴨子，其他多有所謂京菜之名而無京菜之實。

就烤鴨子而論，除了有些館子以鵝作鴨不計外，鴨子確是由天津船運來港，但烤起來味道和在北平所吃到的已大不相同。這並非此間的北方廚師不懂得做或做不好，而是受氣候影響，使烤好的鴨子不夠香脆。

往時在北平，烤鴨做得最好的是便宜坊和厚德福。吃烤鴨子的人，不管是吃兩做或三做的，入門第一件事是選鴨子。店裏早已掛起幾十隻劏好，外皮吹得夠爽而輕重皆備的鴨子，任食客自己選擇。

鴨烤好了，用刀起片之前，必以碟盛全鴨呈給食客看，查看與頃間挑選的一隻是否對樣，然後切片上碟，但香港的所謂京菜館從來沒見過這回事。我不敢說飯館對不對，但這與真正的北方習慣有點不同。

北方人的燕趙氣概香港也少見，比如在飯館裏吃烤鴨子，鴨子烤得特別好，客人會賞廚房的和店小二幾個錢。當你吃飽後出店門時，一個聲震屋瓦的謝字，到你出了門口，也還聽到謝字聲音裊裊在你的腦海裏。這就是燕趙人們的氣概，也是吃北方菜特有的風味。

炸 軟 雞

幾個月前，《食經》介紹過「炸春雞」的做法，也談過尖沙咀格蘭酒店餐廳的春雞餐是廣東人所謂「抵食」的食製。

世兄梁立人君日昨看完電影轉去格蘭酒店一試，隨即打電話給我道：「春雞餐確是『抵食』，雞味甚佳，重量在十二三兩之間，你過海來我願請客。」我說：「現在口頭落定，屆時一定要兌現。」

提起「炸春雞」，也想起「炸軟雞」，不是粵菜而是川菜，作料和做法如下：

作料：雞、雞蛋、澄麵。

做法：雞肉去骨切塊，用生抽、蜜糖及少許幼鹽醃過，再用雞蛋白調澄麵塗在雞內外，放在油鑊內，炸至外皮呈淡黃色而雞肉僅熟為度。吃時外皮脆而內雞肉軟滑。吃時蘸以喼汁淮鹽。

此菜製作成敗決於炸之火候及時間，須累積經驗始能恰到好處，否則非外皮不脆，就是雞肉太老。又或炸脆，但與普通炸雞塊無異者，距離「軟」字之標準遠矣。

炒油麵

米和麵都是中國人的主要糧食。南方人吃米為主，吃麵為副，北方人則麵為主米為副。米也好，麵也好，在無可選擇的環境，麵或米都得吃。像香港陷敵時，綠豆和米同煮的飯，雖難於下嚥也得吃了。

以吃米為主的香港人偶爾一兩次吃麵，不會覺得麵不好吃。吃西餐的外國人偶然吃一次炒麵或炒飯，也覺得味道不在牛油麵飽之下。茲介紹一個外江「炒油麵」，聊供愛麵或間中吃麵者參考。

材料：油麵（即上海麵條）、黃芽白、腈肉、冬菇、蔥。

做法：腈肉，黃芽白，冬菇均切絲，蔥切段。先將腈肉絲、黃芽白絲、冬菇絲等，依照炒肉絲的方法炒熟，盛起備用。次將油麵炒熟，宜多油。最後將肉絲等入鑊與麵同炒，加生抽調味即可。這是滬式炒

麵，與粵式炒麵相比另有風味，所費更廉。

鳳尾青筍

　　足球圈裏有「擁南薑」、「擁巴薑」等，這是由來已久之事。已故的球壇六叔便是天字第一號的「擁南薑」，南華足球隊每次登場，他必高聲叫喊：Come On！South China！六叔已矣，多年未聽過這種聲音，也不再見「擁南薑」裏有聲若洪鐘的六叔出現。

　　看球者晉身至於擁字級，必有前因後果。惟最近的兩拳師比武，也有擁吳派和擁陳派，就本報而論，球場舊侶是擁吳派領袖，子夏兄是擁陳派的首領，平均比較，擁吳者較多於擁陳者，誰是誰非，又誰值得擁，我也搞不清。

　　小洪兄赴澳看比武，帶了據說是膏蟹一籠回來，以我愛吃，消夜時幸獲叨陪末座，但吃到的所謂膏蟹，實在有肉而未見羔。還有其他三個小菜，其中一個是我選的，叫作「鳳尾青筍」，茲在這裏介紹它的做法。

　　作料：青筍、雞油。

　　做法：選嫩青筍，去皮，稍留嫩葉，原條不切。先用雞膏炸油，即用雞油將原條青筍略炒兩三分鐘後，加水（用上湯最好）加鹽至夠味為度，忌用豉油。再將青筍炆之夠腍，即可上碟，可保存青筍原有之清香味。

楊公丸

食製中有不少是因人而名的，如川菜的「宮保雞丁」，廣東菜的「太爺雞」、「太史蛇羹」等。

「宮保雞丁」原是炒雞丁，不過宮保的做法炒得特別好吃，愛吃炒雞丁的遂皆以「宮保雞丁」是尚。「太爺雞」原是燻雞，當時周太爺做得特別好，於是乎又皆以「太爺雞」為燻雞中的佳品。廣東蛇羹由來已久，惟自江太史愛吃蛇羹，又對蛇羹做法肯研究，吃過太史廚師所製蛇羹者，也認為太史蛇羹確比一般不同，多仿法太史廚師的做法，賣蛇羹的酒家後來更以「太史蛇羹」作標榜。

「楊公丸」也是川菜裏因人而名的菜，相傳是清末一楊姓巨室所創製，作料及做法如下：

材料：豬肉、豬腦、冬筍、葱白、蟹黃、冬菇、瘦火腿、雞蛋白。

做法：先選肥多瘦少之豬肉，去皮去筋，剁成茸，再將豬腦搗爛，與豬肉茸和勻。冬筍、葱白、冬菇、瘦火腿，均切幼粒，加入豬肉、豬腦內，調勻。冬筍、葱白、冬菇、瘦火腿等幼粒量宜少。最後用雞蛋白調蟹黃粉，酌加幼鹽至夠味，傾入豬肉、豬腦茸內，攪調至極勻，搓為丸。用蔴油文火煎至丸皮呈黃色為度。食時蘸以淮鹽，兼用噲汁亦可。

野雞生魚卷

若干年前，一位名記者在他回憶錄中寫道：「為了採訪一件沉船的新聞，自飛機上降落破船上，以致足部受傷，住了一個多月醫院才

把腿傷醫癒，但是這段沉船的新聞早已為讀者忘記了。」

好的新聞不常有，給讀者看了，轉眼就忘記得一乾二淨，像吳、陳比武，一星期前是大新聞，到今天仍是街談巷議的話題，誠不多見。余友鶴山才子謂：「吳、陳兩拳師也許已把比武的事拋開，但很多香港人仍在熱烈討論比武的勝負；因為以人作賭具是香港人特殊的癖好，賭馬、賭波以外，自然也賭人，下注大有其人。可是比武結果是不勝不負不和。實際沒有結果；那麼投比武注的又該怎樣呢？所以對比武表關切的，一部分是賭徒。」然乎否乎，非我所知了。

昨晚在一間順德人開的茶館消夜，談起上面的問題，同時也吃到一個做得甚佳的「野雞生魚卷」，順此為讀者介紹它。

作料：生魚、叉燒、冬菇、韭黃、雞蛋。

做法：生魚切雙蝴蝶片，韭黃、冬菇、叉燒切絲，放在魚片上，捲起，用蛋白炸熟即成。作料的份量是生魚肉八兩，韭黃、叉燒、冬菇共四兩，雞蛋一隻，打蠔油饘。

鹹菜煲鴨

今年天氣特別反常，過了「尾禡」仍吹大南風，大白天穿夾衣有時仍覺太熱。前夜忽又颳起北風，繼而連續下了幾陣微雨，才使人感到現在是冬天。

現在不但是冬天，且是臘月將盡的時候。當茲殘年急景的日子，年關二字在大部分人們的心底裏，比刺骨的寒風還不易抵擋。特別是不景氣的今年，不易度過年關當然也不在少數。

天氣轉冷，除了要多穿衣服外，食量也比吹大南風的日子增加，甘、脆、肥、濃的食製不但不覺得膩，反而異常開胃。

正在讀報的時候，廚娘買菜歸，我問她吃甚麼？她說：「光鴨半邊，魚和鹹酸菜。鴨用豉椒炆之，鹹菜則用以煮魚。」偶想起海南人的「鹹菜煲鴨」，於是告訴她以鹹菜煲鴨，魚則煎之。鹹菜煲鴨的作料和做法是這樣：

作料：鹹酸菜、鴨。

做法：鹹菜煲鴨雖為普遍食製，但以海南人所煲者為香甜可口。其製作亦無秘訣，僅是將鹹酸菜出水後，再用油及薑爆過。鴨則泡嫩油，加水煲至夠腍即成。

八國廚師英雄會

據東京廿三日電稱：「亞洲『廚子』會議將於二十八日在此間舉行。此一會議乃亞洲文化協會所發起者，以促進亞洲國家間密切關係。據悉：八個國家的『大師傅』將參加此一會議。菲律賓、中華民國、印度、泰國、巴基斯坦、印尼、南韓及日本的代表均將製出名餐參加宴會。」

在一個宴會上，吃到八個國家的菜，誠為難得之事。其他七個國家的代表是些甚麼人，我們無從曉得，但代表中國出席的又是甚麼人呢？同時又以甚麼菜代表中國菜？就中國而言，魯、滬、川、粵、湘、閩等菜只是地方菜，不能代表整個中國菜，如以京菜為中國菜的代表，更有點不倫不類，因為所謂京菜本身無特異之處，所以稱之為京菜，究其實是以魯豫菜為經，加上其他的地方菜為緯，尤少鄉土味，說是像甚麼菜固可，不像甚麼菜也可；如果以外國人所熟知的鴻章雜碎為代表，更侮辱了中國菜。而代表出席的廚師，在製作上要加入若干錢化學調味品的，更沒有資格。

竊以為，這一個會議香港廚師沒有出席機會是一件遺憾的事，因為自大陸易手以後，全國各地的名廚師，不少集中香港，因此，想看到或吃到可以代表中國的菜色，無論作料或製作技巧，在香港或可獲得。今八國廚師會議，而香港目前是中國名廚最多的地方，竟沒出席的機會，實在是一件憾事。未審留在香港的名廚們看了這一則新聞又有甚麼感想？

芋羹

　　日本東京廿八日舉行八國廚師大會，假如其中有一個山東廚師在宴席上弄一個「紅燒大裙翅」，出席的其他國家廚師若以為這是正宗的中國菜，那就是一個大笑話。

　　「紅燒大裙翅」是正宗的海菜而非陸菜，做慣陸菜的師傅雖也會做海菜，卻不一定懂得海菜的精髓所在。在香港我吃過的京菜館，魚翅幾乎都是「怒髮衝冠」的。魚翅「怒髮衝冠」，試問懂得吃魚翅的人有無下箸的興趣？

　　天氣冷，年關近，如何度過年關正是很多人的頭痛問題，哪裏還有閒情談吃魚翅。昨天中饋買了幾斤芋仔，問她作甚麼？她說留待過年時吃，使我啼笑皆非。因此想到四川人的「芋羹」，茲為讀者介紹其做法如下：

　　作料：芋仔、瘦火腿、草菇、瑤柱、青豆。

　　做法：選肥大芋仔，去皮，煲腍搗之為泥，並以紗布濾過去其渣滓，備用。瑤柱與草菇熬湯，火腿切粒。俟湯熬好之後，將乾貝及草菇濾出棄掉，僅用其湯以煮搗爛之芋泥，並加入火腿粒及青豆，同煮約廿分鐘即可，加味盛起。份量以一大湯碗芋羹為例，約用芋仔十二兩、草菇一兩、瘦火腿一兩、乾貝一兩及青豆一兩。

炒雜拌

「謝竈」過後，年關益近。

「謝竈」據說是多謝竈君老爺掌管廚房一年之意，過了此日竈君老爺也回西天，到除夕再來。

回憶童年到了「謝竈」的時候，正是母親忙於做女紅的日子，為兒女趕做新衣過年。我們看見母親縫新衣十分高興，因為曉得新年快到了。而今「謝竈」卻是最傷腦筋的日子，甚而吸一口空氣也覺得空氣裏有揶揄氣息，揶揄我怕年關難過。

今天東京舉行八國廚師大會，出席的中國廚師是否做國際享盛名的「鴻章雜碎」，無由曉得，但提起「鴻章雜碎」，我想到川菜的「炒雜拌」，作料和做法如下：

作料：腤肉、鴨膶、青筍、冬菇、葱、青豆。

做法：腤肉、鴨膶、青筍、冬菇等均切粒。葱則僅選葱白，切長約六分小段。腤肉、鴨膶粒用少許生抽及豆粉撈過，青筍、青豆、冬菇炒熟盛起備用。起猛火油鑊，腤肉與鴨膶粒炒至八成熟，加入已炒熟之青筍、冬菇、青豆及葱白回炒，待腤肉與鴨膶僅熟，打饋上碟，顏色兼具青、白、黑、紅、赭，極為悅目，味亦極美。

雞油白菜

廣東的黃芽白，北方人叫大白菜。廣東雖有黃芽白出產，卻不及天津的好吃，所以菜販都會說他的黃芽白來自天津，即所謂天津紹菜。

天津紹菜也好，黃芽白也好，它在菜蔬中確屬上品。

　　廣東黃芽白不及天津的好吃，除了地質外，南北氣候不同也大有關係。暖和日子多，冷的時間短的廣東，所產黃芽白就比北方大白菜的肥壯可口。大白菜是菜中上品，因此在請客宴席上也常見。尤其在北方，大白菜食製更有不少名堂，「雞油白菜」是其一，茲介紹如下：

　　材料：黃芽白、雞油。

　　做法：選嫩黃芽白心，洗淨切段（黃芽白宜預購備，風過二三日者為上選）。用雞骨炸雞油，用之炒黃芽白，然後再炆脸，加鹽調味（忌用其他調味品，味精更決不能用），再略炆二三分鐘即可上碟。食時予人之味覺，純係黃芽白原有之清甜味。

橘羹

　　年關已迫，歎年關難渡的人，相信今年比去年較多。最大原因是今年商情比去年更壞。「萬般皆下品，惟有做商高」，商業至上的香港，生意不好，其他一切也少有好的可言。打工仔窮措大難渡年關是司空見慣的事，手頭擁有貨物甚多者也感到年關難渡，倒是不常有的現象。「年年難過年年過」，無情的日子不等待任何人，大歎過不了年的到頭來也要過，只是怎樣過罷了。

　　人窮自然想到橫財，快活谷今日宣佈誰是做了富翁才過新年。窮的人多，自然買馬票想做富翁的人也比往年多才是，惟據報載，馬票銷額未及去年同期數字，這即是說，希冀做富翁過年的人雖多，但買一張馬票的人也減少了。香港人真的窮到買馬票都沒錢嗎？只有天曉得。

　　賣柑者到門前叫賣潮州柑，細視之台灣柑而已。看到了土產的潮

州柑，想起潮州人的柑食製「橘羹」，作料和做法如下：

材料：潮州柑、冰糖。

做法：潮州柑去皮，去核，僅留淨柑肉備用。先將冰糖融於滾水內，俟再煮沸後，即放入淨柑肉，略煮片刻，即可上碗。另一種做法，於上碗前打少許白饍。又冰糖不宜過多，太甜則壓去柑的本味。

瓊式煎蝦碌

淡水魚來途稀疏，鯇魚、土鯪的市價飛漲，五六兩重的土鯪每斤售價二元四毫，一斤以上的大土鯪，每斤索價二元八角。每天買菜錢僅有二三元的，想吃一頓淡水魚鮮不是易事。淡水魚要靠大陸運來，一時供求脫節，而至市價飛漲，還不算悖情悖理，但四面皆海的香港，竟一再大鬧魚荒，卻為香港以外的人所不能明白的。

四吋大的紅衫，昨日零售價是每斤一元四毫，四吋長的鱲魚竟售至二元四毫一斤，被稱為產魚區的香港，竟至於「食無魚」。假如有「魚我所欲也」者來到「東方之珠」，勢必要捨魚而取澳洲牛了。

海鮮愈貴，愈想吃海鮮，人之常情。魚貴，蝦也不會平，魚已不易得，更愈想吃比魚更貴的大蝦，由是想起一個瓊式煎蝦碌法。

材料：蝦、蜜糖、料酒、葱、薑。

做法：海南人乾煎蝦碌另有其獨到之處，其法是不選大蝦而用粗約食指之中蝦，因為大蝦肉厚，須火力極猛始易煎透，但這樣蝦易煎老，且時有煎焦，中蝦則無此弊。中蝦去鬚，洗淨後用蜜糖、料酒、葱、薑汁、生抽老抽各半醃約半小時，俟蝦入味而腥氣已辟去，始在鑊內注入生油，熬至極滾之後，將蝦放入，慢火徐煎，至蝦殼已脆而蝦肉已熟即可盛起，毋須打饍及再加味。

蒜豉炆鯆魚

據報載，香港第二屆漁業展覽會將於大除夕揭幕，會場昨已佈置完成，參展攤位凡三十一個，展出的品類當然是與魚有關的，不在話下。如有與魚有關的特殊展品欲展出者，也可向大會申請增加攤位。

我雖愛吃魚，但對漁業之事是門外漢，惟對特別展品一事頗感興趣。竊以為，當茲魚荒日趨嚴重之際，假如有人將本報司空月先生批評魚市場調節無方的文章，放大以鏡鑲之，申請展出，使看漁展的人知道香港「食無魚」和「食貴魚」的癥結所在，倒是有趣。不過天下少有這種傻子，而漁展也必拒絕這種特殊展品。

經過賣潮洲魚蛋粉的熟食檔，看見一尾大鯆魚，不禁食指大動，假如該熟食檔是市場魚枱，我必購歸若干，以蒜豉炆之。炆鯆魚作料和做法如下：

作料：鯆魚、大蒜頭、頂豉。

做法：鯆魚去骨，切塊，用料油、葱薑汁醃過後，即用油兩面煎透。次用油爆香頂豉及大蒜頭，始放入鯆魚塊略炒加水炆一刻鐘，加饋後即可盛起。

醉 蝦

唐人高適有「除夕」詩曰：「旅館寒燈獨不眠，客心何事轉淒然，故鄉今夜思千里，霜鬢明朝又一年。」霜鬢平添，固然是無可避免的事，而心底的鄉思卻不敢撩起，深恐這種想頭也被清算也。

過了一關又一關，此心如入定老僧，「撲水」（借錢之謂）之不暇，遑論其他。但念時光流轉，煩惱難盡，倒不如圍爐一醉，以度此短促而值得戀惜的除夕。

提起醉，自然而然想到酒，更及於餚，更想到用酒做餚的「醉蝦」。作料和做法如下：

作料：選約小指大的淡水活蝦，放清水內漂數次去其泥污。最後一次清水內加入汾酒，約蝦一斤用汾酒一兩，吃時始稍剪去鬚足。另用碗開作料，成分為生抽一份半，鎮江醋一份，葱薑汁四分之一份，汾酒半份（大麴酒更佳），蔴油少許，調勻後倒入裝活蝦之碟內，即用碗蓋好，因此時蝦尚未死，防其四處亂跳也。約數分鐘，即可取食。醉蝦一物，人多知杭州製者為佳，實則遠遜成都。成都製者必選新鮮活跳之蝦，味之鮮美，無與倫比。

茶葉蛋與茨菇片

在爆竹聲裏，又度過了若干人們認為難度的年關。「窮則變，變則通」，大歎年關難度的人們，畢竟也度過了年關。雖然有人要躲進避債之台裏，然而年關並不會為了避債者而把日子拖長。商場上，「年結」找五成便救了不少大喊年關難度的人。

年開已過，今天又是「赤口」年初三，「拜年」的人們今天也只得休息一天，另尋娛樂去處。據說，「赤口」日少出門，也少做事，因為通書裏提到這一日有「諸事不宜」幾個字。

昨與「中饋」先後到藍塘道豪客徐翁季良、何翁嘉譽處拜年，吃了一些新年食品，其中有值得為讀者介紹的，茲錄如次：

何翁嘉譽以炸茨菇片作下酒物，香鬆而脆，比用馬鈴薯炸的薯片

好吃。做法是：先將茨菇洗淨，切片，以竹籬盛之，攤開，吹至爽身，然後以油鑊炸之即是。

徐翁季良以紹興鄉下冷菜招待來客，其中以茶葉蛋做得最可口。據徐翁言，茶葉蛋的做法是先將雞蛋煲熟，把蛋殼敲破，再以紹酒、醬油、紅茶或青茶、桂皮水，以煲盛之，加進已熟之雞蛋，慢火滾至雞蛋吸透了茶葉、醬油等味即成。

蝦米拌青筍

農曆年初二立春，昨為初八，還有一星期才是上元節，現在正是初春時節，應當還是穿棉衣的時候，但昨天的天氣竟像初夏，穿夾衣都嫌過暖。天氣反常至於此，誠出意表。

「一年之計在於春」，話雖如此，習俗初一至八日，除拜年外，可以說是吃和玩的日子。一般人在這些日子裏玩得怎樣，非我所知，但對於吃，不少人可能感到膩了。特別是多吃了煎堆、油角等油香的食製，可能影響到正常胃口，茲提供一個不膩的小菜，假如有興趣，不妨一試，那是川式「蝦米拌青筍」。作料和做法如下：

作料：蝦米、青筍。

做法：選用約四五分長完整蝦米，去其所附碎殼，用清水漂淨，再在白鑊內焙乾，以增香味。青筍切丁約三四分大小，用少許幼鹽醃過，再將鹽及水分擠去，去其澀味。吃時將蝦米與青筍丁混合，拌以生油、浙醋、辣椒油（改用芥辣亦可），爽口而味永。

川椒雞

人日的風俗各處雖不同，愛吃爛吃的廣東人在人日裏固然是大吃特吃，但其他地方人日也離不了吃，像福建人吃「七寶湯」，安徽人吃「太平團」，都是人日的食製。

據說，人日最重要的大事是看這一天的陰晴，假如天朗氣清，是年必週年旺相，事實上是否如此，就非我所曉得了。

日前所提供的順德「燉鵝」，假如吃膩了，今天不想再吃甘、脆、肥、濃的食製，但又不想吃素，那末，試試醒胃的「川椒雞」如何？

作料：上雞項、乾辣椒、葱白。

做法：此菜雖名「川椒雞」，而實是潮人菜，略與宮保雞近似。或許是潮人略師宮保雞之製法，加以變通亦未可知。

做法：雞項斬件，先用老抽及幼鹽醃過，泡嫩油，備用。辣椒及葱白切段。起鑊爆過辣椒，隨即將雞肉放入同炒，打饋及加入葱白。雞肉以炒至僅熟為度，以保持其嫩滑；炒時宜火猛油多。

金銀腸蒸雞

被甚多人稱之為契娘的星座編者葉林豐夫人，是《食經》的忠實讀者，也是精於「撚幾味」的標準太太，不過她「撚幾味」的是上海菜，不是廣東菜，製作很夠標準。

年初三本欄談過「茶葉蛋」，據「契娘」語人，長江流域一帶流行「茶葉蛋」，但江南人在農曆新年中必備茶葉蛋款客，謂之捧元寶。蛋

平時候，不問春夏秋冬，茶葉蛋都是她府上常備的食製。惟用青茶做的不及用紅茶做的夠色，用慢火多煲幾次，蛋殼全變了茶色，蛋剝開後蛋身呈龜紋的，更為可口。

香港人習慣過年必購備多少臘味，如果過了人日天氣轉吹大南風，會影響臘味至變味，在這種情形下，勢須提前將臘味吃光。假如你現在還有不少臘味待吃的話，用鴨膶腸和臘腸蒸雞，名之為「金銀腸蒸雞」，是一個可口的食製。

如要這個菜做得夠香味，在蒸以前用紹酒少許將金銀腸撈過，則雞肉也有很濃的臘味味道。

松鼠黃魚

入春至今，魚鮮的供應頗感不夠，尤其淡水魚中的土鯪魚和鯇魚，每斤最高零售價竟達四元。即使每天不能食無魚的人，因於淡水魚價奇昂，也要減少吃魚了。

淡水魚價高的原因是來途短缺，據聞並非內地魚塘無魚，而是魚農不大高興多賣魚，多賣魚所得利錢都落在運者的腰包。於是香港人吃淡水魚，也不得不付出等同豬、牛肉的價錢。

晚飯時吃了黃花鹹魚蒸肉餅，想起用鮮黃花魚做的「松鼠黃魚」。雖然黃花魚已經「過造」，也許不妨在這裏一談吧？

作料：黃花魚。

做法：黃花魚劏淨後，用幼鹽及料酒、葱薑汁醃過，用油煎香，然後再將魚腹一面完全切開，翻轉去骨，以魚皮一面作裏，而以裏作面。另打饙盛在碟底，再將魚皮一面略煎，盛於饙上，吃食始蘸饙。

甜燒白

吃過開年飯，經過冷暖陰晴的日子，轉眼又是正月十五上元節了。

舊時元宵節是新年後最熱鬧的一天，有元宵燈市。元宵燈五光十色，爭奇鬥妍，煞是可觀，看元宵燈的人不稍遜香港人除夕夜逛花市。鬧元宵最熱鬧從前是北平，廣州還有氣氛，香港的元宵節就很少人慶祝了。也可以說，大部分香港人知道聖誕節的故事比元宵節的故事更多，難怪香港人對元宵節不發生興趣了。

廣東人稱為湯丸的，在北平叫作元宵，比廣東湯丸約大一倍，是乾的；北平人在元宵日幾乎必吃湯丸。元宵的做法本欄已談過，際茲元宵佳節，特為讀者提供一個四川甜品「甜燒白」，愛吃甜品的，元霄節不妨一試。

作料：腩肉、豆沙、白糖。

做法：腩肉先泡嫩油，然後切片，每片約厚二分。豆沙用白糖和勻，以適甜為度。將已切片之腩肉正中劏開，兩邊及有皮的一邊仍讓其相連，約成袋形，以豆沙實其中，至滿為度。至是始將已裝滿豆沙之腩肉整齊排放碟中，隔水蒸，至脸即成。

豆坭

昨日元宵節，若干社團大事張燈結綵，舉行演唱慶祝，燈酌聯歡。唐人不忘唐人事，難得盛舉，但這和慶祝耶穌誕比較，卻又真不可同日而語了。受洗的信徒們熱烈慶祝救主耶穌的降生日，是理所當然的

事，不過闔家沒有一個基督徒，而且還有人唸佛和拜關帝的，竟也在耶穌誕日擺設聖誕樹，張燈結綵，雖沒到禮拜堂和參加「報佳音」去，但也跟信徒們一樣慶祝耶穌誕的大有其人。雖然這是個人的自由，但不能否認是滑稽的事。

清代的元宵節以北京最熱鬧，元宵燈事則以工部衙門最盛。惟自北京改為北平，早已沒有了工部衙門，元宵燈節熱鬧已大遜當年。而今中共又將北平復稱北京，元宵節的「北京燈市」也許更無復當年盛況了。鬧元宵一直鬧到十九以後，才是「一年之計在於春」的開始。昨日寫完川式的「甜燒白」，也想起川式另一個甜品「豆坭」，作料和作法如下：

作料：青豆、白糖。

做法：青豆煲腍，去皮，搗成坭，再以炒豆沙的方法用豬膏炒乾，至豆坭水分揮發九成以上即可，起鑊時加糖至夠甜為度。若缺鮮青豆，可用番薯代替，但較青豆味稍遜。

生炒雞片

據報載，邇來蔬菜售價日貴，一般居民生活負擔增加。究其原因是大陸最近運來菜蔬不多，在求過於供的情形下，遂致價格不斷上漲。

菜蔬是主要的副食品，每人每日所需不多，但在供不應求下，一般有限定收入要量入為出的居民，即使不至於「食無菜」，也不能不節減了。

據報載雞價已回順，毛雞每斤五元。除夕吃過雞以後，至今多天沒吃雞，不禁食指大動，然亦惟有動而已，算是上品食製的雞，殊非做校對者可能常吃的。或問：假如有雞又怎樣做法呢？我會一試川式

的生炒雞片。

作料：雞、冬筍、葱。

做法：雞腿肉或雞胸肉切薄片。冬筍亦切薄片，出水，先炒熟備用。葱用葱白部分，切段約長六分。雞片用少許生抽及幼鹽、豆粉撈過，用鑊炒雞片至九成熟，加入冬筍片同炒至全熟，打少許饋及加味即成。

炒年糕

「豆坭」刊出後，精於福州小菜的同事太太昨早蒞臨寒舍，見我即謂：「你錯了！」我不禁愕然問她：「我做錯了甚麼事？」她慢條斯理地道：「你是廣東佬，廣東佬最怕的是人家說她『豆坭』，而你竟在『新正大頭』的日子裏提供『豆坭』食製！我是廣東人所謂的外江人，豆坭不豆坭無所謂，但是廣東佬看到你的題目，如果見到你，一定會對你說『㪐過你！』廣東人拜年吉利語第一句是『恭喜發財』，就是恭喜你今年不『豆坭』，你竟提供『豆坭』食製，是不是『撞板』？」我一笑置之。隨後請福州太太吃廣東年糕，也就想起「炒年糕」的做法，但，這是外江的「炒年糕」，而不是廣式的，方法如下：

作料：年糕、腩肉、冬筍、冬菇。

做法：年糕切片或切絲均可，但須先蒸透，使其軟。腩肉、冬筍、冬菇等均切絲備用。腩肉絲下鑊炒熟，盛起。再炒年糕，起鑊時始加入腩肉絲同炒，加味及打饋即成。

臘鴨腿燉西洋菜

　　本年度第二次懸掛之強風訊號已於昨晨卸下。至昨午止，室外溫度為華氏表五十八點五度，入夜後溫度再降，至於低降多少，則因未看過寒暑表，惟中午穿棉衣時頗覺過暖，夜後則感到適體。

　　天氣轉冷，吃的胃口也增加，飯量最差的幼兒，竟也吃了兩碗。又因天氣冷，闔家都覺得有點喉乾鼻涸，大女兒嚷着要飲涼茶，大兒也要買竹蔗水。

　　「中饋」的處理既不煲涼茶，也不要買竹蔗水，購了兩斤西洋菜回來，準備煲西洋菜湯，問我：「用甚麼煲西洋菜？」我說：「既買西洋菜，何不同時把煲湯的作料也買回來？」她說：「魚、肉都貴，不知買甚麼才好。」我曉得沒鮮味的湯，兒輩是稍嚐輒止的，解除喉乾鼻涸的目的達不到了，到廚房一看，牆壁上還掛着小半隻臘鴨和一隻鴨腿，遂將小半隻臘鴨割去肥肉和鴨腿，與西洋菜同燉約四小時即成。

　　這個菜的做法沒特別處，但須放進陳皮少許同燉。

食經 下卷

第九集

序

黃篤修[1]

「我的朋友」特級校對兄，數年來不斷地致力於「食經」的蒐集和寫作，在香港《星島日報》上，不論陰晴明晦，風雨不移，天天早上一展開《星島日報》，便可以看見特級校對兄的大作，雖如家常話舊，說來卻娓娓動聽。材料源源不絕，日日翻新，文筆輕鬆活潑幽默可喜，和普通寫食譜治膳的文章迥然而異，不必說是一般主婦，連一天忙到晚的大人先生們，亦為忠實讀者。因為它的普遍，且引起許多外國人的興趣。聽說英文譯本，將於最近出版，不獨特級校對兄當日初寫「食經」時沒有預料會如此成功，連做朋友的小可能夠有機會替他在此第九集裏作序，亦覺得無上光榮！

最近數十年間，尤其是在第二次大戰之後，在歐美各國人

---

1 企業家，曾在廈門、香港主持「淘化大同」食品公司的業務，並推動「淘大」的跨國發展。

士，吃中國菜，已成為家喻戶曉的享受，與娶日本老婆、嫁美國丈夫，並稱近世紀的人生三絕。在國際社交盛會之中，北京填鴨曾經受過了大笑匠卓別林的讚頌，而增加了百倍的身價，廣東式的雜碎和炒麵，久矣乎打進了英文字彙之中，山水豆腐在國際宴會上大出風頭，已變成為很尋常的一件事了。

唐菜花樣之繁，種類之多，菜式之巧，實在不是任何國家的菜式所可比擬。據非正式統計，北京菜的式樣做法，就有一千五百種以上，廣州菜也近似，僅就豬的吃法已有百餘種之多，較之歐西名廚只懂得將豬肉做成豬柳、豬扒，真不可以同日語矣。

前兩年筆者到美國各地遊覽，旅途中最大的苦事是吃得不舒服。那二三寸厚血水直流的豬牛扒，帶有腥臭的龍蝦沙律，千篇一律的味道，吃得我的胃口都倒翻了。唐人街的唐菜，鑊氣味道固然說不上，有時卻吃得你啼笑皆非。那時我身在美國，而心卻

在香港的「為食街」上。

特級校對兄數年來一直努力於蒐集和整理食譜，成績斐然，君不見遊客來港食唐菜，亦曾請他做「帶街」，筆者任職小廠也曾蒙光顧。這次他卻帶來了香港美國新聞處長麥嘉諦先生，一試我們的鄉下菜，伙頭阿炳雖未蒙寵召出來共乾一杯，但廈門豬腳米粉卻博得這位山姆大叔的喝彩！

我對於特級校對兄的毅力，深表欽佩！事實上像我們中國這樣文化深邃的國家，物產如此豐富，吃之道又如此花樣多，可惜以前無人將食譜有系統地整理。現在特級校對兄一直埋首於這件工作，實有重大意義，而特級校對兄之成為此道的權威，也是必然的！

如果讀者中有食慾不振的，就翻翻特級校對兄一至九集的《食經》，也就足以「醒胃」有餘了。

是為序。

一九五六年六月三日於星港飛行途中

叉燒雞

　　廣東酒菜館所稱之京都滷味，不知所稱之京都為北京、南京或西京？但在西京、北京、南京吃到的滷味，如以廣東口味為標準，不覺得有甚麼好處。

　　廣東酒菜館的京都滷味不見得人人愛吃，但滷味中的姊妹作燒味，卻是大多數人喜歡的，尤以叉燒為最普遍。做得好的叉燒確是甘香可口。

　　賣中式點心的酒家或茶居，長年供應叉燒麭，可以說是長春點心，究其原因不外是叉燒的味道為一般人所喜。叉燒是燒味中的傑作，「叉燒雞」當然也是有號召力的食製，不過這裏所說的「叉燒雞」卻是四川菜。「叉燒雞」雖用叉叉而燒之，然在色覺上並不是燒，吃進口裏才使人覺得有燒的味和香。我認為「叉燒雞」雖不是食製的精心傑作，惟在製作的技巧言，確不平凡。

　　偶然在外江店吃到「叉燒雞」，細嚐發覺只是炸，根本沒有燒的香和味，當然製作時不會是用叉叉來燒了。這種冒牌貨可以欺騙沒吃過「叉燒雞」的人，卻瞞不了知味食客。正宗「叉燒雞」確是以叉明爐燒炙，但為甚麼沒有燒的色，吃來則有燒味呢？因為燒之前用網油將全雞包裹，燒的時候雞沒有接觸直接爐火炙，肉就能保持嫩滑而又有燒的香和味了。明爐燒雞，燒過的網油變焦，雞肉僅熟，去網油，斬件上碟，雞肉有燒的香和味，雞肉嫩滑像「白切雞」。

　　作料和做法如下：

　　作料：二斤以下嫩雞一隻、四川冬菜、瘦豬肉。

　　做法：雞劏後，在雞翼下開孔，以鹽搽過雞身備用。冬菜和瘦豬肉切絲，紅鑊炒熟，從翼下之孔填進雞肚裏，至八成滿，然後以網油

包裹全雞，懸在當空處，待網油吹到爽身，才以叉叉起，明爐燒熟。雞肚裏的冬菜受熱力煎炙，味道外泄，遂為雞肉吸收，故雞肉有很濃厚的冬菜味。雞切件後冬菜肉絲可用作墊底。

沖鼻菜

　　港督葛量洪爵士日昨巡視漁業機構，十時五十分到達香港仔魚市場，各漁業單位領袖在魚市場迎迓，但港督只看到漁船、水手、漁民攝影等，卻沒見到香港人每日所需的魚，魚市場也洗得乾乾淨淨。十時五十分應該是魚市場最熱鬧的時候，供應全港居民魚食的魚市場，在港督巡視的時候竟看不見魚，真是一幅美麗的諷刺畫。不曉得魚市場的管理者對此有甚感想，但香港人時患「食無魚」、「食貴魚」就因為有了魚的統制市場。

　　昨遇見綽號「醉貓」的四川朋友，談起香港魚的問題，其後談到吃，他說：「你試『叉燒雞』為甚麼不告訴我？我也有批評的資格。」我說：「你找到四川冬菜，我一定請客。」他說：「四川冬菜難找了。」提起了四川冬菜，不期而聯想到「沖鼻菜」，這是在香港也可以做的，方法如下：

　　作料：芥菜心。

　　做法：芥菜心洗淨切粒，在當風處吹至八成乾。用白鑊炒至五成熟，用碗盛起，覆以芥菜葉，用碟蓋緊使不漏氣，置於暖處約八小時，即可取食。吃時拌以生抽、鎮江醋、油辣椒，此菜有極度之沖鼻芥辣味，食慾不強者以之佐膳，定必開胃。

腰肝湯

四川人的「沖鼻菜」實際上等於廣東的「攻鼻辣菜」，不過，廣東辣菜以甜酸為主，以辣為副，四川則以沖鼻為主，鹹酸為副。愛吃甜味的以粵式為佳，不大愛吃甜味又喜愛辛辣的，則川式的辣菜較粵式刺激。

「蒸肝膏」是川菜的上品，「腰肝湯」也是川菜中可口的湯製。在以形補形的原則下，多吃腰肝對腰肝有裨益效果吧？作料和做法如下：

作料：豬腰、豬肝、白菌、江瑤柱、豆苗。

做法：先用江瑤柱熬湯。豬腰、豬肝切薄片，少許料酒及生抽、幼鹽、豆粉撈過備用。豆苗選用極嫩部分。湯熬好後，撈起江瑤柱棄去，加入白菌，再熬十餘分鐘。用此滾湯泡豬腰、豬肝片至半熟。起鑊，加味及豆苗，再將腰肝放入鑊內，略滾即可盛起，腰肝均鮮嫩，復有豆苗特具之清香。泡腰肝片之湯，倒還鑊中，腰肝部分鮮味已為此湯吸收。

麻辣牛肉

日昨在報章上看到葉上吟君談「江西人談水魚三味」，其實不是水魚三味，而是江西人製作水魚的三種做法。

戰時我到過江西好幾個地方，吃過江西食製，好像也吃過「紅燒水魚」，現在淡忘了。江西的「清蒸水魚」和「清燉水魚」我沒吃過，從葉上吟君文中可見到江西人也像廣東人一樣，視水魚為上好補品。

在廣東，精於做水魚食製的是順德人，順德菜館炒水魚幾乎是必

備的菜，炒得好是可口的食製。

陳麻婆做的燒豆腐好吃，除了製作技術外，作料是重要因素。就辣椒粉而論，香港的辣椒粉就沒有成都的那樣辣香。不過甚麼是辣香，則要吃慣辣味的四川人才精於欣賞。四川菜中除麻辣豆腐，更有「麻辣牛肉」，下面是它的做法：

作料：牛肉。

做法：牛肉須購腿肉，切粒約成二、三、四分丁方。用油鑊將牛肉粒炸脆，即行盛起。再起紅鑊爆香乾辣椒及花椒，加入炸脆之牛肉粒同炒，最後加入生抽及幼鹽（至夠味）、水再炆，俟所有水全揮發掉，即可盛起。

熗青筍

味道的鹹淡濃薄，不但因人而異，也因地而異。吃慣鹹的不應說吃得淡的不對；同樣地，吃慣了淡的也不應說鹹的不好吃。

酸和辣是五味中主要的，有人吃得很酸，也有吃指天椒還嫌不夠辣的，吃酸辣的能耐也因人而異，因地而異。我在湖南、桂北居停期間，吃辣的能耐不在本地人之下，戰後南返初期仍有吃辣的本領，兩三年下來吃辣能耐已大為減退。據中醫生說，水寒地方的人能吃得很辣的東西，居在水熱的地方的人們不但不能吃很辣的東西，有些人多吃了辣椒且會患「發熱氣」病。

四川人普遍有吃辣的能耐，照中醫的說法，四川一定是水寒的地方了。由於四川人有吃辣的能耐，很多人以為川菜必辣，實際並不如此。雖然川菜不少是辣的，「熗青筍」便是其中之一。

作料：青筍、乾辣椒、花椒。

做法：青筍切塊或片（約厚二三分）均可，辣椒切段。辣椒及花椒先在白鑊內焙過，以夠脆而不燶為度。將切好之青筍及已焙過之辣椒及花椒，放入燒至極紅的油鑊內（油量宜稍多），隨即將鑊離火，用鑊鏟將青筍、辣椒、花椒兜勻後，盛起即成。

燴肚條

晚飯前有人送來一張字條，上面寫道：「×× 兄：我等在 ×× 菜館候駕，盼速來。×× 上。」我以為朋友有事見召，即披衣出門。中饋問：「到哪裏？」我示以字條，她看了一看問：「不在家吃飯嗎？」我突感到遲疑：×× 菜館賣的是不倫不類的外江菜，做菜的「師傅」是科學調味品（味精）。根本不想吃這類菜，但又怕朋友真的有事見召，不去又不成。我還未決定是在家吃飯時，中饋接着說：「今晚有豬肉餅。」這是我認為好吃過很多菜的佐膳品。終於決定，若半小時內不歸，就不用再等我吃飯。

原來朋友見召，不為別的，只是陸軍巴士賽球。他以一頓飯注投陸軍，結果陸軍贏了，他贏得晚飯，甚是高興。有吃不忘朋友，特召我來，使我感到可惱也可笑。竊以為，香港人如以觀球賽的興趣去爭取民選議員的席位，則香港市政的進步，可能為世界之冠。

所吃到的有豬肚食製，但沒豬肚味道，遠不及川菜的「燴肚條」好吃。茲將燴肚條做法列下：

作料：豬肚、瘦火腿、冬菇。

做法：豬肚切條，火腿及冬菇切絲。豬肚先用料酒、葱薑汁撈過。起紅鑊爆過肚條，加入火腿、冬菇再爆，最後加水炆至夠腍即成，起鑊時加味。

釀豬肚

昨日報載：「本港醫務衞生總署一日發表：由二月十四日起至二月廿日止，過去一週間，發現多項時疫流行症，統計數達三百六十三宗，不治而斃命者凡六十九人。此中以白喉蔓延仍猖獗，腸熱亦不斷發生，亟盼居民對飲食方面切宜注意。」但齋公編輯處理這一則新聞，竟冠上「春茗酬酢太多，當心腸熱傳染」。此乃本吃齋人的菩薩心腸，呼籲減少春茗應酬，甚而多吃些素食，避免腸熱症傳染的機會。表面看來，腸熱與春茗似無甚關係，事實上不盡然。蓋請春茗者，幾乎都吃酒家的菜，而酒家菜幾乎都有重量科學調味品，結果吃後一定口乾鼻涸，要多喝茶水解渴。天天都吃科學調味品做的菜，會不會影響腸胃？這要醫學家才曉得，我不敢妄談。不過為健康計，科學調味品做的菜還是少吃為佳。茲介紹一個不用味精做的川菜「釀豬肚」，對科學調味品無興趣的，不妨一試。

作料：豬肚、薏米、百合、蓮子、杏仁。

做法：豬肚洗淨，用葱薑汁、料酒抹過豬肚內外。薏米、蓮子、百合、杏仁等和勻，放少許幼鹽，以有七成鹹味為度，然後全填滿豬肚，肚口用線紮緊，使作料不致漏出。用煲加水將豬肚煲至夠腍即成。吃時切片，亦可作饌。

肉末青豆

除夕在高士打道花市買了一枝桃花，開得還算不錯，但週來只見桃葉，還有兩個小桃，因此繼續讓它留在花瓶裏，但已撩不起看的興

趣了。飯後坐對着枯寂的花枝，不知如何想起杜少陵的詩：「花飛有底急，老去願春遲。可惜歡娛地，都非少壯時；寬心應是酒，遣興莫過詩。此意陶潛解，吾生後汝期。」不勝感喟！我不善酒，又不能詩，閒來惟以口腹之惠是最大的「寬心」和「遣興」。

晚飯吃到新購豆豉做的「豆豉肉餅」，味道還不錯，又吃到荷蘭豆小炒，於是想起川菜的「肉末青豆」，順為讀者介紹。

材料：青豆、腶肉。

做法：腶肉剁成末，用少許豆粉、幼鹽、生抽撈過，青豆用極少蘇打粉漂過，然後將青豆外皮所染蘇打粉味洗去，用油炒過，盛起備用。起鑊炒肉末至七成熟，加入青豆略炒，再加水少許，蓋上鑊，俟青豆炆腍時，加味並打饋，即可上碟。

雞汁油菜

特級食家在《眾星》裏寫的「砂窩菜腳在佛山」裏有說：「寫食典而歎今人口福之不如昔。這不是我恃老賣老來說，今日甚麼也在進步，只有吃這一門覺得很退化而沒有進步；這是食家們所公認的。」確是事實。打工仔、窮措大之流，不懂得吃的藝術，不精於吃，還有可諒，因為所得僅足餬口，管不了藝術不藝術；但是有遊艇、洋房、汽車的「大闊佬」，懂得吃的藝術又有若干人？歡宴幾十年未來過香港的英王室貴賓，竟用到「窩貼石斑」一類粗賤的菜，由此可見香港的「大闊佬」們對汽車的知識較吃的知道更多。雖然懂得吃的，未嘗沒有其人，如已故某巨紳，精於住的藝術，也精於吃的藝術。有一次，他的兒子自南洋回港，吃到巨紳廚師的炒油菜，大讚炒得好吃，叫廚師在下一頓飯再做。廚師當然奉命惟謹，但這位公子爺根本不曉得這一碟油菜的

作料所值幾何。

原來這一碟炒油菜用了五斤嫩菜薹，選出最嫩部分約一斤，洗淨後以滾水加鹼水少許稍拖過（過冷河），再以兩隻雞之汁慢火將嫩菜薹餵至菜薹吸夠雞汁的鮮味，然後用紅鑊將菜薹炒過，這一碟炒油菜當然夠嫩夠鮮，惟以時值論，應值若干元？該大紳精於吃，由此可見。但這種吃法是不足為訓的，尤其是白領階級之流。

炸雞片火腿

據報載，前週鬧肉荒，肉價大漲是人為因素居多，這兩天來水陸都有不少牲口運到，看來肉價會下跌了，主持中饋的可能減少了因肉貴而皺眉。

因為肉貴，幾兩吃未完的臘肉也成了上品，用之做荷蘭豆香芹菜小炒，吃來卻毫無是處，既沒有肉的鮮味，也沒臘肉的香味。孔子所說的：不時不食，真不我欺。

臘肉原是買來過年吃的，因為肉貴，「中饋」才想起還有幾兩未吃完，想不到僅餘臘肉的臘香味早已為吹南風吹去。讀者們假如還存有臘味的，也許應該提前把它吃光吧？

一再提供了幾個川式的雞製作，還想起一個川式「炸雞片火腿」，也該給讀者介紹。這是一個可口的下酒物，愛飲兩杯的不妨一試。

作料：雞胸肉、火腿片、豬網油、雞蛋白。

做法：火腿及雞肉均切薄片。雞肉片用生抽及乾鹽醃過，然後在兩片雞肉中夾一片火腿，用豬網油包好，外塗雞蛋白，放油鑊內炸至外皮呈淡黃色即成。

玉蜀黍餅

玉蜀黍是北方人的主要雜糧，廣東人稱為粟米。

廣東人多用粟米來做餚饌作料，如「雞茸粟米」即以粟米為主，以粟米作雜糧的卻很少。粟米含有維他命甚豐，據有研究者言，黃色粟米含有蛋白質 8.0、脂肪 4.4、炭水化合物 1.9、礦質 1.8，是營養很豐富的食物。

廣東人除了做「雞茸粟米」，也常將粟煮熟作生果吃。雖然有不少點心的作料裏有粟粉，但直接用粟米做點心者誠屬少見了。

偶見挑擔小販在門前叫賣粟米，想起四川人常吃的「玉蜀黍餅」，是很可口的甜點心，愛吃點心者不妨一試。除要將粟米磨爛外，做法也不太難。

作料：鮮玉蜀黍、雞蛋、白糖。

做法：玉蜀黍用磨磨爛，和以雞蛋、白糖。每斤玉蜀黍，約用雞蛋四至五個，並酌加麵粉少許。煎成餅略成圓形，每個大約直徑三吋，厚約三四分，煎時兩面煎至深黃色為度。

有味糯米飯

三年又八個月，就一個世紀而言，是一個很短的日子，但在戰爭或糧荒的日子裏，三年又八個月的歲月是不容易度過的。即使是將三年又八個月的時日縮短為三個月又八日，死不知時，也不知死所的槍林彈雨下的生活也不易過。把生命交給命運主宰，隨時準備結束有涯

之生，也許就不會認真難過，但是在飢餓中度過三個月又八日，困難辛苦是難以想像的。假如再有九十八日的戰爭或飢餓日子，任由人們選擇，我想要選擇過飢餓的日子極少。

第二次大戰期間，在香港捱過悠長的三年又八個月的香港人，每提起三年又八個月的一段歷史，依然還有談虎色變之感。

提起用粟米做的點心，想起過去三年又八個月的後半期，有些香港人用綠豆或粟米和米同煮飯，多吃了這些飯的，面孔都帶着菜色。尤其以粟米和米同煮的飯，吃一斤等於半斤，原因是粟米和米同煮，而不曉得先將粟米煲臉再加米，等到飯煮好了粟米仍很硬實，吃進肚裏以後，經過大腸泄出來的，與未煮過的粟米一樣。

有些人煮有味糯米飯時加進不少作料同煮，結果有味糯米飯仍不夠味，原因就是作料和米所需的火候搞不清。比如作料中有蝦米或乾貝，應先將蝦米或乾貝熬湯，再以蝦米或乾貝湯作煮糯米飯的水，則糯米飯既夠鮮味，蝦米或乾貝也煮得夠火候。

在春寒料峭的日子裏，吃有味糯米飯是合時的食製，有興趣的可以一試。

黃酒鯉魚燉糯米飯

「春鯿秋鯉夏三鰲」，春天吃「薑葱焗鯉魚」一類的菜，有點不時而食，因為鯉魚春天散卵，有卵的鯉魚肉不嫩滑，到秋天鯉魚才嫩滑肥美。不過，在春寒料峭的日子裏，偶爾吃一兩次「薑葱鯉魚」也可算吃補品。俗諺有謂：「食過薑葱鯉，不用蓋棉被。」可見鯉魚是補品，常患手凍或怕冷的人多吃幾次「薑葱焗鯉魚」，也許會減少怕冷的程度吧？

昨談起了「有味糯米飯」，聯想起順德人的「黃酒鯉魚燉糯米飯」，更是大補劑。據說血氣方剛的年輕人，吃了這樣的大補劑馬上會流鼻血，確否如此，我沒經驗，但不能否認「黃酒鯉魚燉糯米飯」是食製中的大補品。做燉糯米飯的鯉魚，用的是一斤以下的公鯉魚，很少用到一斤以上的。

作料如下：公鯉魚一斤、糯米一斤、黃酒一斤。

做法：先將鯉魚劏淨，不去鱗，用水洗淨糯米，以燉器盛之，加入鯉魚和黃酒一斤，隔水燉至飯熟即成。

吃時另以碟盛鯉魚，加入豉油吃之。

南乳雞翼

紙上談食，談得精彩還可引人入勝，談得不精彩就比吃又臊又澀的肉類食製更難下嚥。

本報《眾星》副刊「特級食家」底食的故事的文章，不特不臊不澀，還有醒胃作用，頓興「食指動矣」之想。

「特級食家」也許是佛山人，所談多為佛山的食底故事。偶爾想起二十年前香港也有不少使人「齒頰為芬」的食製，如閣麟街陶志園每碟一毫的炒牛河，德輔道中陶陶仙館（即今工商日報社社址左鄰）每碟四毫的南乳雞翼，卑利街文英閣之揚州炒飯，同文街燕賓樓的小肚粥，威靈頓街一品升每碟四毫的滷水油雞等，都是當時膾炙人口的食製。惟二十年後的香港食壇，有甚麼像二十年前一樣膾炙人口的食製呢？

上述幾樣食製中，比較容易做得可口的是「南乳雞翼」，酒家的做法一定是先將原隻雞翼「泡嫩油」，再以燉器盛之，加進南乳汁，糖與頂豉茸隔水將雞翼扣至夠腍即是，也有上碟前以原汁加饋的。

家庭的做法則宜如此：原隻雞翼洗淨，用少許蒜茸起鑊，爆過雞翼，加進南乳汁、糖及頂豉茸少許、水，將雞翼炆至夠腍即成。竊以為，如以不夠鮮味的蠔油做「蠔油雞翼」還不若「南乳雞翼」的味道濃香。

薑汁雞

二十世紀後半期和過去大有不同，除了科學突飛猛進，人類最厭惡的戰爭也由平面發展到立體；由面對面的戰鬥轉變為互不相見的戰爭。熱戰之前有冷戰、特務戰、心理戰、經濟戰等，幾年來東方與西方集團都在進行各種方式的戰爭。過去的韓戰、仍在進行的越戰、馬來亞的剿匪戰，都是熱戰，香港與大陸之間自一九五零年以來仍在不斷進行的是冷戰，冷戰裏也有經濟戰。過去的退貨潮和操縱副食品輸港，可說是經濟戰中的冷戰，冷戰中的經濟戰吧？不過這種戰爭好在不必流血，於是雙方可以經年累月糾纏下去。

有一個時期新界養豬業極發達，新界到處都可以見到愛吃懶做的豬，後來大陸大量生豬運來香港賤價售出，使新界的養豬者破產後，又減少生豬運來香港，使香港人食貴肉，食無肉。現在豬肉貴了，新界農人又改行養豬，會不會成為未來的冷戰對象也難估計。其實養豬吃豬都是頭痛事，吃得起雞的，實行「食有雞主義」好了，下面是川式「薑汁雞」的做法，值得吃雞者參考。此菜式最宜天氣頓寒時吃，因食後暖意大增。

材料：雞項、生薑。

做法：選上雞項一隻，先以滾水浸至六成熟，斬件，盛於碗內。生薑搗成汁，加入豉油（老抽四成，生抽六成）與薑汁，混合後傾於雞上，隔水蒸至雞僅熟即可，食時加浙醋及少許蔴油。

煎 茄 餅

　　日本漁船最近在美國比基尼實驗區外數十里捕魚，漁人竟遭原子
輻射性、雪白灰狀的物體灼傷，其中有人因此髮脫手腫。有漁船把在
該區附近捕得的魚運回日本售賣，當局恐怕該等魚也受到原子輻射線
影響，禁止出售，但到魚市場檢查時，在氫彈實驗區所捕得之漁獲物
早已脫售不少，相信已有人吃過這種受過原子輻射線影響的魚。據醫
生說，吃過這些魚可能生瘤結，這是值得重視的問題。香港也有日本
魚，假如在香港售出的日本魚是來自太平洋的話，那就值得檢查一番
了。「中饋」今天讀了新聞後，着燒飯的勿購日本魚，我聽後不禁暗
笑。燒飯的果然沒有買日本魚，只買了一些茄子豬肉等回來，我問怎
麼吃？她說做紅燒茄子。我說不若做川菜式「煎茄餅」，甚可口。

　　作料：矮瓜、瘦肉、冬菇、蝦米、雞蛋白、麵粉。

　　做法：矮瓜先切為厚五分圓塊，再在一面半切為菱形（即切一半，
一半相連）。腡肉、冬菇、蝦米均切幼粒，用雞蛋白和匀，釀於矮瓜
菱形縫隙內，至滿為止，再用少許麵粉開雞蛋白調匀，敷在矮瓜外層，
用生油炸熟，再用豬膏炆十分鐘，起鑊時加味打饀即可。

鹹 魚 蒸 豆 腐

　　際茲乍暖還寒之候，穿衣要常備兩季衣裳，特別是香港天氣，一
日數變，穿了薄衣出門，過不了兩三個鐘頭，天氣也許會驟變，寒暑
表會下降至五六度，穿薄衣是抵禦不了的。事務繁忙的人，也未易即
時抽空回家添衣，因此而患感冒病的，在所多見。

在這個季節裏，不但穿衣常使人感到麻煩，就是吃，也不易使人增加興趣。因為冬季的菜蔬等食物，逐漸過時，質味已變，新的季節食品，也大部分未到上市的時候，因此，主理廚政者，每有不知買甚麼是好之感。

昨過灣仔高士打道海旁，看見魚艇還有幾尾油䱛待沽，購之歸，以蒜子、燒腩、豆板醬炆，吃來和頂豉炆的味道又有不同，惟油䱛的肉卻不及秋冬季節可口。同時的另一個菜「鹹魚蒸豆腐」，卻頗能刺激食慾。

「鹹魚蒸豆腐」，在我自己說來還是初次嘗試的新菜，想不到闔家會喜歡它的味道。

作料：霉香鹹魚二兩、白豆潤二毫、青葱五仙。

做法：先將青葱切花，鹹魚洗淨去骨，剁之成茸，以碗盛之，加入豆腐腡、葱花、生油拌勻，在飯鑊裏蒸熟即是。

在蒸的時候，加上薑片二三片，作用在辟去鹹魚的腥味，熟後取去，這是一個價廉易做的菜，不過，這是愛吃魚腥的人才會領略它的味道。

腿汁新芥菜

「一年之計在於春」，不管人們已否謀定了一年之計，但春季已過了一半，轉眼是春分，春分過後不久又屆清明。雖然還是仲春，冬季時間已告結束，今天開始夏季時間了。精於做家常小菜的福州太太昨談謂，新芥菜已上市多日了。我說：「新上市的芥菜每斤售價一元以上，做校對的我們是吃不了這樣貴的菜蔬的。」福州太太又說：「芥菜還有甚麼名貴的做法？」我說：「假如你請客時，我一定給你提供一個

名貴的做法。酒家如賣這一個菜，起碼也要十五至二十元。」這個名貴食製叫作：「腿汁新芥菜」。

　　做法：三斤芥菜中選最嫩的一斤，洗淨，用滾水加進少許梳打食粉或鹼水稍拖過，「過冷河」後再用清水漂清鹼水或梳打食粉的味道，以笪箕盛之備用。四兩火腿用刀剁成茸，以大碗盛之，加進滾水一飯碗，以蓋蓋之，隔水蒸三個鐘頭，取出火腿，只要腿汁，然後以瓦煲盛之，加進已漂清的芥菜，慢火煨之，至芥菜吸收了腿汁的味道即是。福州太太聽後說：「這些芥菜當然好吃，四兩火腿肉不要，未免『暴殄天物』。」我一笑置之。

菜花炒豬雜

　　西菜館常用做「吉列石斑」的石斑魚，是石斑魚最廉價的貨色，因為雪藏的十數斤或數十斤的大石斑，賣魚者劏開分為數部分出售，如斑頭、斑腩、斑肉等，除西菜館用這些斑肉來做「吉列石斑」外，酒家有時也用來做「茄汁斑塊」一類的菜，這些雪藏已久的大石斑肉，最貴時也不超過五元。最貴的石斑是一斤半以上，二斤以下的活石斑，平的時候也要五六元，貴時每斤值十餘二十元，原因是酒家做成尾石斑的食製要這些斤兩方合標準。吃石斑已不是精於吃海鮮的人，愛吃「吉列石斑」之類的，根本不懂得領略海鮮的味道。

　　同事羅拔是極愛中國字畫的人，雖讀番書出身，卻富有中國人的書香味，但對於吃，卻是西餐至上主義者。昨晚請消夜，又要強我吃「吉列石斑」，我當然拒絕，結果要了一個「菜花炒豬雜」，吃來毫無是處。豬雜的鮮味很薄，菜花也沒有菜以外的鮮味，除了吃到一些搶

喉的東西外，真及不上豉油蒸豆腐膶好吃，因為豆腐雖沒鮮味，卻還有豆的香味。菜花本身雖有菜的味道，被搶喉的東西掩蓋了，菜花的原味也消失。但不懂得吃的羅拔，還大讚可口。實則菜館要做「菜花炒豬雜」，要先用鮮湯（上湯固難得，二湯也可）將菜花餵過，然後用來炒豬雜，才不至於像吃豉油蒸豆腐膶一樣的味道。

炒雞雜

談起「菜花炒豬雜」，想起了炒雞雜。

據對醫學有研究者說，雞雜中的雞生腸含荷爾蒙極豐，缺少荷爾蒙的人，常吃雞生腸比打荷爾蒙針更有益處。實際情形如何，我卻拿不出證據來。第一、我不需要打荷爾蒙針；第二、因為不感到荷爾蒙不夠，故雞生腸是否含有豐富的荷爾蒙，也沒作進一步的根究。不過，雞生腸假如真的含有豐富的荷爾蒙，吃雞生腸要得到這些好處，只有吃炒的做法，吃滷的做法必不能保有豐富的荷爾蒙。因為滷的做法是用多量的火候，可能將荷爾蒙煮至變質。

當今美國總統艾森豪，是能征慣戰的將軍，也是著名的「伙頭軍」。除精於做美式的西菜外，也愛吃廣東菜，尤其愛吃粵式的「炒雞雜」。

外國人很少吃雞雜一類的食製的，像艾森豪這樣愛吃雞雜的人真不多見。他做了總統後，雖日理萬機，仍忘不了吃炒雞雜。常下紙條着副官到他的中國老友周金安在華盛頓哥倫比亞路開設的日新餐室定製炒雞雜。去年七月十三日，總統在白宮歡宴總統夫人的妹妹和妹夫，向日新餐室定的菜就有五客炒雞雜。

艾森豪為甚麼這樣愛吃「炒雞雜」？是不是也像對醫學有研究的人

一樣，發覺雞雜裏的雞生腸含有豐富的荷爾蒙，抑「炒雞雜」是可口的食製？就非我所敢隨便妄測了。

鹹魚汁炆豆腐

雞雜之類固不為歐羅巴人所愛吃，就是日本人，據說過去也不吃豬雜的。買豬肉時要些豬雜是不另收費的。後來看見住在日本的中國人，誰都吃豬雜，才知道豬雜也像豬肉一樣可口，營養素且不在豬肉之下，於是日本人也開始試吃豬雜，到而今，日本人之吃豬雜，也像中國人一樣成了習慣。

由於艾森豪愛吃「炒雞雜」，相信未來也將有很多美國人愛吃雞雜。因為，艾森豪是一國元首，同時也是一個將軍而兼「火頭軍」，不但懂得處理國家大事，也懂如何煎牛扒的食家，還認為唐人菜的「炒雞雜」可口，而且是經常愛吃的菜。相信「炒雞雜」也會成為美國人一時的風氣，至於將來雞雜的售價，會不會像香港的豬雜比豬肉更貴，則未敢妄測了。

去冬吃了不少鹹魚，剩下不少鹹魚頭，除了用來煲豆腐、炆豬肉外，還有六七個鹹魚頭未吃完，偶然用之試做炆豆腐，吃來還十分可口。府上還有鹹魚頭未吃完者，不妨一試這個價廉味高的佐膳菜。

做法：先將鹹魚頭用水加生薑熬汁，約二小時，然後去鹹魚骨，取鹹魚汁炆豆腐即是。

如要豆腐有很濃的鹹魚味，先將原件豆腐煲至起蜂巢孔，然後以鹹魚汁炆，不過，這些老豆腐一定不滑。想豆腐夠滑則不用先煲過，用鹹魚汁慢火煨之，但滑的做法必不若老豆腐的味濃。

牛乳

沙井蠔豉是蠔豉中的佳品，尤其是沙井的冬前蠔豉，比一般蠔豉更鮮美。

所謂冬前蠔豉是在立冬以前曬的，賣蠔豉的都說貨式是來自沙井，而且是冬前曬的。究其實，市面所見的沙井蠔豉固不多，沙井的冬前蠔豉更屬少見。

沙井冬前和冬後曬的蠔豉，看來實在無大分別，吃來味道卻不同。原來在冬前曬的味道很鮮，在立冬曬的雖也很鮮，惟微有酸味。昨夕試吃友人送來據說是沙井的冬前蠔豉，究其實是在立冬後曬的，因為鮮中微帶有酸味。

飯後偶翻讀者函件，獲悉陳素先生來函垂詢牛奶酪之製法，因忙迄未奉答，良以為歉，請諒！

有關「牛奶酪」做法的書籍，我也未嘗讀過，惟關於它的做法稍知其大概，不過我自己從沒試製。做法甚簡單，鮮牛奶加醋後拌勻，等待牛奶將成軟膏狀後以圓木印夾之如圓的薄餅，放在鹽水裏浸之即凝成如所見的牛乳。至於若干牛奶要用若干白醋，我也沒詳細去研究。

蠔油遲魚

遲魚早已上市，今天方吃到，惜雪藏太久，鮮味少了。遲魚以澳門最多，一般也比香港的新鮮，多是蒸或煮，是季節洄游魚類中次等以下的魚；鮮味雖不濃，但肉則很結實。食指眾多又要吃海鮮者，遲

魚是價廉物美的海鮮，假如夠新鮮，也有雞肉的意味。我吃過一次很可口的遲魚，做法是：

遲魚劏淨，用鹽塗勻魚身，醃約半小時，放入滾水裏浸熟，不必加味，不過浸遲魚的滾水要放入少許陳皮。吃時蘸蠔油，味極鮮美。

蒸金錢片

不吃蛇和「三六」的人很多，不吃魚腥、不吃牛或羊的人也常見，但是吃魚而不敢吃生魚的卻少見了。

偶然見到一個朋友對「炒生魚片」不敢下箸，我以為他不吃魚，因問：「你不吃魚嗎？」他說：「不，只是不吃酒家的生魚。」我感到有點奇怪。他繼續說：「生魚可變化骨龍，宰生魚的一定要先把生魚摔死，假如死後的生魚伸出四足，那就是化骨龍，吃了化骨龍的人死後僅餘一灘水。我不曉得酒家餚煮生魚前，是否將生魚摔死，假如吃到化骨龍就太不值得了，所以是我不敢吃酒家的生魚。」

生魚會變化骨龍，小孩子時便聽過這種傳說，但直到數十年後的今天，仍沒有聽過或見過有人吃生魚吃着化骨龍而嗚呼哀哉的，因傳說而不敢吃酒家的生魚，似可不必。

生魚片或生魚球連湯是中小菜館常備的菜，愛吃的也很普遍，因為一魚兩味是「抵食」的食製。除了炒球炒片和煮湯，順德人也用生魚做「蒸金錢片」，做法是將生魚連骨切成約一分厚像金錢一樣的圓片，用紅棗絲、金菜、薑絲和豉油蒸熟即是。

不過，做蒸金錢片的生魚以重七兩大者為佳，一斤以上就少用了。

一 鵝 三 味

　　據說今年掃墓的人比去年少了，合伙拜山的祭品也較去年少了許多。香港的人真的窮了，一年一度慎終追遠的掃墓，也可免則免的省下來了。

　　戰後和大陸易手前，清明前後，香港商場是很蓬勃的，歸鄉掃墓者日以萬計，香港和內地的交通也擠擁不堪。歸鄉者必購置若干香港貨帶回鄉下去，因此各洋貨店也有賓至如歸之盛。惟自大陸易手以後，有鄉歸未得的異鄉遊子，當然也不會買帶回鄉下的香港貨，因此洋貨店的旺月也變成淡月。如果說「禁運」影響了香港的生意，也予香港洋貨店的生意以壞的影響。

　　「蒸金錢片」是順德人愛吃的家常菜，「一鵝三味」可以說是順德人在拜山時常吃的菜。特別是經水道前往的墳地，一下船就殺鵝煮飯，在船上飽吃才登山掃墓。

　　「一鵝三味」的做法：（一）蒸鵝或燒鵝（殺兩隻鵝，其中一隻幾必是燒的做法，另一隻十九是蒸的做法）。（二）炒鵝球。（三）炒甜酸副腔。

　　鵝燒和蒸的做法，本欄前已說過。炒甜酸副腔也沒有特殊，炒鵝球卻不常見，做法同炒雞球無異，惟鵝骨切碎件，以油炸之墊在碟底，吃完了鵝球再吃鵝骨。

油浸鯉魚䲗

日前寫了順德人的「蒸金錢片」，編座齋公兄的賢內助讀後依樣葫蘆，齋公吃之，甚覺「醒胃」。昨語我云：「內子買不到七兩重的生魚，只用九兩重的生魚，超出了原來的預算，好在味道還佳。除『蒸金錢片』外，還以頭尾滾西洋菜湯。甚望你以後多提供這類一兩元的食製，好讓內子學習學習。」我答：「《食經》已有不少一元數角的食製，要嘗試遍也要很多日子。多提供一元數角的食製，要吃到和想到才能寫出。中饋有時問我要吃甚麼菜，每瞪目不知所對。最好的辦法是你請我吃一次尊夫人的菜，我則提供一個廉宜簡單的食製以為酬謝，尊意如何？」齋公說：「這是你的合算，但我則不花算，不敢領教了。」

春鯿秋鯉夏三鯬，目前吃鯉魚是不時之食，惟提到順德人，我又聯想起順德的另一個魚的菜式：「油浸鯉魚䲗」，是一個荷爾蒙極多的食製。

做「油浸鯉魚䲗」一定要公鯉魚，母鯉是沒有䲗的，先將鯉魚劏淨取其䲗備用。起紅鑊，下油落鑊燒至滾，將鯉魚䲗放入，立刻連鑊移離竈口，待鯉魚䲗浸熟即是。吃時蘸靚老抽或蠔油均可。

灰水與梘水

讀者王喬其先生來函云：

弟有一位外國友人，性喜烹飪，抵港後曾先後學得滬、粵菜之煮法，其中有幾項，彼詢及弟，惟弟對烹飪為門外漢，而先生則足跡遍天下，精於各地烹調之法，故想轉向先生請教。

（一）鳳城的炒牛奶，即純粹用牛奶和少些蛋白的那種，請詳細指明各項材料之份量，及烹煮時間。

（二）製麵所用的梘水為何物？有人告以即英語中所謂"Lye"，但彼認為這是有害人體之毒物，何以能應用，或者份量方面，甚為稀薄，請問應用多少？梘水之做法又如何？

（三）京菜中之乾燒冬筍之做法又如何？那種入口而化的青色東西又是何物？

以上問題，如蒙詳細解答，則不勝感激矣。

答：（一）炒牛奶的正宗做法《食經》集裏已有記載，茲不再贅述，惟時下的炒牛奶，特別是用水分甚多的香港牛奶，炒起來能夠成為膏狀，最大的秘密是鷹粟粉。份量是：一支鮮牛奶，二兩鷹粟粉，拌勻，加進鹽少許，味精少許，起紅鑊炒至成膏狀即是。

（二）英文的"Lye"是灰水不是梘水，用來做食物的梘水，最好是燒完了的桑枝或龍眼枝的餘灰，用來浸水，這些水便是梘水（還有很多種植物的餘灰是梘水的原料）。我不懂做麵，請向雲吞麵檔一問便知。

（三）青的東西是炸過的苔菜。

蝦米蒸雞蛋

　　有朋自元朗來，天南地北的，由日內瓦會議談到元朗的農事和「菜
賤傷農」的一切，幾忘記了已到吃飯時間，朋友還沒完全把他的宏論
發揮痛快，過了吃飯時間差不多一個鐘，我的「中饋」才問：「開飯
未？」這才恍然知道談到連吃飯也忘了。雖沒備甚麼餸菜，惟在此情
形下也不能只多加一雙筷子，請來自新界的朋友吃飯。

　　沒菜留朋友吃飯，中饋有點難為情，好在客是老友，不拘有菜沒
菜，但求不中止發揮他的宏論，即使反過來要求他請館子也不在乎。
但怎可讓來自元朗的朋友做東道？沒菜的飯也只得留他吃了。

　　一湯兩菜的家常小菜，原沒甚麼可吃的，但朋友卻十分高興吃到
兩菜中一菜的「蝦米蒸雞蛋」。他說：你的「蝦米蒸雞蛋」也比一般的
可口，這樣人人會做的菜也有特殊做法嗎？我說：你所見蝦米和雞蛋
都和其他的無甚不同，做法也沒甚特別，不過，蒸雞蛋的蝦米，洗淨
後以刀背拍過，用水將蝦米滾過，再將蝦米汁加進雞蛋裏撈勻，然後
加進已滾過的蝦米，少許鹽和古月粉蒸熟即是。朋友至是說：你的「蝦
米蒸雞蛋」比一般的可口，道理原來如此。

罐子肉

　　經過德輔道中遠來川菜館舊址，想起當年遠來所做的罐子肉還有
川味。大戰後遠來川菜館不復重開，想吃有川味的罐子肉也不易得。
幾年來雖也有售賣罐子肉的川菜館，惜乎難吃到有川味的。

罎子肉是濃的食製，在川菜裏是有名的，作料和做法如下：

作料：雞乙隻、鴨乙隻、腿肉一斤半、火腿六兩、海參四兩、鮑魚四兩、冬筍一斤、雞蛋十二隻。以上材料是最少的份量，可按比例增加。另加生薑、葱、料酒。

做法：在空地掘一深約罎之半，大於罎約五吋之坑。材料備齊，先將雞蛋煮熟，去殼備用。全部材料放入盛紹酒的罎內，加料酒約兩許，及水（以上述材料為例約加水六大碗），用濕泥將罎口密封，以不走氣為度。將罎放入坑內，用穀殼為燃料，圍罎煨之，至少須煨廿小時以上，始可開罎加味取食，極其香腍。香港外江館所售之罎子肉，均屬野狐禪，多用金屬盛器煲脤而成。

雞蛋煎魚鱠

排字房同事譚添讀了「油浸鯉魚鱠」後問我：「取鯉魚鱠做油浸食製，剩下的鯉魚又怎樣做法？」我說：「可做薑葱焗鯉魚，或以甜竹炆之，悉由尊意。用鱠來做油浸，是一個下酒物的菜，愛吃鯉魚同時又好杯中物的，先吃鱠下酒，再吃魚肉佐膳。

鯉魚鱠除了油浸外，還有一個煎的做法，也是順德人喜歡的鯉魚食製。煎比油浸做法更簡單，也很可口。

作料：雞蛋、魚鱠、葱、芫荽。

做法：葱和芫荽洗淨切碎備用。

鯉魚鱠原個蒸熟（「泡嫩油」或以滾水拖熟亦可），切碎粒，雞蛋破開以碗盛之，加入油、鹽、古月粉少許，以筷子搢約十分鐘，然後加入芫荽、葱花、切碎魚鱠。起紅鑊，煎至熟即成。

這是香滑可口，含荷爾蒙甚多的菜，也可作下酒物。

紅綠羹

香港重光後，屈指又多年，市政上若干興革建設，確比過去有很大進步。尤其是建設，更有一日千里之勢，惟居民每日必需的水，供應依然「望天打卦」。香港每到夏季就免不了水荒，前年有水荒，去年有水荒，今年也有水荒，直到目前止，水荒問題愈來愈嚴重。假如天公在最短期內不降甘霖，水的供應將更有進一步的管制，用水的問題將引起更多紛爭，也在意料之中。「樓下閂水喉」之聲日來各區已彼呼此應，甚望居住在樓下者，本同舟共濟之旨，毋須聽到「樓下閂水喉」之聲即將水喉閂上，俾樓上也有水可吃可用。

天熱會影響到人的吃，加上水荒，住在頂樓的，有時想多喝一點湯水，也有困難。「紅綠羹」是可作為湯水，吃來也甚覺「醒胃」的暑天食製。

作料：魚頭、番茄、葱。

做法：先將魚頭去鰓洗淨，加薑片用水煲至夠身，取出魚頭、薑片，煲過魚頭的湯留待後用。

魚頭去骨取其肉，番茄切粒，與煲過魚頭的湯同煮至熟，加味、油、生粉少許拌勻，上碗之前加入葱花，便是「紅綠羹」。

魚頭每斤一元二，價錢不算貴，一元數角便可做一個「紅綠羹」，價廉味高，有興趣者不妨一試。

玉柱生翅

閒來無事，二三友好以何處茶香，誰家酒好為題，津津樂道，未覺其疲。惟動筆寫文章，偶一思及此即為餬口之道，即大感索然。《食經》偶爾停寫數日，即為友好電促（電話追問之謂也），彼等有飲食餘暇，豈能念及余之心情，燈下重新握管，固不禁顧影自憐！

同事某君詢余魚翅之簡單做法，余曰：「請客乎？」某君曰：「將為舍戚餞別，內子又欲顯其烹調之能，故請見教。」至是余答：「能為陪客，當奉告。」某君有難色，余索以消夜一頓為酬，乃告以「玉柱生翅」之做法。

作料：干貝二兩半，瘦肉六兩，乾翅餅八兩（經過泡製之散翅，各海味店均有售賣）、蠔油。

做法：將翅餅用滾水泡開，揀去雜質，用生薑「出水」後備用。

干貝洗淨，撕成最幼之絲，瘦肉切為四或五件同瓦罉盛之。用一窩，以半水煲約一小時，然後加進已「出水」之魚翅，再煲約二小時（煲至連翅一窩為合度），取出瘦肉不要，加鹽和蠔油調味即是。

緬甸魚頭湯

昨談的「紅綠羹」，實在是番茄煮魚頭雲，去魚骨後加饋。如果不喜歡羹，不加生粉便是番茄魚雲湯。不過羹也好，湯也好，不能否認它是夏令「醒胃」而價廉的食製。

頃據報載，淡水魚最近來途突增，加以天氣熱，淡水魚不能活得

太久，因此淡水魚的零售價繼續報跌。最生猛大淡水魚零售價每斤竟下跌至一元，這是愛吃魚鮮者的喜訊。五柳鯇魚、紅綠羹等都是宜於夏令的魚鮮食製，熱帶緬甸的魚頭湯，也是宜於作香港人的夏令食製，有「醒胃」的作用，做法不複雜，作料便宜，一元幾毫便可做成。

緬甸魚頭湯的特點是鮮、酸、辣、香，這正是足以刺激食慾的味道。作料是：大魚頭、咖喱、鹽、白醋、新鮮香茅。

做法：先將魚頭煎過，加水煮之約二十分鐘，再加少許咖喱、白醋，煮到魚頭夠火候，加味，上碗後加少許香茅即是。

做一海碗湯，起碼要四個大魚頭才夠鮮味，至於放多少咖喱和白醋，這要看各人愛吃的味道而定。

竹絲雞冬瓜盅

除了特殊階級，手邊擁有若干不動產和頭吋鬆動者外，白領階級的大部分香港人都過着不安和在不斷鬥爭的生活。香港是東西冷戰的前哨，香港人不時受到冷戰的影響和威脅，精神的不好過。雖然冷戰一旦變為熱戰，特殊階級和擁有地產者也和白領階級一樣，到頭來可能一無所有，就像若干自大陸逃來香港者一樣，變了待救濟的難民。但冷戰還未變成熱戰之前，物價波動而使生活指數上漲，卻先苦了大部分的白領階級。

最近魚菜跌價，一向甚為吃香的豬肉牛肉價錢也繼續報跌，原是白領階級底主持中饋者的好消息，但水荒的嚴重卻又使住一間房、牀位或閣仔的白領階級大傷腦筋，既為煮飯煲茶的水而擔心，也為洗一個澡的水而皺眉，真是難為「東方之珠」的白領階級了。

遇見「特級食家」，他問我吃過「竹絲雞燉冬瓜盅」沒有？我反問

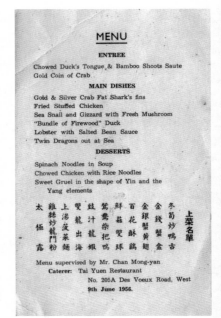

MENU

ENTREE

Chowed Duck's Tongue & Bamboo Shoots Saute
Gold Coin of Crab

MAIN DISHES

Gold & Silver Crab Fat Shark's fins
Fried Stuffed Chicken
Sea Snail and Gizzard with Fresh Mushroom
"Bundle of Firewood" Duck
Lobster with Salted Bean Sauce
Twin Dragons out at Sea

DESSERTS

Spinach Noodles in Soup
Chowed Chicken with Rice Noodles
Sweet Gruel in the shape of Yin and the
Yang elements

上菜名單

冬筍炒鴨古
金錢蟹盒
金銀蟹黃翅
百花酥鴾
鮮菇柴把鴾鴿
鴛鴦柴把蝦
鼓汁出龍海
孖龍出龍麵
上湯菠菜
雞䓤炒龍門
太極露粉

Menu supervised by Mr. Chan Mong-yan
Caterer: Tai Yuen Restaurant
No. 205A Des Voeux Road, West
9th June 1956.

《食經》面世後，特級校對經常應酒家之邀設計菜單，圖為西環大元酒家菜單。

他：「你在哪裏吃過？」特級食家說：「在姚九叔的大元酒家吃過。」原來想吃鮮蓮燉冬瓜盅的，大師傅阿啟說一時找不到鮮蓮，要我試試徐季良先生曾在大元定製過的「竹絲雞燉冬瓜盅」，我允予一試，果然是清鮮可口的食製。

做法是將原隻竹絲雞放進冬瓜裏，另加五兩瘦火腿粒、水，隔水燉四小時即成。

吃時竹絲雞不要，先喝湯，再吃瓜肉和火腿。

三杯雞

很久沒見過廠商三劍客之一的徐季良先生，想不到他又有新菜式：「竹絲雞燉冬瓜盅」，既沒請我一試，也沒將這可口的新的食製底做法見告，好在老友特級食家也是饞鬼，遇有好吃的食製，絕不計較付出的代價，即使要走很遠的路，也不在乎要花多少車費，誠不愧為特級食家。

大元酒家所做的「竹絲雞燉冬瓜盅」我雖沒吃過，惟就所用的作料推想，味道一定清鮮無比。幾兩瘦火腿的鮮味原已不錯，還加上一隻竹絲雞，一個瓜盅大概是一斤湯，用兩斤以上的肉料做一斤湯，即使製作技術不大高明的廚師，也不致把味道弄得不夠鮮。

提到了雞，想起另一種雞的食製，名曰「三杯雞」。

「三杯雞」的做法也等於「豉油雞」，不過「豉油雞」的作料是豉油，「三杯雞」的作料與「豉油雞」不同，故稱之為「三杯雞」。

「三杯雞」的雞一定要夠嫩的上雞，不夠嫩的雞做起來當然不及上雞做的好吃。

除雞外，所謂三杯的作料是：一杯上好老抽、一杯紹酒、一杯白糖。如果不喜歡糖味太多，用半杯糖亦可。杯的份量當然是大茶杯，如改之為碗亦可，不過，酒和豉油的份量要相同。將三杯作料同放在瓦煲裏，煮沸後放雞進去，慢火將雞煮熟即成。

談吃冬瓜盅

同事齋公說：「六七十元一桌菜也有燉冬瓜盅，作料雖和竹絲雞燉冬瓜盅不同，但也是冬瓜盅。假如冬瓜盅是夏令名菜，那麼六七十元一桌菜的冬瓜盅，與竹絲雞燉冬瓜盅有甚麼大分別？」我說：「就冬瓜盅之字而論，確無分別，尤其慣吃和愛吃有搶喉作料食製的，也許會覺得六七十元一桌的冬瓜盅更夠味，不過就吃的道行來說，認為有搶喉作料的冬瓜盅好吃者，根本不懂得吃，更不懂得吃的藝術。

竹絲雞燉冬瓜盅的作料成本大約：雞八元，冬瓜五至六斤二元，淨瘦火腿五兩十二元，合起來約二十二元。

六七十元一桌的冬瓜盅的作料成本：冬瓜五至六斤二元，腎丁、鮮蓮、火鴨、絲瓜共約二至三元，合起來約五元。

上面是作料的比較，至於做法，六七十元一桌的冬瓜盅是：冬瓜去仁後隔水蒸至夠身備用。腎丁、蓮子、火鴨等作料，另以豬骨水加上搶喉作料，燴好後放進冬瓜盅裏面隔水燉半小時或一小時，到吃之前加絲瓜粒，有時根本沒再燉過。

竹絲雞燉冬瓜盅的做法只用白開水，加進作料後隔水燉四小時。竹絲雞燉冬瓜盅味道清鮮，瓜肉也有同樣的味道。瓜肉和湯吃下肚裏以後，舌頭依然有清鮮餘味。

六七十元一桌的冬瓜盅，吃來味道很刺激，瓜肉要非與湯同吃，僅有瓜味而沒有肉味，吃後舌頭只有乾涸的反應而沒有清鮮的餘味。因此，稍懂得吃冬瓜盅的人，在酒家吃冬瓜盅必先預定，不然很可能吃到「放水燈」的冬瓜盅。

七彩湯

　　俗諺說：「飽暖思淫慾，貧窮起盜心。」人在既飢且渴之際，即使趙飛燕或楊玉環睡在榻側，也撩不起情思。富甲一方的，會不把錢財放在眼裏，更沒有偷盜的心。飽的時候自然不會想到飢餓時苦況。同樣在沒有鬧水荒的時候，誰管老天爺下雨不下雨，更不會有人向天公求雨。

　　香港目前正鬧着嚴重的水荒，住在四樓中間房或冷巷牀位的，正被水荒威脅的住客，對雲霓的渴望，僅次於望中馬票，雖然中了頭獎馬票便不致為水荒而苦惱，但在將中未中頭獎馬票以前，為了每日必要喝要用的水而傷透了腦筋，着實也不易過。因此，最近香港人對豬、牛、魚、蔬菜的價格升降少有注意，只希望天公落下幾場大雨，可以說是人同此心。

　　冬瓜解暑，但喝了多次清滾冬瓜湯，也不想再喝了。偶然試做了一次「七彩湯」，頗感「醒胃」，勇敢介紹給喝慣了清淡冬瓜湯的讀者。當然，「七彩湯」的作料當比清滾冬瓜湯貴幾倍，但也不過一二元。

　　作料：番茄、勝瓜、鮮陳鴨腎、瘦肉、鮮菇、豆腐膶、鴨膶。

　　做法：先將各項作料切粒（番茄要皮去仁），除勝瓜，豆腐膶粒外，用清水滾至夠火候，然後加進豆腐膶粒，上碗之前以鹽和生抽調味，最後加入勝瓜粒一滾即成。

炒脆黃瓜

吃罐頭墨魚中毒，十二日發生了一宗，其後本報晚刊接到有姓名地址的讀者來信，謂最近吃了一次罐頭墨魚全家中毒，先後患腹痛大瀉。初以為受了時令影響，讀十二日的吃罐頭墨魚中毒的新聞後，想起全家患肚痛之日也吃過罐頭墨魚。

十二日的新聞是有證有據的，至於後者的來信，雖很有可能是吃了罐頭墨魚中毒，卻不能切實證是中了罐頭墨魚的毒。無論如何，罐頭墨魚雖平至每罐九角，也少吃為宜。

為甚麼要吃罐頭墨魚？我想價錢平是一個原因。實則像罐頭墨魚一樣平或更平的新鮮食製不少，何必要吃罐頭？像四川人的「炒脆黃瓜」便是九毫以下可做的食製，有興趣的不妨一試。

作料：嫩黃瓜、乾辣椒。

做法：選購嫩黃瓜剖之為二，去心，洗淨，切薄片，乾辣椒切段。先將乾辣椒在白鑊焙乾備用。炒時先用油爆香乾辣椒，加入黃瓜，同炒至僅熟為度，打甜酸饙（少許白糖及鎮江醋）及加味，兜勻即可盛起。

拌牛肚仁

未到淡月，商場已吹遍淡風，有些商店用盡五花八門的宣傳技巧，仍未見客似雲來。所謂賤物鬥窮人，蝕本貨品也不一定找到買得起的顧客。

淡風的時速比颶風小姐更快更有力，但當也有一枝獨秀的行業，

就是做醫生的。近月來無論中醫或西醫都有其門如市的盛況。就我家而論，除我自己外，闔家都光顧過醫生，大大小小無緣無故的發起熱來，或患上流行性感冒，至今有人仍要吃藥。小病原無大礙，然而醫藥費奇昂，打工仔之家即使有一個病人，也有吃不消之感，遑論家裏幾個病人了。

吃了豬肚湯，憶起川式的「拌牛肚仁」，也是夏令食製，作料和做法如下：

作料：牛肚仁、油辣椒、生抽、花椒粉、鎮江醋、蔴油、葱。

做法：牛肚仁隔水蒸熟，切片，以生抽、鎮江醋、蔴油、油辣椒、花椒粉、葱花拌之即成，此菜冬夏均宜。

皮 蛋 豆 腐 羹

過去一週，本港天氣的酷熱程度為夏季所罕見，數日前室外氣溫高達華氏表九二點〇五度，直至前昨兩日氣溫比較低降，二十四小時內相差達十五度。

天氣熱，沒有冷氣設備仍要繼續勞作的人們，已是大苦事，加上水荒嚴重，勞作以後，第一件要事是洗一個澡，但住在三四樓的，因樓下住客為了爭取用水，對「樓下閂水喉」之聲充耳不聞，常使三、四樓住客有吃的水而沒用的水，要洗一個澡，有時且比吃飯還難。

香港夏天不比南洋各地酷熱，但南洋少有水的糾紛。香港每到夏天，爭水新聞幾無日無之。如果說香港是東方之珠，則這一顆珠少了一些光輝的色澤，就是水的問題使大多數人感到不愉快。

熱天沒有水洗澡是不行的，每天不吃東西果腹也不可以。假如有人提出這一個問題：大熱天裏，寧少吃一頓，抑在一天內不洗一次澡？

我想，寧願少吃一頓的大有其人。

連日吃豆腐佐膳，偶想起前在梧州吃過的「皮蛋豆腐羹」也是夏令的食製，用特提供給愛吃豆腐者一試。

作料：皮蛋三隻、水豆腐一毫。

做法：皮蛋（非溏心的不佳）去殼，切粒，加進豆腐裏面，再加上幼鹽、生抽、熟油拌勻即是。

釀油炸檜

汽車的原動力是汽油，人體的原動力是食物。無論人與汽車，沒有了原動力推動便不能活動。機器與人所需要原動力雖不同，要繼續活動就不能不加進原動力。汽車所需要的原動力除汽油外，還有水和滑機油，人所需要的原動力比汽車更複雜，所吃的食物要含有多種營養素，某一種營養素過多或過少，對人體都有壞的影響。

脂肪是人體需要的營養素之一，脂肪能給人體以工作的能力，產生體溫，但脂肪吃得太多容易招致發胖。肉類固富脂肪，花生也是脂肪質，吃素的人不會皮黃骨瘦，就因為做素菜用的花生油也是脂肪。需要脂肪的份量雖人各不同，惟不能不吃有脂肪的食物。最近中共政權鬧油荒，食油配售每人每月僅得二兩，實在不夠人體消耗，如果吃不起其他多脂肪的肉類以為補充，月吃二兩生油無論如何是不夠的，結果一定是體重日減。富脂肪質的食製很多，「釀油炸檜」也是多脂肪的食製。

作料：油炸檜、半肥瘦豬肉或魚肉、葱、蝦米、古月粉。

做法：先將豬肉或魚肉等作料剁之成茸，加進少許古月粉、鹽，捵之成膠狀備用。油炸檜切之每段約六七分，將肉茸釀滿油炸檜空洞

裏，然後以慢火油內炸之即成。再炸過的油炸檜香脆可口，是下酒佐膳兩宜的廉宜菜。

梅菜炆雞

吃慣了鮑、參、翅、肚的人，偶然吃一兩次青蔬豆腐，會覺得青蔬豆腐的味道比鮑、參、翅、肚不如。慣吃青蔬豆腐的人偶然吃到一次鮑翅，即使製翅的配料百分八十是「搶喉作料」，也會覺得它是珍饈，到後來這類鮑翅吃得太多，自然也覺得毫無是處。當年孟嘗君食客馮瑗大歎「食無魚」，他的前身要不是貓便是很久沒吃過魚。假如每天都有魚吃而沒菜吃，也必大歎「食無蔬」。

英國取消肉類配給第一天，主婦們紛赴肉食市場爭購肉食，一時求過於供，頓使肉價飛漲至一倍以上，且造成英國有史以來的最高紀錄。這因為英國失去吃肉的自由已十四年，而今可以大吃特吃，於是大家都多購肉食，使市場求過於供，到吃膩了，肉價也自然會下降。

天天吃蒸雞、炸子雞、鹽焗雞、炒雞球，不但會覺得做法太陳舊，甚而連雞也不想吃。愛吃雞的，假如上述做法不能引起吃的興趣，可以一試鄉下人的做法：「梅菜心炆雞」，吃來另有風味。

作料：雞、梅菜心。

做法：雞劏淨，斬件，梅菜心洗淨切成約半吋長，起紅鑊加薑片，先後將雞及梅菜兜過，以水炆至腍，加鹽味即成。

鮮蓮湯

　　商業不景，大部分人士收入減少，應酬逐極力撙節，予經營飲食者以最大打擊。尤其規模宏大之酒家，雖盡量節減開支，亦難避免虧蝕，蓋開支減少不及顧客減少之也。

　　往昔二百元一桌菜，今售一百二十元，仍鮮有食客過問。百餘元一席菜雖非豪奢，然而要增加百餘元收入則殊不容易。

　　原日點心每碟六毫者減為五毫，一籠蝦餃由三隻增至四隻，大酒家賣一元一碗之牛腩麵，四毫茶價五折，甚至有免收茶費者，但食客並沒因「抵食」而增加，反而日見縮減。回溯香港光復初期，一個枸杞蛋花湯，某大酒家敢索價廿五元，和今日的情形比較，真有天淵之別。

　　一般人雖力減應酬徵逐，惟一日兩餐則不能再減，可減者亦僅餸菜開支，然也不能完全食無肉，食無魚也。

　　同事羅拔鄭請吃一碗蓮子糖水，想起現在是有鮮蓮子的時候，蓮子食製正是合時菜式，「鮮蓮湯」是川菜，惟作料並不廉宜。假如要請客，不妨試做。

　　作料：鮮蓮子、鮮荷葉、青豆、瘦火腿、雞肉。

　　做法：瘦火腿及雞肉切粒，加入青豆一同滾湯。滾湯時即以鮮荷葉覆在湯鑊上，使湯能吸取荷葉清香。俟湯滾好後，始加入鮮蓮子，再滾半小時，稍加味即成。此種湯色、香、味三者俱佳。

薑爆鴨

署理工商業管理處處長宣佈：現行配米制度將於本年八月一日結束，惟政府將繼續保證本港存米糧足以應付緊急或供應中斷時之需要，至於緊急時期米糧的配售或散發辦法，現正修訂中。

香港人連年吃貴米，政府當局為配米問題去年也損失了七百餘萬元。香港人蒙其害，政府也無好處，配米制度不宜繼續存在，道理至明。今宣佈下月起中止米糧配售，不能不說是一九五四年政府的德政。

今年各地豐收，但香港人仍要吃貴米，影響香港工商業發展至巨。米糧為主要糧食，職工待遇、工業品成本，均與米糧價格漲落息息相關。香港正着眼工業發展，米價低，工業成本自然也下跌，市場也就較易獲得出路。

快有平米可吃，胃口也頓感增加，川式「薑爆鴨」是夏天的開胃菜，有興趣者可以一試。

作料：嫩薑芽、鴨。

做法：選購嫩鴨，重約斤半至二斤者為宜。鴨劏淨，斬件，用紹酒、葱汁、薑、少許幼鹽醃過。薑芽亦須選極嫩者，切片，略為炒過，盛起備用。起鑊用油將鴨爆炒至八成熟（爆鴨時須火猛油多），隨即加入薑芽片。俟鴨已爆至僅熟時，加味打饋盛起。

子薑炆雞

倫敦去週撤銷食肉配購統制後，過了十四年少吃肉的倫敦主婦們，一朝獲得肉的解放，爭相向肉食市場搶購，大吃特吃以為慶祝，這原是人情之常。但因此造成肉食的求過於供，肉食商人乘機抬高肉價，搞到議員們也看不過眼，謂肉食價格之高漲創最新紀錄。主婦們大吃特吃一頓以後，為了不想再替賣肉商人製造發財機會，人同此心，心同此理的情形下，集體罷購，肉食的價格至是由高峯續降。據電訊傳來，有些肉類價格已下跌低過統制時的售價，並估計有些想發肉財的商人已賠了本。

語云：聚沙成塔，眾志成城，倫敦主婦們罷購肉食竟能壓低了肉價，中共過去想控制香港生豬市場，因豬商易地廣闢來源，當局積極勸助豬農增產，也把控制計劃粉碎。豬肉價以是一降再降，豬荒的現象也不復存在。豬是主要肉食之一，豬肉價平，其他肉類的售價也不能扳高。雞是肉食中的上品，由於豬價下跌，雞價也跟着回順。際茲酷暑季候，有資格吃雞的，「子薑炆雞」該算是合時的食製。

作料：子薑、雞、蜜糖。

做法：雞劏淨切件，以料酒，生抽醃之備用。子薑去衣，切為數件，以刀拍至開裂縫，以鹽醃十五分鐘，再用清水漂去鹽味，白鑊烘乾水分，然後加油炒過，放下少許蜜糖炙透備用。起紅鑊，炒過雞，加進子薑和水，炆至夠脸即成。雞有薑味而不辣，薑也有了雞的鮮味。

蒜子網油炆生魚

大陸食油的荒渴日趨嚴重，每人每月配售僅得四兩，最近復減為二兩，一戶如為五口之家，有時每月也得不到十兩食油配售，此種現象誠為數十年來所僅見。

「食無肉」未嘗不可，「食無油」也沒多大問題，但長期「食無油」，其人不成為形容枯槁者幾稀矣。

不久之前香港人曾有食貴肉的現象，最近豬肉價一跌再跌，豬油也下跌至每斤一元五毫，比生油平三毫，雖然一斤豬油炸油僅十二兩左右，吃來確比生油可口。

中饋昨買了一斤豬油歸，頻說「抵食」。我說一斤豬油僅得十二兩。她說：豬油渣也可做一餐餸。我無話可說。豬板油每斤元半，豬網油比板油更平，愛吃濃膩食製的，不妨一試「蒜子網油炆生魚」。

作料：活生魚一尾、蒜子、豬網油。

做法：生魚劏淨，以豬網油裹之，在油鑊炸過備用。蒜子用油炸香，然後以水、生抽與生魚同炆，至夠火候即成。

炆過的蒜子有魚鮮味，生魚吸收蒜香也特別可口。我認為蒜子雖比生魚的味道可口，不過與女朋友有約會的，就不宜在赴約前吃了。

家常豆腐

「煙推英美帝，雀打老新張。」

這是嶺南才子鞠華先生在某雅集上一時興之所至，隨意寫下的對聯，當時座上皆才子，咸認鞠華先生的偶得為佳作。

我只稍懂得吃，甚麼是詩、詞、歌、賦完全是門外漢，更不曉得對聯是甚麼東西，聰明的讀者自會領略其中妙處。據名寫家，也懂得詩、詞、歌、賦的賈訥夫先生解釋：兩枱麻雀有人打新章，也有人打沒有花的 —— 以誅頂為上的舊章。兩枱英雄，除打麻雀有新章和舊章的，更分別有吸英製和美製香煙者。中共提到英國或美國，必加入「英帝」或「美帝」，「煙吸英美帝」就是有人吸英國煙，也有人吸美國煙之謂，確是工整的對聯。

我不懂詩、詞、歌、賦，只懂得吃，連日吃豆腐太多，不期而然地想起川式的「家常豆腐」，讀者對此菜也不陌生，作料和做法如下：

作料：豆腐膶、蒜苗。

做法：豆腐膶切成骨牌片，蒜苗棄去尾部不用，僅選蒜白，切段。先用生油將豆腐膶兩面煎過，以呈深黃色為度，切忌煎燶，盛起備用。用豬膏開紅鑊，爆香豆瓣醬，隨將已煎過之豆腐膶倒入鑊內，加水半飯碗，煮至水乾，打饁（饁內放少許白糖），加入蒜白，即可盛起。

綠豆田雞

歲月不居，韶光如矢，盂蘭節過後，轉眼又是中秋節。

連天傾盤大雨，迄夜未見將圓的明月，使愛月的人們不勝懷想。

今宵為晴為雨，至難預測，假如是雲橫天際，也希望滿圓的月亮衝出重圍，勿令愛月的人們仰天惆悵！

盂蘭節是祭鬼節，人們尚借祭鬼之名而大吃特吃，團圓節更是人們大快朵頤的佳日了。

除了月餅生果外，還劏雞殺鴨以慶祝佳節是由來已久的事。不管人間今夕能否看見團圓月，但人們必不肯辜負他們的口腹的。

吃的日子除了多吃而外，還要有好吃的才算不辜負口腹，偶想起一個順德菜，在這裏從沒提過的「綠豆田雞」，未審可否列入做節菜。

　　作料：綠豆、田雞、豬網油。

　　做法：先將綠豆煲至成沙，清去豆殼，去水後備用。田雞去大骨，以鹽醃過，斬為五六件，每件外以綠豆沙封之，外復以豬網油裹之約骨牌形，然後放進油鑊裏「泡嫩油」後，用大碗一隻，置大冬菇數個於碗底，隨後放進已「泡嫩油」的田雞綠豆豬網油包，隔水燉之約三小時即成。

寶鴨穿蓮

　　中秋之夜，嫦娥姐姐大概吃餅吃了個肚瀉，沒有露臉，使愛月的人們不期而想到：「明月幾時有，把酒問青天？」事實上，滿圓的月亮仍掛在天上，由於颶風小姐的倩影把人月相隔，愛月的人們舉頭看不見明月。不過，住居在香港的中秋之夜，雖看不見嫦娥，也可吃到各式月餅，總比住在廣州的，既看不見嫦娥，也吃不到作料好的月餅的人們好得多了。

　　做月餅的作料多是來自大陸，而大陸卻大鬧油荒、糖荒，而油和糖是做月餅的主要作料。工農當家的政府，真正的工人要吃一個月餅也成問題，真是始料所不及。而大陸的油荒、糖荒的造成，主要原因是屬行了「飢餓輸出政策」，把工農辛苦得來的產品全都賣光，真正的工農想吃一個像樣的月餅也不可得。

　　月餅有叫作「寶鴨穿蓮」的，食製也有「寶鴨穿蓮」一個名字。月餅的「寶鴨穿蓮」的是蛋黃和蓮蓉，食製的「寶鴨穿蓮」卻是蓮子燉鴨。

　　作料：鴨、蓮子、火腿。

做法：劏鴨去殼，以鹽少許塗過鴨身，中實以去衣去心的蓮子和瘦火腿粒，以海碗盛之，加水至八分，隔水燉四小時即成。這是一個輕清的湯菜。

珍珠魚丸

台灣有些人自從日本的漁人中了原子毒後，即不再吃台人所捕的魚鮮，這些人士可說是「恐原病」的患者。原子彈和氫彈一類東西固然可以毀滅人類，值得任何人畏懼，但沒染到原子毒的魚依然是可以吃的。台灣的魚有一個時候無人過問，後來經過舉行了吃魚大會以後，大家才再開「魚戒」。吃全魚席原是古已有之，在台灣則被目為新鮮的玩意兒；在香港吃全魚席簡直提不起人們的興趣，為的是香港每天有人吃全魚席，也有很多人吃過全魚席。因為在香港仔海鮮艇上所吃的，幾十之八九是全魚席。而生長在香港，或長居在香港的，魚是經常主要的佐膳菜。

福建人、潮州人、順德人都精於吃魚的，自然也精於魚的烹調。但廣東的高州不是產魚的地方，卻精於做全魚席的菜，像「珍珠魚丸」便是高州的全魚席常見的一個菜。

胡椒鴨

除神仙外，任何人的生命要想延續下去，吃是不能一日或免的。然而多吃和吃不夠，對健康都有影響。因此，如何吃，吃多少，吃甚

麼，便是古往今來人們還在繼續研究的問題。

東方人愛吃、爛吃，而且精於吃的，首推中國人。在西方，法國人的精於吃，也是聞名歐陸的。吃過多國西餐的人，也一致承認法國餐為西餐之中製作得色、味、香俱佳的食製。

法國人不但對西餐的製作有研究，對中國菜的做法也肯花功夫。據到過法國，吃過法國餐同時又吃過法式中國菜者說：法式中菜的「五柳魚」的製作可口，已非一般中式的「五柳魚」的味道所可比擬，因為法式「五柳魚」的甜、酸味做得很夠標準。中式「五柳魚」的酸味是醋，而法式的卻以檸檬代醋。

我沒到過法國，對法式的「五柳魚」製作得如何，當然不敢隨便批評，惟以檸檬代醋的酸味，卻是值得嘗試，因為檸檬的酸味比較可以找出酸的標準，比時濃時淡的醋好用得多。

潮州菜的檸檬鴨是用土檸檬，我試用過半邊洋檸檬燉一隻鴨，吃來比用土檸檬燉的更夠檸檬香味。又試過一次另加入五錢原胡椒同燉，酸辣味也很可口。愛吃酸辣的，這是值得一試的湯菜。

炒龍虱

秋天是進補的季節。荷爾蒙支出太多，或不夠荷爾蒙者，從食物上吸收來補充，此其時矣。

過去荷爾蒙藥劑未發明以前，需要補充荷爾蒙的人靠食物多於吃藥物。自從發明了荷爾蒙劑以後，吃食物補充荷爾蒙的人比過去減少，但據患荷爾蒙不足的人說，以食物增加荷爾蒙，效果不在藥物之下。

日來因氣候關係，本港各區發現數以百萬計的龍虱，在燈光集中的地方聯群結隊，有如撲火燈蛾。愛吃龍虱的人待龍虱撞燈後墮下，

拾而烹吃之，等於增加了若干荷爾蒙。寒夜多小便者，吃龍虱可減少問題。龍虱既有這樣好處，製法如何也值得在這裏一提。製法是先將龍虱用清水洗過，以鑊盛冷水，置龍虱於水中，用火煮之，至龍虱受熱力蒸炙，放尿後死在水裏。取出以清水洗過，去翼去邊，最後以油鹽炒熟即是。

牛睪丸

到了冬寒之季，枕蓆未暖又要作小解的人，可能是「命門火衰」，常吃龍虱即可安然高臥。龍虱果真有此奇效嗎？我未敢信，亦不敢不信，因為到而今自己還沒有過這種經驗。

據故老說，有人稱龍虱為「夜尿燕梳」，意謂冬夜小解頻繁的人，吃了龍虱等於購買了燕梳（保險）。然耶？否耶？且撇開不談，但炒龍虱的味道卻甘香可口。

提起龍虱，更想起另一種被認為含有極豐富荷爾蒙的食物：公牛睪丸。牛睪丸也是患「命門火衰」的病者宜常吃的。價值固不貴，吃法也簡單，不過要即日屠宰的，「雪藏貨」效果當然不及新鮮的好。

據常吃公牛睪丸者說，最簡單的吃法是這樣：牛睪丸洗淨，剝去兩層外皮，然後以刀切成薄片，放在一碗滾粥裏泡熟，蘸古月粉、熟油，醬油吃之。

雞生腸也極富荷爾蒙，和牛睪丸相較卻有天淵之別。常感「命門火衰」的，沒龍虱吃的時候，不妨一試牛睪丸粥。

如想粥裏夠鮮，更要加進其他作料。

肉片芥菜湯

昨日本報載，秋來菜蔬漲價，主持中饋的，為之蹙額皺眉。

價漲的原因由於新界菜造青黃不接，大陸運港菜蔬也大為減少。最靚菜心零售每斤上漲至一元。預料旬日後新界菜蔬將有大量上市，市價當可回復正常。

菜蔬青黃不接，而致供求失調是常有現象，然當新界菜蔬大量上市的時候，大陸輸港的菜蔬也會大增，菜蔬統制處對供求調節，假如沒有善策，「菜賤傷農」的情形又會重見。主持中饋的主婦固然不想吃貴菜，也不希望菜價比「大肥」的價值更低。

俗諺說：「十月火歸臟，不離芥菜湯。」現在雖還未到農曆十月，但芥菜早已上市了。

沒鮮味的清芥菜湯，除廣東人外，不為其他地方人士所歡迎的，但有味的芥菜湯，最簡單的做法是「火鴨芥菜湯」、「肉片芥菜湯」，用火鴨做的，火鴨太少，湯味不夠鮮，如用買火鴨的錢買瘦豬肉做「肉片芥菜湯」，湯味會比用火鴨的鮮味好得多，但做過湯料的肉片，吃來十九不夠滑。

要做過湯料的肉片夠滑，先用生油少許醃過肉片，再加生抽，如不用生油先醃過，滾過的肉片就不易保持嫩滑的。

炸牛睪丸

「口之於味也，有同嗜焉。」此語誠不我欺。

愛吃牛睪丸的人不多，誰曉得友好中竟亦有愛吃牛睪丸的。昨在

某茶廳遇見這位愛吃牛睪丸的朋友，談起炸牛睪丸的做法，還說到數月前一個荔枝的故事。茲先說荔枝的故事，再說牛睪丸的炸法。

他說今年荔枝來途不多，且少佳品，桂味、糯米糍最高價零售每斤四元，這非普通荔枝民吃得起。來源雖疏短，然自大陸運來香港的荔枝，有逾千擔被學會「進步」的「幹部」傾到海裏，好在這是「人民」的錢，「幹部」沒損失的。數月前荔枝當造的時候，有一次大陸運來三百餘籮荔枝，每擔素價三百元，商販還價二百七十元，負責的幹部以為奇貨可居，不肯脫手。第二天，買荔枝的不特不添價，且只付出每擔二百二十元，幹部當然也不放手。第三天、第四天，買荔枝者付出的價值更每況愈下，幹部更不肯脫手。誰知過五天以後，荔枝過半數變黑，部分且已霉爛，結果只有將數百籮荔枝運出海外，傾下海裏給魚兒作食料。大陸上「烏龍」百出，即此一端，便可概見了。

「炸牛睪丸」做法也很簡單，先將牛睪丸洗淨，剝去兩層外皮，塗上用雞蛋開的鄧麵，炸至外皮夠脆即成，吃時蘸淮鹽、喼汁。

安 南 雞

沒結婚的摩登男人，多喜歡未來太太是善於交際和懂得跳舞等新玩意的人物，但在已結婚的男人看來，太太會下廚弄幾個可口小菜，比善交際懂跳舞還來得重要而實際。因為吃是每天不能或免的事，吃有好的享受，不但對健康有裨益，甚而對心境與精神也有好的影響。我的朋友黃篤修，原是「星君」一類的人物，但對太太敬愛之篤，是任何愛情電影所難與比擬的，其中一個重要原因就是他的太太經常給他弄可口的小菜。

商會巨頭鄭光先生伉儷相敬如賓，原來他的太太也精於下廚「撚

幾味」。

　　碧川兄去月遍遊富士名勝，沐盡大和風雨，歸來以後，鄭光先生在私邸設筵為其洗塵，在下被邀陪末席，所吃到的，盡是嘉餚美饌，自不在話下，惟其中的「安南雞」卻是有生以來第一次吃到，味道奇佳，原來這是鄭光太太「撚手」的菜色。

　　據鄭太太說：這是安南人吃雞的一個做法，因此稱之為「安南雞」。

　　作料：雞一隻弄淨開為廿四件、胡椒二十粒、魚露半碗、葱六條。

　　做法：先將胡椒研成粉末，加上葱汁、魚露和勻，放進雞肉醃之約二十分鐘，然後放落油鑊炸熟即成。

葱白炒雞絲

　　新春剛過了不久，轉眼又是仲春開始，但兩天來仍是冬天季候。天文台昨日報告：室外氣溫低降至華氏表 1.8 度。街上只見本來已穿上濃艷春裝的摩登太太小姐，又已把春裝卸下，重新披上抗拒北風襲擊的皮大衣。

　　生窩原是冬天的時食，但春寒料峭，吃生窩仍不算失時。外出半天，手腳感到有點刺凍，正要打道回府，就想到「打邊爐」。走進中環街市，擬買些「打邊爐」的作料，誰曉得看遍各雞鴨枱，竟沒有鴨粉腸。這並非雞鴨枱沒有劏鴨，而是在冷的日子裏吃「打邊爐」的人多了，鴨粉腸一時求過於供，為先來者購去。鴨粉腸是「打邊爐」的上品作料，買不到也就沒興趣「打邊爐」了，只得買了半隻光雞，做川式「葱白炒雞絲」。

　　作料：淨葱白、雞腿肉（或雞胸肉）。

　　做法：葱白切段，雞肉切絲；先用油略爆過葱白備用，葱白與雞

肉之份量約為三與七之比。雞肉絲則用少許生抽、幼鹽及豆粉撈過。起鑊先炒雞絲至七成熟，加入葱白，同炒至雞肉僅熟，打饋即可上碟。

蒸豬膶

袁子才《隨園食單》提供的食製方法，其中有一部分使人感到莫名其妙，但食單裏的須知單開頭便這樣寫道：「學問之道，先知而後行，飲食亦然。」這原則是對的。「須知單」裏的配搭須知也有這樣的話：「凡一物之成烹，必需輔佐。要使清者配清，濃者配濃，柔者配柔，剛者配剛，方得和合之妙。」雖然有些剛柔作料非絕對不能配搭，但如果不悖乎食製色、味、香的標準，剛與柔也未嘗不可配搭在一起。然而日前所吃到京菜用番茄汁作「饋」的「蝦仁鍋巴」，可說是配搭錯誤了。

中秋後，本來是「已涼天氣」，惟日來的氣溫依然是「未涼時」。秋天的菜蔬已先後上市，禾蟲與禾花雀也已見過，因「已涼天氣未寒時」，至今對秋天的食品還未感到「食指大動」。廚娘購歸豬膶數兩，問她如何做法？她說：「煲豬膶飯給小孩們吃。」我說，煲豬膶飯還不及蒸豬膶可口，而用豬膶汁和飯吃，也比豬膶飯好味，還是用金菜、雲耳蒸豬膶。於是她再去購金菜、雲耳。

蒸豬膶做法是：用薑汁、生油、酒、生抽，先將豬膶醃過，然後加進金菜、雲耳蒸至僅熟即是。但，要蒸熟的豬膶夠滑，要先用生油少許將豬膶撈過，然後用薑汁、酒、生油醃之，作用在保持豬膶嫩滑。如不先用生油撈，用酒和生抽醃過的豬膶，熟後必不夠滑。

老鼠煲粥

過去不久，星架坡合眾社記者發出一個在外國人眼底以為新奇的新聞：北婆羅洲的慕魯族村人常吃老鼠，且認為是最美味的餚饌。

這位記者對於人吃老鼠認為新聞，且獲得前赴北婆羅洲考察的英科學家波魯寧博士證實。當然，這位記者也和其他歐美人士一樣，以為人吃老鼠是新奇的事，所以認為這是一件新聞。在中國人看來，人吃老鼠毫不足奇。但這新聞我認為有新奇之處是老鼠的製作方法。據波博士說：慕魯族人先將自森林捉得的老鼠置竹管中發酵六個月，然後和飯同吃，同最美味的芝士（乳酪）無異。

吃老鼠的中國人雖不比吃狗肉的多，但愛吃臘田鼠的人大陸各處也不少，吃活的剛出生的乳鼠的，和吃在牀底廚房活動的老鼠的人較少。惟據故老傳說，若干年前廣州有一個粥檔用老鼠煲粥，因粥味鮮美，招致甚多食客。

這個粥檔最初並不是用老鼠煲粥的，有一天，有若干食客吃這粥檔的粥後，大讚味道鮮美，賣粥的也不知道自己的粥的味道會忽然鮮美起來，到後來洗粥煲時才發現煲底有一隻重約數斤煲至霉爛的老鼠，才知道粥味鮮美由這傢伙而來。自是而後，該粥檔煲粥時都加入這美味的傢伙。

蟹肉菜花

香港人幾年來為了副食問題而傷透了腦筋，不是豬貴便是牛貴，魚貴或菜貴，其一種副食品的供應失調，影響其他副食品的價錢大漲

特漲。此如鹹水魚一旦求過於供，鹹水魚的售價固不廉宜，淡水魚的售價也乘機抬高。副食品是人們每日必需的食料，副食品貴了，生活指數自然提高，收入有限的受薪階級因此常為餸菜問題而頭痛。據報載，當局為扶助農牧增產，已決定設立農貸部，切實扶助農民增產。第一步計劃為以低價配售改良豬種，假如將來有好的成效，則香港也許不會再有豬荒等問題了。

生菜雖還未過造，但驚蟄以後的生菜，無論葉和梗，脆的程度減低，硬的程度增加。所謂時菜，過了時的菜蔬便會變質。昨日中饋買了生菜和椰菜花回來，我說驚蟄以後的生菜不好吃了，為甚麼還吃生菜呢？她說幼兒愛吃。有了兒子的太太，真是兒子至上主義。

廣東產的椰菜花不及福州產的肥嫩，但在香港不易吃到福州產的椰菜花。製作方法很多，如「蟹肉菜花」便是常見的食製，不過家庭間的「蟹肉菜花」，很少用上湯先將菜花煨過，因此不及菜館做的好吃。當然，為了吃菜花而先熬上湯，再以上湯煨菜花，是極不經濟的。想做得好吃，簡單的方法是：先用瑤柱熬湯。候湯熬好，即用之以煮菜花。菜花在未煮之前先「泡嫩油」。菜花煮過之後，用蟹肉與之同燴，加幼鹽至夠味，打白饌，即可盛起。用瑤柱熬湯，水不宜多，以僅敷煮菜花燴至菜花熟後而水分已蒸發無遺為度。

拍 拍 雞

冬瓜原是夏令常吃而又廉宜的上菜。

窮居陋巷固常見有人吃冬瓜，大酒家的上等筵席吃冬瓜的食製也毫無愧色成為上菜。

窮措大常吃的清滾冬瓜湯是起碼的冬瓜食製，但這些冬瓜湯不會

被富有者健羨。用竹絲雞和金華瘦火腿做成的冬瓜盅，卻使貪饞者垂涎。同是冬瓜，配上等作料炮製便成了上菜，等於人一樣，有了洋房、汽車、遊艇、別墅便成為「大亨」或「老細」，實則同其他非「大亨」一樣是圓顱方趾的人。

冬瓜所以成為上菜的另一個原因是：有消暑的作用。

談起冬瓜盅，順筆寫來一連寫了多日，記得談冬瓜盅前寫過「三杯雞」，像這樣奇怪的雞的食製名稱還有一個叫作「拍拍雞」。

「拍拍雞」的作料除嫩雞外，還有古月粉、鹽、審慎牌有酵性的麵粉。

做法：將雞斬為六或八件，搽上少許鹽、古月粉，以布袋盛之，加入審慎牌麵粉約五兩，以刀背從布袋外將每件雞拍至夠鬆，其時雞肉已蘸上不少麵粉，然後以油鑊炸之即成。吃時蘸淮鹽或喼汁。這是香酥的下酒物。因用刀背拍過，遂名之為「拍拍雞」。

色的最高峯

酒樓菜吃三次便不想再吃了，不少人有此同感。大部分酒樓菜除了製作粗劣，凡菜必以搶喉作料做味的「帶頭作用」外，少變化也是一個重要原因。

際茲揮汗如雨的天氣，在酒樓吃菜，十之八九吃到炸子雞，試問在這樣的天氣裏吃炸子雞是時抑或不時呢？大牌檔、大餉館或不必研究到食的時，然而高級食府的酒家是不能不注意的。今酒家連食的時也不大研究，難怪吃酒樓菜者，吃上三次便感到吃膩了。

假如上酒家吃菜的人，吃了兩次，便有一次吃到合時令的如荷葉雞，其他的菜也和前次的大不相同，則食客必不會感到有膩和厭。就

雞而言，四季的做法凡數百種，為甚麼一定要在大熱天賣炸子雞？邇來做酒家的整天嚷着「落行」的食客過少，致生意清淡，但又不肯去研究食客的需求。不但此也，一有機會便拿出忽必烈的本領，拿出「搵老襯」的態度來。做過「老襯」的，自然不會再做同樣的「老襯」，酒樓家的生意因之也一縮再縮。

也有些酒家，拿出一個沙律龍蝦，再裝上一對電燈的龍蝦眼，便以為是新奇之變，更以為是菜底色的最高峯。殊不知愛吃唐菜的唐人看見「沙律龍蝦」已大表反感，雖然「曹操有個知心友，關公也有對頭人」，未嘗沒有歡迎沙律龍蝦的人，不過，賣菜的酒家絕不希望食客裏有一個對頭人的。

一盅兩件與歎茶

不懂說廣州話的人，不管來自西京南京，黃河之南長江之北，香港都統稱之為「外江佬」。

大陸易手以後，香港來了數十萬「外江佬」，其中有腰纏萬貫，衣、食、住、行都講究排場，舉手投足都不脫「大亨」本色，自然使香港白領階級和打工仔們艷羨不已。雖然所謂「排場」排得多久，「大亨」的牌底是撲克中的「王牌」還是「二仔」姑且不論，有些「大亨」除了愛吃家鄉菜外，也常到廣東酒樓吃其白汁石斑，便以為是最佳的廣東菜。也有飲劣等洋酒便以為是外國佳釀，女職工們叫幾聲「乾爹」，吃一兩百元菜賞小賬一百元的情形，在酒樓隨處可見。

「外江佬大亨」雖愛吃，但卻少見他們上廣東茶樓，不曉得是否因為茶樓不能講究排場，或點心不合口味？不過，不少「外江佬」對於香港人的飲茶，不大弄得明白，倒是無可否認的事實。

有一位「外江佬」朋友常問我：「你們『飲茶』喝了一肚子水，只吃一兩碟點心，為甚不多吃呢？」更有人認為香港人或廣東人「孤寒」，不像外江佬吃就吃個痛快。由此可見，外省人對廣東人的飲茶確是不大明白。

＊　　　　　＊　　　　　＊

　　名作家任畢名先生最近在《星島晚報》《閒花集》「一盅兩件」一文開頭便這樣寫道：「生活的寫意、閒趣，無過於廣東人的『一盅兩件』了。既不傷廉，也不傷胃，再也不表示寒傖，三者俱備，有甚麼比這個寫意？」事實上今日的茶樓和往日的已不同，香港飲茶和在廣州飲茶也有分別。最明顯的是香港飲茶的氣氛是閒適中而帶緊張，廣州飲茶的氣氛是很舒徐的。這因為香港生活比廣州緊張。

　　飲茶也稱為「歎茶」，歎的意思是舒舒服服的享受。由此可見，飲茶以茶為主，吃為次，因此茶樓的茶一般說來比酒樓的茶講究。「免收茶費」酒樓是無所謂的，茶樓則必不會「免收茶費」，這因為茶樓用好茶。從前茶樓「分二」和「二分四」茶價有明顯區別。茶樓用茶的好壞，和生意好壞幾成為正比，因為「歎茶」的茶客多為知茶之士。某茶樓突然用了較差的茶葉，茶客因此顧而他之是常有的事。

　　酒樓雖也兼賣小點，但酒樓所用的茶，幾乎沒有一間用茶樓一樣的好茶。這因為酒樓賣菜是正業，賣點心賣茶是副業。酒樓不但少用好茶，也不講究泡茶。酒樓大多先用大量茶葉泡成一壺濃茶，女職工們稱之為「茶精」。客人要茶時，先將茶精少許倒在茶杯裏，再加入開水。

＊　　　　　＊　　　　　＊

　　愛歎茶的人，不會喜歡喝用「茶精」泡的茶。有些為外江佬不明白為何酒樓「免收茶費」，點心價錢也和茶樓相同，甚而有些比茶樓更便宜，還有打扮如花似玉的女職工招待，地方也常比茶樓寬敞，為甚麼茶費照收的茶樓還有那麼多顧客？殊不知歎茶者第一個目標是「水滾

茶靚」，其次是點心；女職工靚與不靚，與歎茶無關。假如水不夠滾（並非生熟問題；泡茶時水不夠滾是常見之事。）茶不夠靚，女職工即使是楊玉環、趙飛燕再世，點心夠斤兩而做得精美，也不易獲得這輩歎茶者天天光顧。

上酒樓吃菜，進茶室吃粥、粉、麵、飯，上茶樓「歎茶」，雖都離不開吃喝，但在「食在廣州」的廣東人看來，三者是不能混為一起的。上酒樓吃的以菜為目的，在茶室吃粥、粉、麵、飯以充飢為目的。上茶樓歎茶既不是欣賞菜做得好與否，也要有充裕的時間，所以歎茶者極少草草喝幾杯茶，吃了幾件點心便走的，這樣就不算歎茶了。任畢名說：「古人說得好，『無事小神仙』，本來無事，而似乎又有事，似乎有事，但本來無事……『一盅兩件』，似有事而無事，無事而又似有事，箇中風味，惟了解神仙生活者才懂得享受。」這樣描摹「一盅兩件」的歎茶是很貼切的。

＊　　　　　＊　　　　　＊

「歎茶」不但與吃粥、粉、麵、飯，上酒樓吃菜有別，和「食晏」也有不同。

「食晏」之晏是早晏之晏，晚也，與香港食店所稱的「大晏」兩個（兩大碗白飯之意）晏字相同。日吃數餐的，也稱早餐為「早晏」，但晚餐卻沒人稱之為「晚晏」。所以「食晏」既非早餐，也非晚餐，而是早晚之間的餐食。廣東人原本沒有西方人的 "Afternoon Tea"（下午茶）的習慣，那麼「食晏」當然是中餐或午餐了。

「食晏」既是中餐或午餐，一般都不是習慣午餐多吃。再從「大晏」代表白飯而言，「食晏」當然是有飯的。有飯的「食晏」自然和吃幾件「點心」點一下心不同，而且是要吃飽的，所以「食晏」和「一盅兩件」的歎茶，也有不同。雖然有人晨早上茶樓歎其「一盅兩件」，中午上茶樓「食晏」，晚上也上茶樓「歎茶」；同是吃喝，但吃喝的多寡卻大有分別。

早上正宗的飲茶是以茶為主，點心為賓（飲茶後即要上班的人，飲茶以飽為主茶為賓，不能稱為歎茶）。中午飲茶以飽為大前提，茶為次；晚上飲茶是藉茶聊天或以茶會友，談到渴時飲一杯，見到合口味的點心則吃一件，但不能與「消夜」混為一談。雖說飲茶同時也可以「消夜」，正如上茶樓可以「食晏」一樣；飲茶可以兼消夜，但飲茶與宵夜原是兩宗事。

＊　　　　　　＊　　　　　　＊

　　「一盅兩件」與西方人的下午茶，目的相似，喝一杯茶，吃一件蛋糕之類餅食，主客之間談談東，說說西，主要目的，作用不在喝和吃。

　　「一盅兩件」可說是寓飲茶於娛樂，藉飲茶看報聊天。如果喝得適當，茶對人體、腸胃都有益處。喝了茶後再吃一兩件點心，則腸胃也不致沒有工作。

　　一盅是一盅茶，兩件是兩件點心，也許是由來已久的形成習慣。過去生活稍過得去的廣東人，每天吃三次至五次。由於吃的次數多，每次食量自然比僅得「一宿兩餐」的人少。廣東人吃飯時間多是朝九晚五（早飯九時，晚飯五時）或「朝十晚六」，於是在兩餐前後還是要吃東西的，那便是飲茶和消夜。比如十時吃早飯的人，清早起牀以後工作之前，到茶樓去喝一盅提神醒腦和清潔腸胃的茶，吃一兩件點心，到吃飯的時候已消化得七八，不會影響到吃飯時的胃口。日子久了，「一盅兩件」便成了一種習慣。進而講究喝甚麼茶，吃甚麼點心，所以有好茶好點心而價錢不貴的茶樓，便成為小市民的最好去處。久而久之，便有了茶癖，每晨如果沒去過茶樓，好像少做了一宗事。正如有紙煙癖者，沒煙吸時如有所失。沒事時也到茶樓去，開一盅茶，吃兩件點心，看看報紙，與朋友聊天，坐上一兩個鐘頭，便是歎茶。

＊　　　　　　＊　　　　　　＊

　　飲茶有益是舉世公認的事實。紀元前二千七百三十七年，中國人就懂得喝茶和懂得喝茶的樂趣，而西方人到一六五七年才知道茶是甚

麼東西。

　　喝茶所以有益，因為茶裏含有維他命甲、乙、丙、丹寧酸、提神醒腦的茶素和強化血管的魯汀；喝茶如得其方，有益無損。一盅兩件的歎茶，還不算最講究，但寓茶於消閒，寓茶於吃，倒是很衞生而又是閒情逸致的玩意。至於喝茶最講究的，當推福州人和潮州人。據說潮、福人有因喝茶而傾家者，對茶講究可見一斑。

　　同是一盅兩件，同是歎茶，香港還不及廣州夠樂趣，主要原因是香港一般生活比廣州緊張，其次泡茶沒有佳泉，點心不及羊城精美。就茶樓氣氛而論，廣州茶樓所見到是從容不迫的，有些茶客的臉容比寺院清修的和尚更舒徐，這是在香港不容易見到的。

　　到茶樓飲茶，俗諺有稱之為上高樓的，因為過去廣州茶樓最高一層茶價最貴，講究衞生的茶客，利用一二百梯級，作為散步，不像香港闊佬們坐汽車到摩星嶺散步，上二樓飲茶卻乘升降機。至於太子爺、二世祖之流，每朝托着一籠白燕或畫眉上茶樓等一類的閒逸，也可說是無聊。

　　關於歎茶故事多得很，以後慢慢再談吧。

五香八寶鴨

　　廣東菜的「八珍鴨」或「八寶鴨」是六七十元的包辦筵席，以至酒筵席上常見的食製。

　　雖然上得筵席，但「八珍鴨」或「八寶鴨」本身實在是粗菜，尤其平價筵席上所做的。鴨本來有鴨的味道，八珍或八寶的作料無助鴨味的彰顯，有些甚至連鴨本身的味道也打了折扣。用湯盆泡熟的鴨，若干鮮味已在湯裏；有些八寶或八珍鴨，肉無鮮味，就因為鴨是泡過

湯的。

友人日前宴客，先以菜單見示，裏面有八珍鴨，我問為何不要「紹菜扒鴨」呢？他說客人食量大，「八珍鴨」除了鴨還有其他作料可吃。那我無話可說了。

我想不少人像我一樣，不大喜歡吃「八珍鴨」，愛鴨者不妨一試廈門菜的「五香八寶鴨」。

作料：肥鴨一隻劏淨起骨，糯米、冬菇、豬肉、栗子、鴨腎、蓮子、筍角、五香粉、蝦米、葱白。

做法：先將作料炒熟加味，塞進鴨肚，約八成滿，以針線縫之，復將豉油塗勻鴨身，放進油鑊裏「走油」，然後以瓦器盛之，隔水燉至夠腍即成。

香脆之法

今年西瓜大平，荔枝也不貴，惟所見荔枝的只是玉荷包、黑葉，而桂味、糯米糍到今天還未發現。

說起西瓜，偶然想起一句北方成語：王八吃西瓜。

我初到北方時，聽到這句成語，不明白它的意思。雖知北方人稱龜為王八，然而「王八吃西瓜」究竟是甚麼一回事？後來才知道意思：扒的扒，滾的滾。西瓜是圓的，王八的爪太小，扒西瓜時西瓜滾開去，再扒又再滾，於是扒的不斷再扒，滾的也繼續再滾，王八依然吃不到西瓜。

詢諸一位北方同事，他也不懂得它的意思，反而要我給他解釋，隨後並語我：「廣東的『生炒排骨』等於我們外江的『糖醋排骨』，實在不是炒，為甚麼叫生炒呢？」我說：「『生炒排骨』的生字表示排骨

是新鮮做的，青椒等配料雖經過炒，實際以炸為主。外江名之為『糖醋排骨』或『醋溜排骨』，比較貼切。」

外江的「糖醋排骨」，一般說來較粵式的香脆，原因是着重香脆，粵式的則着重甜醋味道，其實香脆和味均須顧及。香脆之法是將排骨拖過熱水，蘸上生粉後慢火炸多一些時候即成。還有一個做法是將排骨先蘸上濕馬蹄粉後，外層再蘸生粉，慢火油鑊炸之。

食經・下卷

第十集

食之為用大矣哉

潘友誠

　　食之為用大矣哉！或曰：知乎食者，可以知人生矣。不觀乎人類社會之一切乎？其喜也有宴，其悲也亦有宴；如婚嫁也有喜宴，祝生辰也有壽宴，兒孫彌月也有薑宴，喪祭也有慰宴，商店之開業與社團之慶典也有慶宴，賀人之得殊榮也有榮宴，慶人之退休也有歡宴，迎人也有洗塵宴，送人也有餞別宴，親友間之歡聚也有宴，舉凡人與人間之一切酬酢，無不以宴出之，以表其誠敬歡樂之意。

　　夫宴者即食也，俗有「民以食為天」之諺，粵人更有「食在廣州」之言，是可見「食之為用大矣哉」，為非虛言矣。

　　食者，世傳易牙知味，然易牙知味而已，口之於味也有同嗜焉，故欲求知味，必先知製，不有善治饌者，何以滿足知味之士？特級校對君，精研食製，所寫《食經》鳴於時人，其知味亦為知製，亦即所以使人人能知味知製也。

　　《食經》專集今已刊行第十集矣，世有欲知味知製者，宜有此經。因念食之為用大矣哉，用為之序。

醬 肉 絲

　　香港人見慣了英式民主。港督的民主風度，高級官員和二三等以下的公務員的民主面貌如何，香港人心裏有數。美副總統尼克遜來港訪問，在各種歡迎集會上，除賣了大高帽外，還大量推銷美式民主，街頭巷尾反應極佳。

　　尼克遜前日在某歡迎會上，對衣冠煌然歡迎他的人，只舉手招呼作了，卻很熱切的與穿唐人短衫褲者懇摯的大握其手，使唐裝客們受寵若驚。有人說，尼克遜競選副總統時愛搞這一手，可惜他此來並非競選，不然「入圍」大有可能。由於美式民主市道甚佳，和英式民主比較一下，是一幅精彩的諷刺畫。

　　愛看足球又愛吃的某太太對我說：「尼克遜說唐菜很好吃，那天的菜是不是做得好？」我說：「哪裏曉得？假如你請我吃飯，我也會說你的菜做得好，實際上即使做得劣極。」某太太頷首笑了。隨着她又說：「豬肉平了，吃了好幾天豬肉，想不到有甚麼新的做法。」要我告訴她一些豬肉食製的做法。於是我說：「你可試試川式醬肉絲。」

　　作料：瘦豬肉切絲、葱白切絲，量約為豬肉六分一，京醬每六兩豬肉約用三至四錢。

　　做法：先將豬肉絲用少許料酒、生抽、幼鹽醃過，炒至九成熟，加入京醬略炒即上碟，最後加入生葱白絲，味香醇，為佐膳炒品。

清湯雞卷

在紳士的國度裏，銜頭最多，盛大的宴會上，紳士與紳士之間要稱呼銜頭，不然就會有人暗地訕笑你不夠紳士風度。

在美國，總統是第一把交椅的人物，他除了享有應享的地位和權力外，只贏得「先生」的稱謂。如果你寫信給總統，稱為「總統先生」便夠禮貌。英國有英式的民主，美國有美式的民主，美國總統稱先生，也可說是美式民主的特徵吧？

幾年來訪港的貴賓一時記不了那麼多，但在盛會上演說大讚女職工美麗的，當以美國副總統尼克遜為第一人，副總統夫人當時坐在旁邊，不知道紳士們聽了有何感想？

翻讀《淘大食經》，裏面有多種廈門菜，這是拙作中少見的，用特介紹一二，吃膩了廣東菜的朋友也許高興一試。

「清湯雞卷」是一個上等的湯菜，味固佳，製法也簡便，做法如下：

作料：肉眼（靠脊肉處之赤肉）、冬筍、香菇、雞肝、板油、紅蘿蔔、火腿。

做法：肉眼切片約吋半長，其餘作料均弄熟，切條（長度與肉眼同）。肉眼用古月粉、生粉、豉油各少許拌勻，攤開，將其餘作料每樣一條，捲成條狀，外用韭菜白紮好，疊成一碗，蒸熟，另備雞湯或骨湯一碗，吃時再以湯碗盛雞卷，加湯即是。

讀者須知

　　淘化大同公司總經理，綽號「篤爺」的黃篤修，是爛飲、爛吃之流，他底太太瑩筠女士為了丈夫是一個爛吃的傢伙，也學會了做好吃的小菜，是拙作的忠實讀者。由於「有同嗜焉」，「篤爺」選了拙作的一部分，出版《淘大食經》，頃已印成平裝與精裝兩種，蒙賜贈精、平裝各一冊，設計印刷都頗為精美。我在書中寫了一篇「讀者須知」，解釋書中引用的術語。由此我前後接到不少讀者來函要求解釋，有時太忙未暇作答，良以為歉！現將該書的「讀者須知」移刊在《食經》裏，答覆先後下問的讀者。

　　（一）「泡嫩油」和「泡老油」都是酒家廚師的術語。例如炒雞球、炒魚球等都是經過泡嫩油後才炒的。做法是將油煮滾，用炸籬盛着雞或魚肉，放在滾油裏搪幾下即取出，僅使雞或魚肉二三成熟。至於羅漢扒鴨的鴨炸至焦黃色則謂之「泡老油」。

　　（二）「出水」是在製作前將原料用水滾過，做魚翅、牛腩等都要經過這一番手續，酒樓術語謂之「出水」。

　　（三）「澄麵」是已沒有膠質的麵粉。是根麵（即做麵包用的麵粉），取去了做素食的所謂「麵筋」後剩下的渣滓，澄清後去水曬乾就是「澄麵」。炸生蠔要用「澄麵」，就因為澄麵已沒有了膠質的阻隔，滾油容易滲進裏面，使物體能直接遭到滾油的煎迫。

　　（四）饙的主要原料是豉油生粉或馬蹄粉，也有些食製在打饙時配味，這要看哪一種食製而定。

　　（五）做紅燒鮑翅和紅燒鮑甫的饙是要濃和多，故謂之「推饙」，也是酒樓術語。炒牛肉、炒蝦仁所用的饙是少到幾乎在碟上看不見的，是普通饙。白饙用生粉並加少許沒有色素的調味品如生抽等，炒魚球

就是用「白餸」。「甜酸餸」是生粉外還加上糖醋鹽；外江菜的糖醋排骨，吃到的甜醋味就來自「甜酸餸」。

雞汁臘味飯

拍馬屁是某些人必需具備的本領，像做所謂「傍友」的，就要具備高明的拍馬屁本領。這樣本領不高明的「傍友」，當然不易獲得被「傍」的「老細」或大亨寵信。

但是拍馬屁的人，有時也拍着馬尾的。比如「老細」是波迷，而且最愛看侯榕生踢波，「傍友」卻說看足球費時失事，還說侯榕生不及吳祺祥，便是拍着馬尾之一類。

據巴黎電訊報導，一個姪兒請他有錢的叔叔吃飯，拿粗劣的菜給叔父吃，幾個月後，竟獲得叔叔贈給他全部遺產，其他姪兒都請他吃好菜，卻得不到叔叔的遺產。他叔叔的遺囑上有這樣說：「我有姪兒姪女十一人，我不知我的財產如何分配，乃決定寫信給他們，要各請我一餐。其他的姪兒姪女都以鵝、雌雞、子雞等好菜和美酒饗我。只有奧萊斯記起我是喜歡粗菜和不飲酒的，所以將遺產給他。」

這個叫作奧萊斯的姪兒有資格做得頭等「傍友」，雖然他不是「傍友」。

過去廣州有一個廚師也因「傍」的本領高明，而獲得老闆寵信。這位老闆是懂得吃的「二世祖」，當廚師被僱的第一天，老闆給他等於現在港幣十元買菜錢，只要吃一小煲臘味飯。這位精於「傍」術的的廚師，不慌不忙地拿十元去買作料，做了一煲臘味飯，「二世祖」之流的老闆不以為過昂，反大加激賞，認為這位廚師是最好的廚師。原來這

位廚師拿了十元後，買了一隻雞和最好的臘味，先將雞熬汁，再將雞汁作米水，這些飯味當然可口。

茨菇煮臘肉

有東方之珠底雅號的香港，也是遠東足球的發祥地，球星波霸，多似天上繁星。而愛看足球比賽至於成迷者，更比戲迷、馬迷、影迷等不知多若干倍，其中又有新迷、老迷，更有所謂三代迷者。波之魔力誠大矣哉！

最近，由於新建三合土球場落成，同時又有所謂大波上演，成為香港報紙佔了甚大篇幅的新聞，甚至有世界性的板門店預備會議的新聞，在若干香港人底心坎裏，不比傑、南或星、巴大戰重要。傑、南大戰去週末已演完，到今天的報上仍不厭求詳地刊登有關於傑、南大戰新聞，讀者們也不以明日黃花視之。

「我的朋友」某君的胖太太，自承是天字第一號球迷，也是拙作的忠實讀者，以予為報館校對，自多體育的內幕新聞，每與晤面，波是必談的題目，跟着也拉到食的問題上去。昨天一見，又提到幾天前寫過的斗洞茨菇。她說：「斗洞茨菇這麼好吃，不曉得香港能否買到？最好的做法是怎樣？」我笑說：現在還是暮秋，茨菇是冬天才有，普通茨菇還未見上市，斗洞茨菇去哪裏找我也不曉得；吃到廣州泮塘的茨菇已算佳品。我未吃過斗洞的茨菇，好吃到怎樣，也不曉得。家常菜的茨菇做法，最好是用來煮臘肉，先將茨菇洗淨，煲熟，再以蒜頭起紅鑊，稍爆過臘肉，然後加進茨菇和煲過茨菇的水，煮至夠火候加味即成。

爆雙脆

　　讀者袁蕙芳小姐來函云：「我愛吃外江菜館的『爆雙脆』。我底丈夫每頓飯要喝兩杯，『爆雙脆』也是他喜歡吃的下酒物。有些外江館做這個菜很夠脆，有時也吃到不夠脆的雙脆。顧名思義，我以為『爆雙脆』一定要做得夠脆才合標準，不脆而微帶韌性的雙脆當然不合標準。為了丈夫愛吃，我也試做這個菜兩三次，都是不夠脆而微帶韌性的，也許是我的做法不對，或還有甚麼秘方？我想先生或許曉得它底做法吧。有便請在《食經》裏賜答，謝謝！」

　　答：外江館賣的「爆雙脆」的第一脆是雞腎或鴨腎，第二脆是豬腰。這個菜要做得脆，確有其可脆之道；如以為將豬腰切成花形，以油爆之即脆，這是不會的。外江館做這個菜，除將雞腎或鴨腎洗淨，切成花形外，豬腰則要腰的周圍，腰心則不要（因為腰心部分無法弄得脆），然後切成花形備用。

　　爆的方法也有研究，我見過這個菜做得好的廚師是這樣做法：

　　先預備豆粉水和鹽少許，以碗盛之，另切好約一吋長的蔥白約十餘個，一鍋滾着的開水。

　　燒紅油鑊，以炸籬盛着腰花腎花，先在開水裏一泡，立即撈起，隨即放入油鑊，加入蔥白一兜，加饋即可上碟。爆得過老不脆，過嫩，不一會腰腎都會滲出血水。做得好的「爆雙脆」要脆又不出血水，這就講究火候的控制了。

相米放水

　　昨談的「瓦罉臘味飯」以飯為本，臘味為末，做得好不好，第一是飯，其次是臘味。不然，即使有最佳的臘味，飯煲得不好，本末倒置，失去吃臘味飯的原意。

　　就吃米的中國人而言，入廚房第一件事大致是要學會燒滾水，第二是要學會煮飯。因此，愛入廚房的，誰都懂得煮飯，但未必一定都煮得好。這因為米的種類太多，米質也不同，用水的份量自然也大有不同，大鑊大竈煮飯與用瓦罉煮三四個人吃的飯，凍水落米與滾水落米，所用的水量和火候都大有分別，要詳細研究起來可以寫成一部大書。但這是教授、師奶以至烹飪專家研究的範圍，每天刊登幾百字的《食經》是談不了這樣大的題目的。

　　袁子才對於煮飯之道也甚重視，他說：「粥飯本也，餚菜末也，本立而道生。」又曰：「飯者百味之本。」詩稱「釋之溲溲，蒸之浮浮」，是以得知古人亦吃蒸飯，但終嫌米汁不在飯中。善煮飯者，雖煮如蒸，依舊顆粒分明，入口軟糯，其訣有四：一要好米。二要善淘，淘時不惜工夫，甩手揉擦，使水從籠中淋出，竟成清水，無復米色。三用火要先武後文，悶起得宜。四要相米放水，不多不少，燥濕得宜。這四訣只是一個原則，要煮得好得講經驗。比如：「相米放水，不多不少」，怎樣相米呢？又如何才是不多不少？都是一個大問題。

　　羅斯福夫人說得好：「實驗比讀食譜來得重要。」瓦罉臘味飯要煮得好，實驗多幾次，自然可以體會到何為好何為壞。

宮保雞丁的故事

　　吃過不少「公保雞丁」或「宮保雞丁」，至今還未知所指的公保或宮保是誰？日昨在「公保田雞」裏談及不知公保為誰，頃獲讀者「私家校對」君來函提供資料，愛吃「宮保雞丁」的讀者也想知道它底故事吧！用錄原函如下：

　　　　昨閱貴報副刊《食經》一欄，所述「公保雞丁，是四川菜，卻不曉得公保是誰。」本人自香港事變，間關內進，旅渝三年，曾以公保雞丁名詞，請教於當地友好之愛好掌故者。據說：「宮保雞丁」為丁宮保之廚師所特製，丁宮保宴客，必有此菜，於是川人稱之為「宮保雞丁」。亦猶諸廣州所稱「伊府麵」及華僑所稱「李鴻章雜碎」，同為紀念其發明人之意。茲錄丁宮保略歷如下：丁寶楨，字稚璜，貴州省人。清咸豐進士，屢征苗番捻子，俱有功。同治間，擢山東巡撫賞太子少保銜。太監安得海私出，行至山東，寶楨獲而誅之，尤有聲於時。（安得海私奉慈禧太后命，南下織造御衣經山東，寶楨馳報恭王，恭王請慈安太后旨，以太監出京，有違祖制，即諭寶楨就地誅之）。光緒間，擢四川總督，卒諡文誠，世稱之為丁宮保。

一品元寶

　　拿樂器在舞台上作伴奏的，謂之樂師，「老橫」，也有稱之為「玩家」的。玩家與「老橫」的分別是業餘的與職業的。

做京戲的，如非靠做戲討生活而又懂得做戲的，叫作「票友」，「票友」中唱做俱佳的，更被稱為「名票」。

吹彈唱做的既有「玩家」、「票友」，精於吃和高興「撚幾味」的，也許可稱之為吃的「玩家」、吃的「票友」。

原是靠聽筒過活的羅軻，是吃的「票友」。今幹起藍鷹餐廳中菜部的經理，等於宣告結束他的「票友」的資格。有些「票友」的唱做，不一定比上「名角」，羅軻做菜館雖非很內行，但精吃會做的人做出的菜，一定懂得做好菜的箇中三味。

「一品元寶」是羅軻設計的菜，原是大陸各地所常見的家常菜「獅子頭」，然而羅軻設計的「一品元寶」實際上和一般的「獅子頭」有不同的地方，因特名之為「一品元寶」。

所不同的是製作上講究，用的作料也有出入。羅軻的「一品元寶」的肉茸，瘦的用刀剁，肥的切小粒，再加上葱白，馬蹄小粒、酒、薑汁，生抽，混和後撚成四個圓球，外蘸濕生粉以油鑊炸之，再加上時菜，有味湯，慢火煨之半小時即是。上碟時菜墊底，味甚鮮濃，香鬆可口。

梅菜釀鯉魚

吃濃的食製太多，偶爾吃一頓清的會覺得很可口。平常不吃素的人，偶然吃一次做得好的素菜，自然也不會覺得素菜無肉味而難於下嚥。黃花魚的零售價大平，然而天天吃黃花魚也會厭膩。鹹水魚價廉，淡水魚售價也跟着下跌，吃海魚太多，吃一次塘魚也會覺得塘魚的風味更好。

「春鯿秋鯉夏三黧」，秋天的鯉魚特別肥壯，內子昨購鯉魚一尾，原想做「薑葱鯉」，我拿來一看，原來是一尾母鯉魚。我問為何不購公

鯉魚呢？內子答道：「我要的是公鯉魚，賣魚的替我挑選的。」劏開一看，果為母鯉，內子無話可說。

我曉得一個用梅菜釀的鯉魚做法，茲為讀者介紹。

作料：梅菜心、鯉魚、紅青辣椒、豆瓣醬。

做法：先將鯉魚劏淨（去鱗與否聽便）備用。辣椒切絲，梅菜心切小粒，用油鑊炒過，炒時加入少許糖、鹽，然後將梅菜放入鯉魚肚裏面。起紅鑊，先爆辣椒絲，再下豆瓣醬，稍兜過，加水燒至滾，最後放入已釀好梅菜心的鯉魚，紅火炆兩小時即成。兩斤以上的鯉魚要炆三小時，才夠腍滑。

鍋 貼 明 蝦

邇來豬、牛、雞、鴨的售價固然普遍下跌，海上鮮的售價也未能例外，其中一個原因是一年一度的黃花魚汛業已開始，大量黃花魚湧進魚市場，供過於求，其他海鮮的售價也受了極大影響繼續下跌，這也是白領階級的一個喜訊。

本年黃花汛還未到「大造」時期，黃花魚的售價已一跌再跌，據內行人預料，最近售價下跌可能創新紀錄。魚枱上的黃花魚每斤售價在一元左右，魚市場的批發價每斤僅四五毫。魚到買魚者手裏，付出是漁民所得的一倍，中間者的利潤似不比炒地產為低。漁民捕魚成本，據估計每斤也在四五毫之間，所得的不能超過所支出的，於是「捕魚人兒世世窮」。吃魚者付出的代價雖不少，但漁民卻未得溫飽。

魚價賤，蝦價自然也貶價，較大的新鮮中蝦，零售價每斤兩元上下，愛吃蝦者此其時矣。

「鍋貼明蝦」是鮮、濃、甘、脆的下酒物，也是補火食製。

作料是：雞蛋、過了一夜的枕頭麵包、蝦、芫荽。

做法：蝦去殼，切雙飛，麵包片薄後切成骨牌形，雙飛蝦肉置麵包片上，蘸勻雞蛋，蝦面加上芫荽葉兩片，放在油鑊裏炸至微黃即成，吃時蘸淮鹽、喼汁。

不用新鮮麵包，原因是容易切得薄。

煎炆豬腦

在中國人看來，人吃老鼠，老鼠吃人，用老鼠煲粥，都不是新聞。但，靠賣老鼠肉以維生計的，卻不是大部分中國人所知道的事了。

從前廣州窮街陋巷的粥檔，粥味鮮美，而售價特廉的，幾十之七八是用老鼠肉煲的，而用來煲粥的老鼠肉，另外有一個賣家。這個賣家每夜拿着一盞燈，一枝鑲有尖刃的竹竿，跑到老鼠出沒最多的地方去做獵人。先把燈放在較遠的地方，靜看目的物活動到有利刃的竹竿可及的範圍內，看個正着，提利竿插去，吱的一聲，目的物冒出鮮血，直到不能再活動時，才自利竿上脫下來放在布袋裏，歸而劏淨、去毛，才賣給需要這種貨物的用家。這是一個老廣州人告我的故事。寫到這裏，不想再寫下去，為的我也有「反胃」的感覺，還是提供一個「煎炆豬腦」的做法讓讀者一試：

作料：豬腦。

做法：豬腦洗淨，去外衣，蒸至僅熟後，切成厚約二分之骨牌肉。用油煎至兩面呈黃色為度，再用油爆過豆瓣醬，將已煎過之豬腦放入，炆約十餘分鐘，加饍並加入葱絲即可上碟。

蛇燉翅

　　在肉和糖也被認為奢侈品的地方，際茲「秋風起矣，三蛇肥矣」，想一快朵頤固比登天還難，恐怕連做夢也屬於「反動」。

　　各項肉食普遍降價，合時的三蛇售價也未成搶手貨，愛吃三蛇者付出代價也比往年為廉。我以為吃蛇要得到實在益處，還是自己動手較佳，最簡單的做法是買三蛇肉熬湯，蛇肉不要，僅飲蛇汁。請客要吃蛇，也不一定要做蛇羹。假定請客菜有魚翅，可以先熬好蛇汁，再將蛇汁燉翅，要味道濃可以加雞同燉。為了客人吃翅時也吃到蛇肉，可多購兩條水律，在熬蛇的湯裏滾熟後拆絲，到魚翅燉好前加進翅裏，同燉二十分鐘即成。

蛇煲翅

　　「蛇燉翅」為甚麼不是蛇與翅同燉？蛇翅都要經過不少火候燉熬，同燉豈不是省去不少柴火？既然是蛇燉翅，為甚熬過湯的蛇肉不要，而須另購水律煲熟拆絲再與翅同燉二十分鐘？其中道理，實在也有向不慣吃蛇的讀者解釋的必要。

　　第一、翅的標準是要夠腍夠滑。熬過湯的三蛇肉必不滑，不滑的蛇肉放在腍滑的魚翅裏，吃來使人感到魚翅也不夠腍滑。第二、蛇骨很小而有角鈎，拆蛇肉時稍不小心就會留在肉裏，不慎吃到這些有角鈎的小骨，對腸胃很大危險，為安全計，熬湯的蛇肉最好不要。蛇的精華已全部在湯裏，不吃蛇肉也不算暴殄天物。如果吃蛇燉翅，形式

上一要有蛇肉的話，就加水律絲，因為水律肉多而嫩滑，當年江太史的蛇羹也是用三蛇熬汁，燴羹時放水律絲，蛇羹裏根本沒有飯鏟頭、金腳帶、過樹榕的肉。

如果嫌燉太麻煩，可用蛇煲翅，先將翅弄淨後與三蛇、雞同煲至夠火候，然後加味即成。

做法先熬蛇汁，後去蛇留汁，再將汁與翅和雞同煲。以布袋盛三蛇同雞和翅同煲也未嘗不可，吃之前把盛蛇的布袋拿去。陳皮、薑和少許酒是少不了的配料。

蠔油橙皮

最近，美國紐約哈林醫院雅倫醫學博士發明了一種新藥，英文名字是 Citrus lmvonoid，中文名叫「橙類皮素」，幫助醫治癌病最有功效。

這種「橙類皮素」是從橙、檸檬、葡萄的皮層抽取一種元素，製成藥衣，包裹各種藥物，使患癌症的人吞服了，可以減輕 X 光的力量，讓接受 X 光治癌症的病人，可以接受更多量的 X 光而可使皮膚避免受傷。

據說，醫治癌症比較有效的方法，就是利用 X 光照射，光力愈大愈見效，但過量又傷害了病人的皮膚。吃了「橙類皮素」以後，病人的皮膚自然會生出抵受 X 光的功能，病者就可以接受更多的 X 光照射。這樣說來，吃橙時橙皮也吃掉，豈不是更直接吸收了對皮膚有益處的元素？但這非《食經》討論的範圍。

提到橙皮，想起有人用橙皮做過上菜，這是金龍酒家司理高漢先生「傑作」之一的「蠔油橙皮」。

據說，高漢做的魚翅，極為食家所激賞，如酒樓業巨子鍾林先生吃過高氏做的魚翅也認為是行內的頂品。實際如何，因未嘗一試，不敢妄論，但橙皮所含的元素既對皮膚有益處，則「蠔油柚皮」既可成為上席的菜，「蠔油橙皮」的地位，也許不會次於「蠔油柚皮」，未審高漢先生願否將其「傑作」公諸同嗜？

伊府麵

　　「恭喜發財」是「新正大頭」見到戚友或同戚友拜年，見面後第一句話。由此可見，發財是人人希望的事，但希望發財的人，真正達到發財目的的，不會太多，如果人人都發財，則全世界字典不再會有窮字。

　　竊以為，現在還未發財的人，除了希望自己發財外，起碼還要希望朋友發財。雖然朋友發財不會分給你一半，退一步想，也是有利無害。雖然有些人發財後眼睛馬上高生在額上，看不起未發財的朋友，不過，從好的方面去想，已少一個可能向你借錢的朋友，從壞方面說，你多一條借錢的門路，雖然誰都不希望向人借錢，眼睛生在額上的朋友也不一定肯借錢給窮朋友。

　　同事梁泰炎兄開私家偵探社後，張榮烈兄頃又開設張榮麵廠，大做其老闆，雖未即時發達，然已走上發達之路，誠屬可喜可賀之事。

　　提起了麵，想起大小酒家均有售賣的伊麵。有些人愛吃伊麵，而未知伊麵的來源。原來伊麵是伊秉綬發明的麵，也有稱之為「伊府麵」，因為伊秉綬曾做過知府。

　　伊秉綬是福建汀州人，精於吃外，還兼有一手好字、好畫，尤以寫墨柳最出名。

焗排骨

　　大概是《乾隆皇下江南》一書裏記載，乾隆皇冬天到了江南某地，看見窮人們跖在街邊吃有小炭爐滾着一小缽頭裏的東西，這位喜歡微服出行的皇帝見到人家吃得津津有味，也許肚子有點餓了，於是問這是甚麼菜，回說是「一品鍋」。乾隆皇不知如何也做了這個「一品鍋」的嘉客，僅是青菜和豆腐與少許魚和肉，但吃得甚是「齒頰為芬」。後來他回到北京，偶然想起吃「一品鍋」，叫御廚炮製，鍋裏的作料盡是山珍海錯，乾隆皇吃不出在江南所吃過的味道。

　　這故事是否杜撰姑且不談，就情理推測，乾隆皇在江南吃「一品鍋」時是在冷和餓的情形下，吃的環境不同，吃的也是沒有山珍海錯僅有青菜豆腐的「一品鍋」，味道當然不同。吃慣了鮑翅的人，偶然吃鹹魚青菜也會覺得鹹魚青菜味道不下於鮑翅，同是一個道理。

　　「有味邊爐」裏的蝦子在慢火滾透之下，特別鮮香，豆腐青菜吸了蠔油和蝦子的濃鮮香味，更能刺激食慾。「有味邊爐」如果放進幾件甜酸排骨同滾，又另有一種新味道。

　　提起排骨，想起焗排骨的一個做法，也值得在這裏一提。

　　用瓦罉，多油起鑊，爆香少許蒜、葱，加進已切成小件和用味醃過的排骨，用筷子拌搞，至排骨外層二三成熟，即蓋上罉蓋，把瓦罉移竈口，焗十分鐘即成，這樣做法的排骨香而嫩。

有味邊爐

　　日來天氣突轉寒冷，入夜後尤覺冷風砭骨，使人感到這是隆冬景象。

　　據天文台報告，一股強烈冷流正由華北吹抵華南沿海，目前天氣不算太冷，預料本月份氣溫還有低降之紀錄。天氣冷了，添衣禦寒自不在話下，胃口即使不大佳，在冷的時候自然也會增加食量。在「北大人」施威之下，吃補品是最適宜的時候，荷爾蒙透支太多的人，「修整爐竈」此其時矣。但是即使毋須「修整爐竈」，外江人的各種生鍋，廣東人的「打邊爐」，都是應時而可口的食製吧？

　　我一向不大喜歡吃以搶喉作料做「師傅」的外江菜，惟對北方的羊肉涮鍋卻特別有興趣，因為羊鍋吃來有真味也有風味，當茶房遞上一盆各色各樣調味品時，更會使人懷想北方。

　　關於生鍋與打邊爐，本欄前已談過，惟「有味邊爐」還可一談，這是最近吃過而認為值得為讀者介紹的。

　　「有味邊爐」經濟簡單，主要作料是青菜和豆腐，各種肉類多少，悉聽尊便。但鍋裏用水比平常少一半，水裏放進生油或豬油、重量蠔油和蝦子，等到菜和作料在鍋裏泡熟時，已有蠔油和蝦子的鮮味和鹹味，吃時不必再用醬油。這種有味邊爐即使肉類作料不多，吃來也津津有味。

白浸遲魚

入春以來，香港人的生活指數普遍下跌，尤其在食的方面。

魚是香港人的主要副食品，由於豬、牛跌價，魚鮮售價也跟着低降，時魚類中的遲魚，日來零售價每斤僅值四毫，這是戰後所僅見的。遲魚是下價海鮮，香港人且有不吃遲魚的，原因據說是遲魚太濕，多吃會招致濕病。相反，在沒鹹水魚的地方，遲魚價值就會抬高，我曾在中山石岐見過喜宴中有遲魚。因為中山沒有鹹水魚，這已等於已雪藏至沒有魚鮮味的�魚（三鯬）。鯬魚在香港的外江菜館列為上菜，也是由於「物離鄉貴」。

喜宴的遲魚做法，僅用滾水加入少許陳皮，將遲魚浸熟，吃時蘸蠔油。據說，吃浸至僅熟的新鮮遲魚，有吃雞肉般可口，有興趣的不妨一試。

水晶蝦球

鮎魚而外，其他海鮮的售價也普遍下跌，如墨魚最低零售價賣過每斤二毫。不活的海鮮降價，影響到活海鮮售價也下跌。灣仔海傍魚艇的活海鮮，一二斤之間的黃腳由每斤四元以上已跌到三元二毫，每斤在元六至二元之間的活雞籠鯧，一元便可購得，活中蝦每斤也在二元至二元四毫之間，愛吃海上鮮的此其時矣。

海鮮大平由於供過於求，供過於求當然是漁人收穫多。惟據說，最近大平的海鮮，百分之八十不是香港漁船在海上捕得，而是精於捕

魚的日本漁船所獲，有人買雪藏貨再運回香港出售。這等於有些人釣不到魚，買魚回家說是釣得的，一樣可笑。在海上買日本魚運來香港，對於香港漁民是一個嚴重打擊。

日昨同事問我：「吃水晶蝦球為甚麼要蘸蝦醬？」我說，假如你閉上眼睛吃水晶蝦球不蘸蝦醬，可能不曉得吃的是不是蝦，因為無論水晶蝦仁或水晶蝦球，主題在色而不在味。正如龍蝦食製，眼睛裝上電燈，只是予人們以色的享受，實際是吃不得的。

水晶蝦球的做法是先將鹹水醃過去殼的鮮蝦，再用大量清水把鹹水味漂清，蝦的鮮味也被漂盡，然後用油泡熟，蝦肉即呈透明狀，故稱之為水晶蝦球。如果吃時不蘸蝦醬，會覺得鮮蝦沒有蝦味，所以吃的實在是蝦醬的味道。請客要做水晶蝦球未嘗不可，家常菜做水晶蝦球未免暴殄天物。

炒炸有別

中國菜的製作方法甚多，無論南方菜、北方菜、海菜和陸菜，製作上都有明顯的區別和嚴格的限制，假如悖其方法，一定不能做得夠標準的菜。

不少講中國烹調術的英文書，談到炒的菜，十九是各種作料若干，或先或後地放進鑊裏炸之，這實在是大錯特錯，炒的菜而用炸的方法去做，當然不會做得像樣的中國菜。因此外國人要做中國菜，一定先要搞清甚麼是炸，甚麼是炒。這也難怪，因為英文字裏有炸而無炒，而炒正是中國菜製作的高度技巧，十個廚師也不易找到過半數做炒的菜做得夠標準。

外國人所稱之中國炒麵 Chow Mien，炒雜碎 Chow Chop Seuy

是中國名的譯音，而不是將炒麵譯成英文是炸麵，因炒麵的做法根本不是炸而是炒。中國固然有炸麵，但非外國人常吃的，像美國艾森豪總統愛吃他底中國朋友周金安在華盛頓歌林比亞路所開設日新菜館的雞雜炒麵。

炒麵雜碎都不是炸的做法，而是正宗炒的做法，外國人如對中國菜的做法有湛深的認識，應該根據中國的炒的意義創造一個英文的炒字。如以中國的炸字來代表中國的炒，是不對的，因為中國的炸有多種，如「嫩油」、「老油」、「油浸」和「陰陽油」都是中國炸的做法，同炒的做法大有出入。「嫩油」是將作料在滾油裏輕輕走過，不得使作料熟了外皮。把作料炸成焦黃色是「老油」，如八珍鴨把鴨炸至焦黃色，便是「老油」的炸法，「陰陽油」是將作料傾進滾油裏，並即時加進比滾油少四分之一的凍油，叫作「陰陽油」。「油浸」是油滾以後不再用火，把作料放進滾油裏面，慢慢將作料浸至夠熟，這都是中國常用的炸的方法，而非炒的做法。

＊　　　　　＊　　　　　＊

法文的 Saute 意思是「鑊裏跳」，頗似中國的 Chow，嚴格說來也不像，因為 Saute Chicken 不像中國的炒雞球。

去年英國的 Illustrated 刊出中國徐太太在倫敦表演烹調中國菜的照片，由準備到舉筷子進食，詳細描寫，說明中有一句是：「徐太太弄菜，不斷的急手急腳的炸。」實則徐太太所做的菜不是炸而是中國的炒，英文裏炒字只得用急手急腳來形容徐太太弄菜的情形。

在二次大戰期間英國人無意中也發現了炒的做法，惜乎未領略炒的妙處，終而沒被普遍採用。經過是這樣的：在第二次大戰期間，英國民食供應困難，糧食部科學研究結果發出通告，勸主婦們改變烹調菜蔬的方法，將菜切得很細，使其增加受熱的面積和容易煮熟，鑊要燒得夠紅，火要大，越快煮熱越好，俾能保持菜的營養素，煮時鑊裏要先放油，避免菜蔬燒焦，水加得越少越好，並且不要加冷水，吃時

連汁同吃。這就近乎中國烹調方法的炒。

　　所以要強調中國的炒，則要了解甚麼是中國菜；欣賞中國菜，學做中國菜，一定要知道中國的各種烹飪方法，尤其是高度烹調技術的炒。要不然，等於同一個從沒聽過見過飛機這東西的人談飛機的功用和速度，又從何說起呢？

＊　　　　　＊　　　　　＊

　　炒的最高技巧是火候的控制，能否做得夠標準，經驗是最重要的因素。炒的方法是這樣：爐火燒至夠紅，加進少量的油，並使少量的油走勻炒鑊的面積，左手拿盛着作料的碟，右手拿着鑊鏟，將作料傾下夠紅而有少許油的鑊裏的同時，又拿鑊鏟把作料前後左右翻轉，使所有作料同時受到同等火候，一直把作料炒至需要的火候。

　　至於如何調味和炒多少時候，則視炒的作料是甚麼而後決定其次序。炒的作料一般來說平均在一方吋至二方吋上下。炒的標準，作料要食物的原味，要夠嫩夠香。如炒得不夠熟不能吃，過熟的作料則不夠嫩，這就是做得不夠標準的炒。

　　色、味、香俱佳的菜才算做得好菜，但炒的菜首先鑒定其好壞卻是香的標準，假如從廚房裏把炒的菜端上桌，一看菜裏沒有煙冒出來，便不算做得夠標準，中國人吃菜講究「鑊氣」便指此而言。

　　美國俗俚的 Chow 是指吃東西而言，在未找到適當的文字代替中國烹調術的炒以前，也只得借來代替有別於炸的中國菜做法之一的炒了。十六世紀前，英文字沒有 Tea，最初的 Tea 是 Tte，等於福州人稱茶為 Tay，也是中國茶流入西方後才有 Tea 字。

平底鑊與弧底鑊

　　一個菜做得好壞，不僅是製作方法和經驗，作料、器具夠不夠標準，也是影響一個菜做得好壞的最大因素。比如作料合標準，做法正確，火候控制恰當，這個菜應該是做得好的，但所用的調味品不夠標準，依然不會做得夠標準的菜；烹調的器具不夠標準，同樣也難做好菜。比如要做用明爐燒的菜，因為沒有燒的器具，用焗的方法去做，這個菜必不及燒的夠香味。

　　外國人要做中國炒的菜，是不易做得好的。最大原因不是作料和調味品難於羅致，或製作方法不正確，而是因製作器具的限制。

　　外國菜沒有炒的做法，常備做菜的僅是宜於煎和炸的平底鑊，而中國炒菜最多，炒菜必須要用弧底鑊才做得夠標準。因此，西方人家家戶戶都有平底鑊，中國人則家家戶戶都有弧底的鑊（中國北方的大家庭也多備有平底鑊，鍋貼便是用平底鑊煎的，但不及備有弧底鑊的普遍），這是中西菜烹調方法的習慣所使然。西方的平底鑊多做煎炸和煮的菜，中國的弧形鑊除做煎、炆、煮等菜外，還做西方所沒有的炒，這是東西方所用的弧底鑊和平底鑊最大的分野。僅就煎而論，弧底鑊是不及平底鑊適用；但用途多則不及弧底的鑊。尤其是炒的做法，平底鑊是很難做得好的。

　　那麼，中國的炒究竟是怎樣的呢？也得在這裏加以說明的。

＊　　　　　＊　　　　　＊

　　當爐裏的火燒到很紅，洗乾淨的弧底鑊也燒紅至灑下少許水立即燒乾時，然後作劃圈式的加進少量的油，使大半個鑊都見到很少的油後，跟着把炒的作料傾下去，作料便自動集中在鑊的中央，急用鑊鏟將倒向中央的作料撥勻，使所有的作料在一個極短的時間內同時受到

同等火候滲入，不能使有些作料受到的火候過多，有些又不夠，這便是炒的標準。炒菜需時最少，所有作料受到同樣的火候，這是平底鑊所難於做得到的，最大原因是作料不會自動倒向中央，便很難使所有作料在一二分鐘內同時受到同等火候。

一般而論，炒一磅青菜、肉絲或雞片，要用二十吋直徑的弧底鑊，鑊底火網面積要佔全鑊五分之四，爐火還要夠紅。如果弧底鑊僅得十五六吋直徑，則作料不夠地方轉動，就不易在同一時間內受到同等火候，則炒起來的青菜、肉絲或雞片必不會做得夠香和嫩的標準。

此外，中國還保留用瓦器來做菜，或有人以為用瓦器燒菜是不合經濟原則，殊不知很多中國菜必需用瓦器製作才做得夠標準。就煮飯而論，依然以瓦罉煮飯才煮得最可口的飯。很多富酸性的而又不能用多油的菜，如用鐵鑊製作，就常會吃到鑊的鐵腥味道。

中國菜的炸和炒固大有分別，用平底鑊炒菜是很難做得夠標準的。

硬韌的蠔裙

雲吞麵是「街頭有得擺，街尾有得賣」的普羅食製，味道很庸俗，但在香港要吃到名副其實的庸俗雲吞麵卻不容易，因為賣雲吞麵者的麵湯，百分九十九用化學品調味，這種湯和用大地魚、大豆芽菜和豬骨熬的庸俗味道，大不相同，吃不慣用化學品做雲吞麵湯的，當然不感到興趣。

炒牛肉也是一樣，雖是廉價而普通的食製，任何大小酒樓菜館都賣炒牛肉，做得夠標準的也十不一見。賣炒牛肉的菜館，幾全用梳打粉先將牛肉醃過，吃來雖鬆滑，但肉味盡失，有時還吃到梳打粉的味道。這樣的炒牛肉，也難使愛吃炒牛肉者感到興趣。

酥炸生蠔原是與炒牛肉一樣等級的食製，惟一般酥炸生蠔炸起來都是長形的，因為蠔身是長形，蘸上麵粉雞蛋炸熟後，仍保持長圓的形狀。有些食家的酥炸生蠔卻是橢圓的，並非故意把生蠔弄成圓形，而是基於吃時有更好的享受。大生蠔的蠔裙硬而韌，經過油炸仍是硬韌，談不上酥。為了要使酥炸生蠔名實相符，用大熱水拖過生蠔以後，可將蠔裙切去。沒有蠔裙的生蠔形狀是橢圓的，故蘸麵粉炸熟後也保持橢圓形。

蒜茸蝦球

北方人稱煎的水餃為「鍋貼」，實則是鍋貼水餃，是簡稱。就字面解釋，鍋貼是在鍋裏貼過的意思。

廣東菜有「鍋貼明蝦」，上面是一隻已去殼的中蝦，下面是一塊麵包，蘸上了雞蛋炸之，事實上並非在鍋裏貼着或貼過的鍋貼。煎大蝦碌也可稱之為鍋貼，但為甚麼又要叫這種炸蝦為鍋貼明蝦？嘗詢諸酒家的「候鑊」，也以不知對。我推測廣東有炸蝦，也有煎蝦，加上麵包墊底的原是炸蝦，為表示這種做法有別於炸蝦，故稱為「鍋貼明蝦」，於是有麵包墊底的炸蝦習慣上叫作「鍋貼明蝦」。

煎大蝦碌或鍋貼明蝦，都是在宴席上常見的，這裏要提供的蒜茸蝦球卻不常見，是潮州人的做法，味道比煎蝦或鍋貼明蝦更濃。

蒜茸蝦球的做法和一般炒蝦球無大分別，先將蝦球「泡嫩油」，再起紅鑊炒之，最後加入的白餡，餡裏有薑茸和蒜茸，味道比煎的炸的，甚比鍋貼的味道更濃。

上碟後，周圍伴以炸過的紫蘇，吃來鬆化異常，比諸最好的炸蝦片有過之無不及。

牛腩與包翅

歲月不居，時光如矢，清明過後，明天又是「立夏」。日來市上已見到早造的三月紅的荔枝，不曉得在竹幕外邊的嶺南人，曾否泛起了鄉愁旅思？

偶然見到一張五十元的包翅席菜單，試把它的作料計算一下，以一桌計，成本不超過三十五元，作料如果是大量買入的話，更不用三十元便可購得，然而五十元九大件，還有飯麵、點心，而且還有名貴的紅燒包翅。外行人看來，確是「抵食」。在有些人看來，翅是成本最貴的上菜，五十元可吃到包翅，是「相宜夾大秤」的菜，究其實，這種包翅是有名無實的。包翅所以成為名貴，配料已佔了一半的價值，五十元一桌菜有九大件，加上飯麵，點心算十個菜計，平均每個菜價值五元，試問五元，就是多加一倍做出每人有一小碗的包翅，所用的翅是甚麼翅，配料又是甚麼呢？不難想像得之。包翅所以被認為富營養的菜，由於配料的營養份量也不在魚翅之下，假如用化學調味品做配料，當然不會有很豐富的營養素，吃這種包翅所得到的營養份量，簡直比不上煲牛白腩。那末又何必一定要吃包翅呢，請客有魚翅固然如一般人所謂夠排場，但吃這種不三不四的魚翅，還不如「大劙雞，牛白腩」實惠而又富營養。

廣東菜烹調技術

近年廣東菜的烹調技術進步了呢？抑比過去退化？選料比過去嚴格？抑比過去馬虎？

關於壞的方面，有資格的內行人雖或不肯承認，關於好的方面，也不敢承認比過去更好。雖然菜做得好壞的因素甚多，就經濟環境言，有些菜色要做得好，必須要上選的作料，要上選的作料做的菜成本必貴。除了不懂得欣賞的「南郭先生」外，有些食客吃不起這種要上等作料做的菜，於是紅頭充青衣一類的菜便大行其道，這是經濟方面促使廣東菜開倒車一個重要的因素。

其次，製作苟且馬虎，也成了風氣。大抵「南郭先生」一類的食客不少，製作者遂以為所有食客都是「南郭先生」，在製作上採「求其是但」主義，遂漸且成了風氣。竊以為出得起吃澳戶網鮑片價錢的食客，應該吃到夠標準的作料和製作夠標準的菜，如果以朝鮮海峽的網鮑代替日本的澳戶網鮑，製作上鮑身也做得不夠火候，「推饋」也推得不好，這樣的一個菜，要付了上等菜價的顧客，怎樣吃得滿意呢？反過來說，五十元一桌菜要吃鮑魚，就只好吃吉品了。

有不少懂吃的而又肯付高代價吃好菜的朋友，近年來不大高興吃酒家菜，為的是不想做上海人的所謂「豬玀」，廣東人的所謂「老襯」。付出比在家裏吃的高幾倍的菜錢吃不到好的作料，而製作上也不及做煮飯的阿銀姐、阿彩姐的做得色、味、香俱佳的菜，又何必要「上高樓，吃大菜」，所以廣東菜館的生意不見好景，這也是一個大因素。

習慣與味蕾

夫人精於做福州小菜的同事鄒君，昨夕上班帶來一盒荷蘭芝士，同事們分而食之，曾姓同事分得一塊，拆開錫紙放進口裏，隨即吐諸地上，說：「這樣難吃！」眾人為之大笑不已。

沒吃過或少吃芝士的人，對芝士的味道很陌生。其實這些荷蘭芝

士與普通芝士味道無大出入，對吃慣的人說來，香味還算不差。姓曾的不習慣，芝士觸到舌頭，立即起反感，假如他吃到臭芝士，相信更嘔吐狼藉了。又愛吃榴槤的人認為榴槤的味道最可口，有些愛吃臘鴨尾的人認為乃天下味。相反有些人遠遠嗅到榴槤味道會胸膈作悶，有些人吃到的極少臘鴨尾的味道也不能下嚥。

這是習慣問題，而非榴槤或臘鴨尾使人作嘔。

此外，有人不吃蛇羹，並非蛇羹的味道太壞，而是心裏上對蛇有忌諱，與習慣無關。偶爾有不吃蛇的人，不知情之下吃了蛇羹，可能會大加讚美哩。

＊　　　　＊　　　　＊

友人某君嘗請不吃蛇的外國朋友吃蛇羹，第二天才告訴他是蛇羹，外國朋友不禁愕然！繼而說：「這些就是蛇？早知道我就不會吃，但原來蛇羹竟這麼鮮美。」

可見蛇比起榴槤和臘鴨尾，味道較易為一般人所習慣。不吃蛇的很多與味覺習慣無大關係，而是心理上影響。不吃蛇的人，事前曉得吃的是蛇，一定不敢起箸。

四川人、貴州、湖南人愛吃辣味，福州人做菜喜歡用糖調味，潮州人不介意腥味很濃的海鮮，江南人做的菜很少不放豉油。不產鹽的地方人們比普通人更吃得鹹，這都是習慣。因此，各地方人士都愛吃自己的家鄉菜，即使製作粗劣，但它的味道是他們味覺所習慣，認為是正宗味道。

所謂味覺，原始也許對各種味道無所謂愛惡的，慣吃辣的覺得辣味好，多吃濃腥魚鮮的就不覺得腥是壞的味道。一個生長在廣州的貴州人，吃辣的能耐當然不及生長在貴州的貴州人，因為廣州少吃辣的機會，誰也自然不會有太大吃辣的能耐。

＊　　　　＊　　　　＊

家畜類的牛、羊的味覺也很敏銳，會很小心選擇可口的青草。據

專家研究，牛的味蕾有一萬五千個，羚羊的幾達五萬個，而人的只有三千，所以人類的味覺不及其他動物。人類只能用舌頭舐知某種味道，小孩用舌的中部分辨食物是否適合胃口，成年人則用舌邊決定各種味道。

鹹、甜、酸、苦、辣是人類易於分別的基本味道。甜味最容易而又快被察覺，因為甜的感覺味蕾在舌尖，鹹的則在舌側與舌尖，苦的在舌根，故苦味要等到嚥下後才有感覺，酸位於舌側。

在感覺上熱的食物和冷的食物也有所不同，喝一碗熱腐竹糖水，即使糖少些也不會覺得不夠甜，同樣一碗腐竹糖水，不夠熱時會覺得甜味不足，冷凍之後吃更會覺得離甜的標準太遠，因為熱的液體容易刺激味蕾。如果吃了一碗冰糖甜品，即時再吃山珍海錯也不會覺得好味，因為甜已控制了味蕾的感覺，慣吃辣椒的要吃味道很濃的食製，吃慣了以化學調味品做的菜吃較清淡的菜就會覺得毫無味道。

竹笙雞腰

「世事無如吃飯難」，這是指人而論的話。食必山珍海錯者，當然不會有吃飯難之憂，究其實，他也許有另一些難處，不過這些難並非吃飯的難，而是愛情、健康、安全等一類被認為比吃飯更難的問題。人與人之間為了吃飯問題而鬥爭，自古已然，於今為烈，但想不到氫氣時代，狗吃貓飯也會使人惹出官司來。據報載，衞生局一個清道伕，是一頭貓的主人，因另一隻狗偷吃他底貓兒的飯，而將狗看管，致被警員控以藏有無牌狗之罪，終而鬧上法庭，結果如何，還待下回分解，「世事無如吃飯難」，這也算是一例？

近來大陸為了套取外匯，大量在香港拋售土產，使原已日趨下跌

的香港副食品之售價加劇其跌勢，如大陸運來之雪藏雞每隻二元半，總會影響了生雞市場的銷額。提起了雞，想起最近吃到一次「竹笙雞腰」，這是一個湯的食製。雞腰含荷爾蒙至豐，在夏天仍需要補充荷爾蒙者，這是值得一試的湯菜。大部分含豐富荷爾蒙的食製多是濃膩的，夏天吃濃膩食物不會使人增加食慾，這個多量荷爾蒙的菜，好處在清爽而不濃膩。

作料是：雞腰、竹笙、草菇。

做法：先將雞腰用滾水拖過，剝去外衣，和浸開的竹笙、洗淨的草菇同滾即是。最好有鮮湯作底。如未備有夠鮮味的湯，則先用較多一些草菇熬湯，然後將草菇湯滾雞腰竹笙，吃前加味即是。

舉箸憶謨觴

廣東俗諺的「行行有狀元」，意謂七十二行頭，各皆有傑出之才，做大買賣的，一本萬利固在所多見，小本經營如賣花生、瓜子等而至於稱王號帝的也有其人。

飲食雖小道，傑出者大有其人，從前羊城八大酒家的廚師，也算是當時飲食業的狀元。

就以陳濟棠治粵時代還沒關門的十五舖謨觴酒家的頭廚論，誠不愧為廚師中的狀元。

當年謨觴擁有不少豪客，嗜好和味道的濃淡雖各不同，然對謨觴的菜色，均一致推許。不明其中奧妙的，必以謨觴的頭廚為再世郇廚之流，究其實，此頭廚不但精於烹調，且懂得「攻心為上」的道理，故能獲顧客嘉許。

原來在謨觴請客的，該頭廚必先打聽誰是主人，又誰是主客，孰

好吃濃者，在製作上加濃其味，吃淡者無論在選菜或調味，盡量避免過濃，故當時吃謨觴菜者均謂其菜色製作精美，而不知這位頭廚懂得孫子兵法的「攻心為上」有以致之。

　　或有問於頭廚：「做二三十桌賀筵喜酌，請客凡二三百人，將如何處理其味道之濃淡」？頭廚說：「二三十桌的客人，當然有若干等級，對於主人、主客和知味者則特加遷就和注意，其餘則不可能兼顧了。」

青菜湯加油

　　昨接最近漫遊歐美的朋友來信，除了暢道漫遊之樂外，關於吃的，就懷想到香港。他說：在香港偶然吃吃西餐，不覺得西餐太壞，但在全是吃西餐的地方，天天吃西餐，甚至吃該地方最出名的餐館做的西餐，也不覺得有何是處，這是此行的美中不足。

　　這位不慣吃西餐的朋友，一旦天天吃西餐，當然是不及他終年屢月吃的唐菜的味道可口，正如各省人士之愛吃他底鄉土的味道的菜一樣。不過，有不少重洋輕唐的朋友，到過外國，天天吃西餐，吃了一些時日以後，也覺得西菜不及唐菜多變化而味道可口。無怪吃過香港菜的西人，如「調情聖手」的奇勒基寶、「美麗動物」阿娃嘉娜，對唐菜的味道也大讚不已。由是足見中國的烹調技術被譽為世界之冠，誠非倖致。雖然人各有所愛惡，如有人喜歡顏體的字，也有人愛柳公權，這不能說誰的對或不對，惟有些重洋輕唐的唐人，認為唐菜不及西菜講究衛生，是錯誤的看法；其實中國菜的講究衛生也不在西菜之下。即以青菜湯加油論，便是最講究衛生的做法。但，一般人不肯去研究，為甚麼青菜湯加油的作用就是為了衛生。

據說做青菜湯要先將鑊燒紅，然後放下少許鹽，鹽在鑊裏經過高熱的煎迫會發出氯氣，才加入少許油，用以蓋着氯氣，然後放菜和水落鑊，利用氯氣殺光菜裏的害蟲。

鴨汁炆伊麵

酒家有些菜所以做得不好，多因犯了公式的毛病，但所以造成這個公式，也有不得已的地方。最大原因是：酒家每天不能不準備若干種作料以應食客的需要，而每天食客的多寡和需要也不一定，過多和不夠便是常有的現象。自從有了冰箱發明以後，作料的準備對於酒家有極大的幫忙，特別是魚和肉，即使準備多些，也不會容易變壞。所以會變壞的都貯在冰箱裏，要用若干則取若干，就成了理當如是的公式。但壞處卻又因為有了冰箱。很多菜色的好處第一個原因是作料的新鮮程度，第二才是製作的標準。無論魚和肉，貯在冰箱裏的時間過久雖不會變壞，但鮮味已大減。尤其是魚蝦，舊身（酒樓術語，不夠鮮之謂）的必不可口。這便是酒樓菜有些做得不好的重要因素之一。

準備了二十隻炸子雞，突然多了二十個以外的客人要吃炸子雞，則二十隻以外的炸子雞就難做得好了。因為做炸子雞的雞身並非很短時間內可以吹至雞皮乾爽，不夠乾爽的雞皮是不能炸成夠脆的脆皮雞。

又如每天要準備了四百兩包翅，平均差不多可以賣去七八，忽然有幾天食客來少了，這些包翅便要在冰箱裏多藏了幾天，包翅的膠質便會減少了。

*　　　　　　*　　　　　　*

又如八點鐘突然來了幾桌食客，都要吃包翅，八時半起菜，在半小時內，從冰箱裏取出冰凍的包翅，復將包翅蒸過，用二湯上湯煨過，

最後還要「推饘」，這些包翅就難夠軟滑的標準了。實則，從冰箱裏取出貯藏過一兩天的包翅，在半小時內，凍氣還未盡消，再放進滾熱的蒸籠裏再蒸，用上湯煨，推饘，吃來要夠軟滑的標準，是一個難題。

蝦子冬筍是一個上菜，但在香港就難吃到好的。第一因香港冬筍來自內地，離土的日子太久，冬筍的原味已消失不少；第二，酒樓的冬筍多是弄淨後以水浸之，浸了三天、五天也說不定，食客要吃時才用上湯煨過，再加蝦子打饘。這種被稱為上菜的蝦子冬筍是很少上菜味道的。

假如用離土不久的冬筍，吃的當天才剝去筍衣，取出嫩筍炮製，即使製作得未夠標準，也可吃到冬筍的鮮味。

可先製成的作料藏之於冰箱的，卻又不同，放在冰箱裏的時間如非太久，仍能保持原來的味道。像大同酒家的鴨汁炆伊麵，經常都做得夠標準，麵裏沒有見到鴨肉，卻吃到鴨的濃鮮味道，就是用貯在冰箱裏做時菜扒鴨的鴨汁炆成的。

不過，一席菜需要鴨汁一類的作料有限，大部分都要夠新鮮的作料才做得好，所以自從有了冰箱後，對酒家大有幫助，但大部分菜色的美味卻因而減低或變質。

滷羊雜

曾做過駐英大使之鄭天錫，寫了一本《食論》，初以為是一本教外國人做中國菜的書，但為甚又叫作《食論》呢？細看內容卻是名符其實的「食論」。如該書第八章裏說：「撰述本書，並無意要寫成一本烹調技術的著作，或做菜方法的記錄。」而是：「打算將中國烹調手法與中國文化方面與食有連帶關係的事物，介紹到西方國家去。」

鄭天錫做過香港的「番書仔」，對於做「煮飯」的阿彩姐、阿鳳姐、阿七、阿八等的印象很深，在他的書中並為阿彩姐等的烹調技術大加吹牛。他說：彩姐們常比大廚師更受人歡迎。假如她們有工會的組織，應該去函鄭天錫道謝。事實上確也如此，會「撚手」的阿彩姐之流做的菜，常比酒家的好吃，其中一個重要原因是酒家的菜太公式化。

　　偶然吃到一次北方菜的「紅繞全羊」，作料全是羊雜，這原是所謂京菜的正宗菜式，易以廣東名，應叫「滷羊雜」。但酒樓的羊雜放在大湯煲裏煲至夠身，有客人要菜時才取出，用紅鑊加饋後上碟。試問這種羊雜還存有若干羊的鮮味？廣東的羊腸粥所以可口，就因為粥裏有豐富的鮮味。會「撚手」的阿彩姐之流要做滷羊雜，她一定是用少許水加調味品將羊雜炆至夠身，這樣做法的滷羊雜，調味如何容當後論，但吃來必有羊味的。街邊檔的炆牛腩常比大酒家的好吃，並非大酒家不懂得如何炆，錯在先將牛腩放在大湯煲裏滾至夠身，炆的牛腩即使很脘，但少有牛味了。有些賣牛腩的，特別加上原汁二字，等於說：這是有牛味的牛腩。

瑞士雞翼

　　前日本報眾星版李鵬先生的漫畫：「瑞士雞翼吃膩了」，描繪舞娘們在舞廳「打烊」後在街邊地檔吃魚蛋粉，這是香港夜生活不折不扣的本地風光。至於舞娘們是否吃膩了「瑞士雞翼」，抑或為了換口味而去吃魚蛋粉？我以為舞娘未必吃膩了「瑞士雞翼」，而是「打令」們未來捧場，消夜要掏自己的腰包，吃碟「瑞士雞翼」起碼要付出一個鐘的舞票代價，但是「打烊」以後又不能沒有「消夜」，於是乎去吃全用化學調味品做的「魚蛋粉」來替代「瑞士雞翼」了。自表面看，穿着麗都的

小姐「消夜」吃魚蛋粉，是換換口味的摩登玩意兒。實情是否如此，這羣靠貨腰為活的小姐們是心裏明白的。假如消夜的支出是由「打令」負責，仍吃三毫一碗的魚蛋粉，才可以說是吃膩了「瑞士雞翼」。

所謂「瑞士雞翼」，恐怕瑞士根本沒有這種做法的雞翼，因為「瑞士雞翼」的豉油味很重，吃來像一般豉油雞的味道，所不同的是雞肉與雞翼而已。這樣的西菜實際是唐菜加上瑞士兩字的唐菜充西菜。至於貨腰小姐們為甚麼愛吃「瑞士雞翼」，可能的推測是：「瑞士雞翼」的味道與唐菜味道無大分別，也就是愛吃習慣的味道，這正如上海人說上海菜最好，湖南人或廣東人說湖南菜或廣東菜最好，事實上因習慣了某一種味道，遂認為是味道的正宗。

「瑞士雞翼」根本是西菜中的唐菜，唐菜質西菜形的西菜。唐人的貨腰娘子，所以愛吃就是愛它的唐味。

一　蟹　兩　味

農曆正月、五月和九月都是蟹肥的季節，是宜於吃蟹的時候。今天雖是四月初一，因為多了一個閏三月，就等於五月，可算是蟹肥開始的時候，日來已聽到小販叫賣膏蟹聲。

說到蟹，這裏提供過多種做法，想起潮州人的蒸蟹腳，也值得談談。做法很簡單，作料只用蟹的兩隻大姆指，蒸熟後除指尖外，全部去殼排在碟上，再以蒜茸打白醩淋上即是。

一隻蟹單吃兩隻蟹螯，未免暴殄天物，其餘蟹肉做蟹肉冬瓜羹便是一賣開二的時令菜。

金 錢 雞

　　廣東俗諺的：「聽價不聽斗」，意謂購買以斗衡量的東西，只聽它的價錢而不問衡量的斗是老斗還是市斗，常會上當。這一句俗諺在吃方面也很合用。五十元九大件一桌的鮑翅席，和五元一兩的包翅，同是魚翅。五元一兩的包翅，假如一桌十二人，就要二十四兩，單是一個包翅的代價六十元，已貴過五十元九大件的一桌菜。以價論已超過十一之比，以質言，自然也大有分別，要不然誰肯吃貴的包翅？所以我主張吃不起包翅，還是吃大制雞、牛白腩，比不三不四的包翅，經濟實惠得多。

　　金錢雞是燒臘店常賣的食製，每件二、三毫之間，但有些金錢雞卻售至每件八毫至一元，兩相比較，是一與二、三之比，若以質論也是天淵之別。普通金錢雞是一件肥肉，一件瘦豬肉，一件豬肝，用鹽、酒、豉油醃過，以鐵線穿之放在爐上燒熟。貴價的金錢雞的作料是：雞肝一件，瘦雲腿一件，肥豬肉一件。

　　製作時先將肥肉用白糖醃兩三小時，再和雞肝、瘦雲腿一起用頂抽、蜜糖、玫瑰露醃過，然後以鐵線穿之燒熟。

　　試問雞肝和豬肝，瘦雲腿和瘦豬肉，售價相去多少呢？所以在吃的方面，「聽價不聽斗」也是常用得着的。

馬 肉 米 粉

　　大陸易手以後，為要吸自由空氣而來香港的人數逾百萬。有些人為了自由犧牲一切，在香港住木屋區，過難民生活，但他們甘之如飴。

有些人中共用各種方法勸誘他們回大陸，也嚴予拒絕，寧在香港過其流亡式的生活。

百數十萬人來自大陸各地，除了帶給香港熱鬧和麻煩外，更帶來各地的菜式和味道，予香港人嘗試。幾年來香港各式菜館的開設如雨後春筍，使足不出香港的香港人，也吃到大陸的不同風味，誠口福不淺。

過去不久，雲南的「過橋米粉」在香港出現，最近也有人吃過「桂林米粉」。就時而論，雲南的過橋米粉和桂林米粉在夏天吃都算不時之食。過橋米粉特別油膩，一碗鮮湯能將凍米粉泡熟，就全靠湯面的油蓋着大滾的湯，湯的熱力不致很快的向外發揮。所以在大熱天吃這些太熱和太膩的食製，是不時之食。

桂林米粉中最出名的是馬肉米粉，也宜在寒冷季節吃。吃馬肉米粉的起碼吃三四碗，十碗八碗的也極平常。所謂碗是像酒家的翅碗大小，一碗一口吃上，賣米粉的又端上剛煮好的第二碗，吃完第二碗又端上第三碗。之所以這樣吃，目的在保持米粉熱度，夠熱的米粉可以減低馬肉的臊味。

鹹酸菜炒螺片

都市裏的豬肉售價以上肉——全瘦部分最貴，肥肉最平，但在鄉村，肥肉售價不比瘦肉廉宜，相反的，有些地方的肥肉比瘦肉更貴，由此證明，住在都會裏的人們，雖不一定是腦滿腸肥的人，但食物不缺少脂肪，所以都市的肥豬肉售價較瘦肉為廉。鄉下人大部分不夠脂肪，肥豬肉便成了上貨。TV 宋的廚師，懂得 TV 宋之流不但是都市大亨，而且是腦滿腸肥的人物，比一般都市居民更不缺脂肪，根據這

自特級校對於 1951 年在《星島日報》撰寫《食經》開創報章飲食專欄後，上世紀五十年代各大報章均開設飲食欄目。此為特級校對剪存 1957 年《新晚報》之「食經」版。

個原則，不做油膩的菜，每個菜的份量更盡可能的做到不夠斤兩，TV 因此「食而甘之」。所以請 TV 吃飯的，雖不一定是「托派」、「拍派」，為了要使 TV「食而甘之」，不得不借用熟悉 TV、懂得做不油膩和斤兩不夠的菜的廚師，於是這位廚師也變了名廚、廚師中的狀元了。

TV 宋最喜歡吃鹹酸菜炒螺片，他底「名廚」所做的同其他廚師所做的方法實在無甚分別，但份量則和一般的有所不同。一斤響螺選二兩以下嫩肉，鹹酸菜只要菜心最嫩的部分，這是選料的最高標準，通常的份量是主要作料兩份，副作料一份，即是二兩螺片，一兩鹹酸菜，但 TV 底「名廚」做的炒螺片卻是兩份副作料，一份主作料，所以如此，據「名廚」的解釋是：螺片是名貴的作料，腦滿腸肥的人吃得太多了，鹹酸菜是賤價的作料，他們吃到的機會較少，給他們多吃一些鹹酸菜，比較多吃些螺片更易獲得好評。TV 宋喜歡吃這個菜，也許是喜歡吃鹹酸菜。

炒三合土

三合土是士敏土、鋼筋和石屎的混合,以三合土為名稱的食製,作料是雞蛋、青豆角和蟹肉。

五月是食蟹的季節,豆角是時菜,雞蛋售價也廉,炒三合土正是價廉味高的夏令時菜,吃膩了清蒸肉蟹,不妨一試。

做法:先將肉蟹蒸熟,去殼拆肉,青豆角切粒,炒熟,加鹽,再將蟹肉兜過,最後放在已攪好的雞蛋裏,紅鑊炒熟即是。

乾炒牛肉絲

在爭取外匯前提下,可供作副食品的大陸食物都大量運來香港,使向來是副食品搶手貨的牛肉也受到影響,出現貨多市滯的現象。過去,各區地檔賣牛雜、牛腩等食製的不多,近來到處地檔都可吃到牛雜牛腩粉一類食品。

目前牛肉雖不是奇貨,但想在酒樓菜館吃到夠香、夠鬆、夠腍、夠滑又沒有梳打粉味的炒牛肉,卻不是易事。嘗詢諸「食必太牢」的朋友,也說不出哪一間菜館可以吃到夠標準的炒牛肉。

牛肉炒得好,第一是選料,第二是刀章,第三才是製作技巧,三者任何一個條件不及標準,要做成夠標準的炒牛肉是難事。炒牛肉的售價又不能太貴,於是酒樓菜館對於炒牛肉也不大講究,將切片牛肉用梳打粉醃過,吃來不太韌便算「交差」。

川式乾炒牛肉絲的標準不是鬆、腍、軟、滑,而是香和脆,愛吃牛肉的不妨一試。

材料：牛腿肉、鮮辣椒。

做法：牛肉及鮮辣椒均切絲。辣椒絲用白鑊焙過備用。開紅鑊，油多火猛，放入牛肉絲翻炒，炒至極乾為度，再放入辣椒絲炒，加生抽、幼鹽，兜勻即可。

魚 香 肉 片

旅行日本近來是時尚，友好中去過日本的固不少，準備要去的也大有其人。

看來日本的吸引力不少，假如說人們對日本菜有興趣，毋寧說是對日本的脫衣舞更感興趣，因為在東方要看到像西方脫衣舞的規模，只日本才有。日本值得一去，無可置疑，值得一看的東西和值得一遊的地方着實不少。東方國家中，旅行成為一種事業的，也只日本一國；專做旅行生意而設立的各種「組合」，也以日本最多。

到過日本的人幾乎必吃過日本的牛肉鍋，但在日本人看來，日本主婦菜做得好不好，則以泡菜為鑒定的標準，因為泡菜是家常必備的食製，等於中國食家考廚師本領從他做炒牛肉、剁肉餅、蛋花湯一類的普通食製鑒定。做得好的日本泡菜不在四川泡菜之下，不過大部分遊日本的人，不會欣賞到日本泡菜。

乾炒牛肉絲是川菜，魚香肉片也是川菜，但肉片為甚要有魚香二字？因為這種肉片吃來有魚的香味。至於怎樣才弄到肉片有魚的香味，這是調味的本領，作料和做法如下：

一、材料：脢肉、葱。

二、做法：脢肉切片，葱切長約一吋一段。用紅鑊將肉片炒八成熟，用糖、醋、鹽、薑汁、生油打饌便是。

大陸來的鱭魚

　　有三鯠魚的時候，正是夏令苦瓜當造，及至苦瓜行將過造，走遍港九魚市場也找不到一尾三鯠，這是造物的奇妙。以苦瓜煮三鯠，加蒜頭豆豉是最理想的配合，味道甘濃。假如一桌菜裏有做得夠標準的苦瓜三鯠，吃了這一個菜則其他菜式的味道就顯得失色了。

　　昨過中環街市，看見頗夠新鮮的三鯠魚，購歸一尾做苦瓜煮三鯠，誰知外行的廚娘竟把三鯠的鱗刮去，煮起以後吃來並沒覺到善處。

　　三鯠魚的鱗最甘美，連鱗煮苦瓜，苦瓜固可口，魚肉還可一吃。如果去鱗，用鑊煎，吃時就不覺三鯠與苦瓜有甚麼好吃。故懂吃三鯠的人必不去鱗，更不會用鑊煎。

　　香港人稱為三鯠的，外江人叫作鱭魚，三鯠與鱭魚實則二而為一，如要分別，就是經過香港海的是三鯠，游進了富春江後便是鱭魚。日前在外江飯店吃到一次來自大陸的鱭魚，不但毫無鮮味，且有似鹹魚又不夠鹹的味道。這不是鱭魚本身變了，而是運輸改變了鱭魚的味道。奉告愛吃鱭魚的外江佬，中環街市的鱭魚經常比來自大陸的可口。

三鯠澳門勝於香港

　　外江朋友說他不曉得三鯠與鱭魚是二而一的魚鮮，因此每到鱭魚季，他照例到上海食店購買，每次買到的都是質味均已變了的鱭魚。假如早知鱭魚也就是三鯠就好了。

　　說到三鯠，香港不及澳門的新鮮。為甚麼呢？澳門和香港的捕魚

者也許在同一個魚區採捕，相距水程最多也不過兩三小時，但因為香港有了漁統制，更有了魚市場，自從有了這個機構以後，不但三鯬，其他海上鮮也不及澳門的新鮮。一尾三鯬由漁船運到澳門以後，便可在街市出售，但一尾三鯬運到香港以後，最快要半天方能在魚枱上出現。如果運到時魚市場經已收市，還要留待翌日才出售，雪藏一天，當然不夠新鮮味，其間又經過往來運輸，沒有高度冷氣的，魚很容易變壞，尤其在華氏表八九十度的大熱天，魚鮮從香港仔運到中環市場，魚味有時也會變化。

紅斑與三鯬

愛吃海鮮的外江佬，認為鰣魚為上品。生長在海邊而又愛吃海鮮的人，也鮮有不吃三鯬的。

外江佬所稱之鰣魚與廣東佬所稱之三鯬，在海鮮裏佔有相當地位。但有一個問題，注意的人可能不多：無論京菜館、川菜館、滬菜館，在鰣魚季節常可吃到鰣魚，可惜質味皆變，毫不鮮，吃來遠不及夠標準的霉香鹹魚可口。專賣海鮮的廣東菜館，列明時價的海鮮菜牌上，卻永看不見有「清蒸三鯬」或「涼瓜三鯬」。由此可見，是否三鯬被視為下乘海鮮，地位不及石斑嗎？

魚是我所欲也，假如有人送給我一尾活紅斑和一尾新鮮三鯬，惟只能二者取其一，我寧捨紅斑而取三鯬。紅斑鮮味薄，肉質又不及青衣嫩滑，更沒三鯬的甘鮮，此其一。其次石斑全年皆有，三鯬則屬一年一次的季節洄游魚，稍懂吃魚者也不會捨三鯬而取石斑。

海鮮菜牌所以不列三鯬，我推測是三鯬沒有活的，不能向食家索價過高，不若一尾斤半至二斤的石斑，即使不是活的也可以賣到

二三十元，有些食客也不會嫌貴。這幾天三黧售價每斤元八至二元，做酒樓的怎能索價二三十元，不賣三黧魚也許是這一個秘密。

鯪魚解酒湯

昨談的精燉禾蟲，和一般有所不同的地方，是先將生油、白糖生餵禾蟲。禾蟲吃飽，每條都肥脹了，肚裏的油和白糖也變成香鮮的禾蟲漿，然後燉而吃之，所以比普通燉的好吃。如果直接在燉時加白糖和油，當然不會有餵那麼好吃。但是為甚麼知道禾蟲會吃生油和白糖呢？這是值得研究的，爭奈當時只愛吃爛吃，卻不大留意這些問題，也沒問過「我的朋友」他餵禾蟲的方法自哪裏學來。他洗禾蟲也和一般的洗法不同，這裏可以補充一說。普通洗禾蟲是用清水洗淨，用筷子或用手揀出活的禾蟲，他除了將禾蟲洗淨，揀出活的以後，再用最輕的鹽水將禾蟲洗過，但鹽若多用了，則禾蟲又會變了蟲漿。他說用輕鹽水洗，可將貼着禾蟲的膠和潺洗去，僅用清水是洗不去的。

球壇上有伍球添，綽號「大舊添」。本報排字房「版枱」也有綽號叫「大舊添」的同事，是排字房的體育健將，很愛吃禾蟲，昨晚同我談了禾蟲各種做法，也提到操記老闆的解酒湯。他說還有一個去酒濕很有效的解酒湯，作料是：活土鯪魚、葛、陳皮。

做法：先將土鯪魚煎過，用水約一碗泡之，以瓦煲盛魚和湯，加進葛一斤、陳皮兩片、水兩湯碗，煲約三小時即成。

蟹扒矮瓜

矮瓜現在算是當時得令的瓜菜了。

《食經》談過「蔴醬矮瓜」和「釀矮瓜」，此外還有很多種做法，不過都是宜於做家常佐膳的菜，至於請客的饌餚中，很少有矮瓜作菜，比較可登大雅之堂的要算「蟹扒矮瓜」了。做法是：

（一）將蟹蒸熟，拆肉備用。

（二）將原個矮瓜，洗淨，在瓜身上割開六七條刀痕，在油裏炸過，用上湯把矮瓜滾至夠腍，以碟盛之備用。

（三）用蒜頭起紅鑊，先下矮瓜，再加少許上湯，最後放蟹肉下去，滾後加白饊兜勻即成。

（四）上碟之前還加進少許蔴油，否則不夠香氣，蔴油也有辟去蟹肉腥味的作用。

做這個菜，有人用鹹水蟹肉，要夠鮮味當然是用淡水的肉蟹為佳。

釀辣椒

黃梅時節，乍雨還晴，尤其靠近熱帶氣候的香港，已經悶熱得叫人怕，看那牆壁間流下汗水，桌上椅上也是一片潮濕，使人坐立難安，談到吃的胃口，自然也會覺得甚麼都乏味了。

在這個時候最好吃些甚麼呢？尤其主持中饋的主婦，這是更要解答一個問題。

我以為，此時此際，吃「釀辣椒」很合胃口。辣椒有「醒胃」作用，

還可去水濕。辣椒有辣和不辣的，吃不辣的人比吃辣的更多，做釀辣椒的辣椒當然用不辣的青辣椒。除辣椒外，釀的作料是半肥瘦豬肉、魚肉和鮮蝦。

先將辣椒開兩邊，去核洗淨，魚肉和鮮蝦剁之成茸，以碗盛之，用筷子攪成膠狀，加味，然後釀在辣椒裏，煎釀肉的一面至熟即成。

如不用筷子將肉攪至成膠狀，則煎起來不夠爽。

辣椒菠蘿鴨片

端午節各區競渡甚熱鬧，屈原在天之靈有知，當然要感謝香港人，尤其要多謝參加競渡的「西人」，因為中國詩人屈原與西人無關，竟也參加唐人詩人節的競渡。昨日參加競渡的「歐西隊」和「西來隊」，去年叫作「老番隊」和「番鬼隊」。

民政首長參加競渡的目的不外是「與民同樂」，競渡隊伍稱為「老番」和「番鬼」，比「歐西隊」和「西來隊」對唐人更富親切感。雖然老番和番鬼含有揶揄的含義，不過競渡目的為了聯絡感情，稱之為「老番」和「番鬼」，也不見得不雅，亦無悖「同樂」目的，並且更富幽默感。

今年裹粽的作料比去年平，賣粽的也比去年增多不少，愛吃粽的也許比去年多吃一些，但吃粽太多可能會影響胃口，雖或不至茶飯不思，食量則必不比平日增加，假如沒有可口的佐膳菜，更沒吃的興趣了。菠蘿鴨片是夏令菜，胃口不佳時，吃到甜味太濃的菠蘿，也不會提高吃的興致，假如加進一兩個生辣椒同炒，辣味減低菠蘿的甜味，同時也可刺激食慾。至於用紅辣椒或青辣椒同炒，則視吃辣的能耐而定。

矮瓜煮魚腸

「水上扒龍船，岸上有人見。」過去岸上人所見扒龍船的全是黃皮膚黑眼睛的中國人，從沒見過有黃頭髮藍眼睛的人扒龍船。有之，惟端午節在大埔灣，扒船壯士不但是藍眼睛黃頭髮的人，而且是新界的民政及警察首長。做官的扒龍船給市民看，在中國固也少見，在香港也前所未聞。據官方報導，此舉目的在「與民同樂」。惟照報紙的描述，這次龍船競賽，着實已達到了「與民同樂」的目的，所扒龍船叫作「老番」和「番鬼」，尤能一新看龍船者的耳目。

端午是玩和吃的佳節，玩夠吃膩以後，有人胃口大減，尤其吃粽太多的人；但也有人在節日保持平常的食量，少吃粽和濃膩食製。假如你屬後者，節後吃到「矮瓜煮魚腸」這樣濃香可口的菜，也不至於不想下箸吧？這是一個廉宜的食製，尤其現在是淡水魚價廉的季節，一元幾毫已可買到很多鯇魚腸。

作料：矮瓜（茄子）、鯇魚腸、蒜頭、薑、頂豉。

做法：將原個矮瓜蒸熟，拆絲，魚腸洗淨切段備用。蒜頭起鑊，爆過春成醬的頂豉和魚腸，然後加進矮瓜絲，加水和薑片一塊煮熟加味即是。

煮魚二法

魚是主要副食品之一，但香港漁船所得的漁獲物不夠供應全港每日所需，尤其在颱風季候，漁獲物更少，幸賴日本漁船的漁獲物充場，

不然，在豬牛肉奇貴的時候，雪藏的鹹水魚也成為「搶手」的副食品。

容許日魚獲銷港，固予香港漁業的發展以影響；惟是香港漁船所得的漁獲物不足供給全港居民所需的時候，容許日漁船的漁獲充場也未嘗不是救濟香港副食一時的荒缺，如果魚也成為「奇貨」，恐怕豆腐也起漲至一毫一小方塊。

據廣南漁業公司總經理陳樹桓說，香港每月消耗鹹水魚約二三萬擔，最近因豬肉價貴，連帶影響到其他肉類漲價，惟魚價則始終挨穩，最近且略為低跌，因自九月份起，當局准許日魚每月輸入三千擔，連前准許輸入的共六千擔。香港不致食無魚，也許是白領階級和打工仔的喜訊。

廚娘購歸鮏魚一尾，一望知為日本貨，「中饋」要用甜竹、豆腐泡煮之。我說一定要用些頂豉起鑊才好吃，但為「中饋」所反對，結果是分為兩種做法：一是不要頂豉起鑊，一是有頂豉起鑊。待兒輩散學回家吃飯時，大兒問為甚一種魚分為兩碟。我說，做法不同。詢以哪一種好吃？則認為有頂豉的好味。「中饋」只得無言地一笑。

腐竹炆牛胸

今天又是一年一度的端午節。端午是一個熱鬧的佳節，起源是於戰國時屈原有感於「舉世混濁而我獨清」，憤而投江自盡，後人以屈原「寧正言不諱以危其身」，每年此日以竹筒貯米投入江河以紀念。千百年以前的端午節雖也有競渡和吃粽子一回事，但不會有雙黃、三黃、四黃裹蒸粽的。因此，而今的端午節，一方面固然是紀念不願「氾氾若水中之鳧，與波上下，偷以全吾軀」的屈原，也藉機大吃大玩一頓。

今日各區都舉行龍舟競渡，愛看扒龍舟的不愁沒去處。惟據報紙

紀載，今天各種粽子比去年價廉，而購粽過節的人卻比往年減少。由此可見，香港的不景一年甚於一年。去年年關「難以卒歲」的人比前年大增，今年端午更有「難以卒節」的人，不然為何粽子平了，購買者反比去年減少？

不論能否「卒節」，端午節也會在你面前溜過。可以「卒節」的當然殺雞殺鴨大吃一頓，買不起雞鴨也可吃一頓豬肉或牛肉。「腐竹炆牛胸」是本欄前未提供過的食製，今天吃不起雞鴨的，不妨一試以代雞鴨。

作料：牛胸、腐竹、南乳、蒜頭。

做法：先以油鑊將折為一吋長的腐竹炸過，備用。少許蒜頭起鑊，加入爆過的南乳，再加進牛胸，兜勻，加水和炸過的腐竹，牛胸炆至夠腍即是。

這是濃香惹味的菜，吃來有點像「三六」的味道。

鹹 蝦 炒 通 菜

商品大減價不但不是新聞，有時雖掛上大減價的招牌，連無聊到要逛馬路的人也不發生興趣。魚菜市場藉開市二十週年紀念，賣豬、牛、雞、鴨、魚、蝦的攤檔也舉行聯合大減價，卻是一件新聞，最低限度是香港史的新頁。

昨日半島旺角有一家肉食公司開市，為了招徠顧客，竟大唱女伶，這也是太平山下罕有的現象。

從這兩事看，如果不是賣魚肉的攤檔太多，弄成供過於求的現象，便是香港人的購買力衰退。香港過去也有過不景的日子，但魚菜市場還沒有過聯合大減價，假如說這是新穎的招徠術，毋寧說是生意並不

興隆而出此一着。賣魚賣肉的要舉行聯合大減價，可以說是由於買魚買肉者慳錢主義所促成。然而吃魚吃肉者所以要慳，當然有他的慳的理由。比如收入減少，一切支出要節省，吃自然也不能例外。

子夏兄談及青山碼頭龍泉酒家的鹹蝦炒通菜做得極佳，惜沒去青山的機會，不曉得好到若何田地？佐膳菜假如有葷又有素的，鹹蝦炒通菜是素菜，也可說是葷菜。

至於如何才做得好，第一要作料的鹹蝦或蝦醬夠鮮和通菜夠嫩，其次炒時鑊要夠紅。炒通菜必用蒜頭，鹹蝦通菜更須多用幾粒蒜頭，用蒜頭將鹹蝦爆至夠香，然後炒通菜。

荔枝菌

吃素者有所謂「食長齋」，這些人們多是「與佛有緣」，卻又未完全「看透色空，遁跡空門」。不然，禮佛茹素是當然的事，用不着吃長齋了。也有吃「齋期」的，初一十五吃素，或逢三、六、九吃素，其他的日子吃葷。凡遇齋日，有請之吃葷者，則答曰：「今日齋期。」意謂今日不吃葷也。葷菜吃得膩了，偶然換換口味，吃一二次素菜也是佳事，而且做得好的素饌會比葷菜更可口。素菜做得好的當然是寺廟、庵觀，清末時寺廟、庵觀素菜做得好的當推北京法源寺、上海白雲觀、鎮江定慧寺、杭州煙霞洞、廣州似乎是廣成仙館了。童年時代隨長者到過廣成仙館，也吃過廣成仙館的素菜，至今未能全忘者為荔枝菌的素食佳饌，鮮香而外，還有很濃的荔枝味。

荔枝菌是荔枝核發出的菌，至於怎樣用荔枝核萌出荔枝菌，童年時代當然不會留意到，距今數十年也再沒嚐荔枝菌的機會，更不會去研究它的做法了。

新春過後，忽又到上元節，不是吃「齋期」的人，往時也有不少「有神心」的人在正月十五吃齋的。時移勢易，今日的原子時代，上元節吃齋的人恐怕也不會很多了。

鮮甘的蝦仁

本報福州籍「編座」來港逾十年，自然也吃過不少次數的廣東菜，都吃不出好處。偶然吃一次五姐菜，便有大不相同之感，且認為五姐做的小欖菜極合福州人吃的口味。

其實，這位「編座」過去所吃到的雖不一定是七十八十元一桌的包翅席，也只能吃到酒家營業部主任開列的菜單的菜，比如大熱天吃片皮鴨，雪藏紅頭作青衣等，再加上候鑊先生凡饌必加搶喉作料，逢湯必用化學味品調味，這一類的菜，一個懂得「撚幾味」的人吃來，當然不會覺得有何是處。所以，偶然吃到一次作料不馬虎，製作認真的五姐菜，便大加激賞。

石塘咀四時春的油泡蝦仁，經常做得比其他外江館夠標準，蝦夠鮮、夠滑、夠爽，可惜有時不夠蝦味。但五姐做的卻鮮、滑、爽和蝦味的保持都顧到，尤其鮮中還帶甘味。

無論四川蝦仁也好，粵式的油泡蝦仁也好，做法前已談過，茲不再贅。做得好壞，第一要蝦身夠新鮮，如果蝦身太舊，蝦肉即使質不變，味也變了，如雪藏得時間過久，也會減少蝦味。五姐做的「油泡蝦仁」為甚麼還帶甘味呢？原來普通的蝦仁的蝦肉剝得很乾淨，五姐卻不如此，每隻蝦的少許蝦羔還保留，一經油泡吃之，便鮮中還帶甘味了。

清宮蟹

　　去年荔枝當造時，桂味每斤四元餘，糯米糍三元餘；今年端午日荔枝跌價，每斤不過一元二毫，和去年相較幾是四與一之比。端午節後，荔枝售價一再下跌，中上糯米糍每斤不過四五毫，入息不豐的香港人也有資格做荔枝民了。蘇東坡的：「日啖荔枝三百顆，不辭長作嶺南人」，就近日荔枝售價而論，每天吃三百顆荔枝不過十元八塊，長作嶺南人也不是難事。但天天吃三百顆荔枝，恐怕吃不上三天就不想再吃了。

　　當年長沙會戰前夕，在湖南吃到荔枝乾燉雞，頓覺齒頰為芬，而今荔枝大平，連日多吃，見到鮮荔枝食指也不會大動；荔枝乾燉雞就更不想下羹了。物罕為貴，信然！

　　荔枝以外，今年蟹也大平，愛吃蟹的，假如蒸、煎、焗、炸都吃膩了，「清宮蟹」值得一試的。

　　「清宮蟹」據說是慈禧太后喜歡吃蟹的一種做法，蟹洗淨後，切為數件，蟹肉塗上與雞蛋白混和的葱茸，加味焗之即成。清宮蟹的香味極佳，但葱茸宜切不宜剁，剁葱茸可能沾有砧板味。

焗牛脹

　　最近由於雞、鴨和豬的售價上漲，開始使「伙頭軍」和主持中饋者有買菜難之感。上肉零售價每斤四元，瘦肉五元五毫，上雞每斤七元至八九元不等。據說漲價最大原因是來途短缺，就豬而論，每日要屠

約一千頭方足供應，目前各地運來生豬距每日需量尚遠，供不應求造成豬肉售價一漲再漲。好在牛隻來途還很充裕，牛肉零售價未因豬肉上漲而高攀，鮮魚的供應也沒有短缺，還不致造成另一項肉荒。

豬肉價貴少吃些豬肉，是一般主理廚政者的原則，今豬貴牛廉，吃牛肉的次數多過吃豬肉，自不在話下，但不能天天吃炒牛肉，偶爾想起焗牛腸，也許可以給「食必太牢」者作參考。

作料：牛腸、金菜、雲耳、生薑一片。

做法：焗的器具最好用瓦罉，雲耳浸透，金菜去頭，洗淨牛腸切薄片，用少許生油、豆粉撈過牛腸，加入少許豉油再撈一過。製作時爐火要夠紅，燒紅瓦罉，放入生油和鹽少許，然後加入牛腸、金菜，以筷子攪勻之，蓋上罉蓋，將牛腸焗至僅熟即成。

鮮濃冬瓜盅

「出出入入」曾經成為香港流行的口頭禪，直到而今還有不少人在談話間引用這一句話。在審訊中的四男強姦一女疑案，原告在作證中又給香港人認識一個性行為的代名詞：開鑊。

幾天來街頭巷尾都有人談論「開鑊」之事，可見「開鑊」給予香港人一個很新鮮而深刻的印象。

「開鑊」原是食範圍裏的名詞，無論菜也好，飯也好，煮熟以後，拿開鑊蓋時冒出一股香氣，確可使人「食指動矣」。雖有人描寫女人富性感的眼睛為「開鑊眼」，今更有人以「開鑊」作為性行為的代名詞，真是匪夷所思。

閒話少說，建國酒家重開後吃第一次菜，其中一個冬瓜盅值得一提。冬瓜盅是夏令時菜，屬於清一類的菜色，做得好的冬瓜盅冬瓜味

道很鮮。冬瓜沒鮮味的冬瓜盅是「放水燈」貨色，是先將冬瓜煲脸後，再加上鮮湯和作料，稍燉二三十分鐘便是。真材實料燉四、五小時的冬瓜盅，肉也有鮮味。建國的冬瓜盅所以值得一提，是燉時加進少許冬菜，清鮮中而微帶濃味，瓜肉味道也如此。湯味夠鮮，肉的份量要夠，加進少許冬菜不過是錦上添花。愛吃冬瓜盅的，這做法值得一試。

小磨蔴油

　　中饋昨將茄子放在飯鍋上面蒸熟，然後用手撕之，加上蔴油、生抽撈過，吃來毫無是處。我說：「為甚不用蔴醬而用蔴油？」她答道：「買不到好蔴醬，以為蔴油會比蔴醬的香味好些，誰料蔴油比蔴醬的味道更差。」

　　蔴油原是很廉宜的調味品，在香港不但找不到像廣州致美齋一樣的佳品，稍為過得去的，也十不一見。原來在香港所見到的蔴油，百分七十以上是生油，蔴油最多僅佔百分三十。友人嘗言，某外江店的蔴油不錯，購而試之，也少蔴香味道，當然也是不純正的貨色。

　　在廣州，蔴油更有小磨與大磨之分，小磨蔴油比大磨的更夠香味。所謂「食在廣州」，誠不我欺。就以蔴油而言，香港也不如廣州。

　　茄子在廣東，也稱為矮瓜，更有一個別名叫作先生菜。為甚叫作先生菜？是一個不大雅聽的笑話，在這裏不想細表了。

　　關於茄子的笑話和故事，見諸書本上的也頗不少，下面便是記憶所及的一個。據《譴浪編》載，尚書趙從善之子希蒼，官紹興之日，庖人請製食單。欲食燒茄，問吏以茄字。吏曰：「草頭下一加字。」即在菜單上草「燒蒙」與之，以蒙作茄，後來就有燒茄作「燒蒙」的笑話。

老鴨與蔴油

　　老母牛、老母豬、老母雞、老母鴨的肉，都是要花比嫩肉兩至三倍的時間才能把它嚼爛，當然牙齒健全的程度如何，也是一個問題。假如有人請你吃飯，佐膳的菜，豬、牛、雞、鴨均備，但都是上了年紀而又做得不夠火候的，你可能會吃得很尷尬，因為不吃太難為情，要吃也難下嚥。

　　第二次大戰後期，桂林陷落後，我蟄居容縣期間，吃過多次老鴨，幸喜都是煲得夠火候，還不需要牙齒「大力鬥爭」才能把它「清算」，相反的，老鴨肉湯的味很鮮，老鴨肉也容易嚼爛。

　　據請我吃煲老鴨的朋友說，老鴨比嫩鴨更滋陰，如用鴨做湯，則以煲老鴨為佳品。

　　昨又吃到老鴨，可惜不是煲得夠火候的老鴨，而是燒鴨。所以要多花鈔買過些，因為價錢特廉，每隻三元，俗謂「好嘢冇平，平鴨冇好」又得一證。

　　老鴨既滋陰，但要花很多柴火才可煲脸，不是上算的事。煲老鴨如果能不用太多柴火，吃老鴨比吃嫩鴨更佳，特別是愛吃滋陰食品的人們。

　　不但是老鴨，就是老鵝，要煲得快脸有一個方法：將蔴油四兩放進鴨或鵝肚裏，封密然後煲之，所用的柴火與煲嫩鴨嫩鵝無異。

鴨與八角

　　這是白領階級的喜訊。近月來糧食價格普遍下跌，無論主要的白米和必需的副食，與過去比較平均相差起碼佔百分之十，和去年此時比較，平均相差幾達百分之十五以上。幾年來有數口之家的打工仔們不但要吃貴米，想吃一頓好餸菜也不是一件容易的事。而今，食米配給制度撤銷後，白米跌價，跟着豬、牛、雞、鴨的售價也一跌再跌。過去常吃鹹魚豆腐過活的，也可一過「食有肉」的日子了。日來上雞售價在二元七八毫之間，鴨則在一元七八毫之間，和最高售價時相較，幾下跌百分四十以上。

　　提起鴨，想起日昨某太太與我談起「紹菜扒鴨」，這是合時的食製。某太太說她把鴨尾切去，並且泡過油，但做起的「紹菜扒鴨」仍有不少臊味，她和孩子們都吃得來，但她底先生最怕吃有臊味的食製，問我還有甚方法辟去鴨的臊味？

　　我說：如果不是用洋種鴨做「紹菜扒鴨」，還有一個方法，就是在炆的時候加進八角一片。

　　這是順德人的做法，某順德朋友嘗告我，順德人做鴨的食製必加八角，作用在辟去鴨身的臊味。愛吃鴨而又不喜歡鴨臊味者，這方法值得一試。

八角與滷水

　　芋頭炆鴨，很多人喜歡用五香粉調味，事實上五香粉與芋頭的味道混合起來，確也頗能刺激食慾。

五香粉中幾乎必有八角，但八角的籽仁生吃會中毒。據昨日報載：原屬草本植物之「八角」，本為中藥之一種，但亦可作香料用，一般人只知花椒八角為調味品，殊不知八角中之籽仁，生食有毒，一時不察，致易受害。昨日即有無知小童廿七人因此中毒，被分批由十字車送往醫院。此為罕見之中毒案，希望食八角者切勿生食其中籽仁，以免重蹈覆轍。

做滷味裏的滷水也必有八角，但滷水裏的八角佔多少？一般滷味的滷水，除八角外還有若干種香料，其份量如何？愛吃滷味的也許想知道，可惜我對滷味少研究，更少吃滷味，嘗與著名的「油雞燉」談過，他也秘而不宣，但另一做過滷水的朋友曾給我一個滷水香料的份量，可惜水量若干，上味若干未列明，也未提到梧州蛤蚧。慣到廚房去的大可按圖索驥，一次、兩次以後，便懂得增減了。

份量如下：花椒三錢、八角五錢、大茴五錢、小茴五錢、甘草八錢、草果二個、丁香三錢、桂皮四錢。

東興樓的糟鴨肝

偶然又在某外江菜館吃到不夠標準的「爆雙脆」，聯想起北平燈市口東興樓的「爆雙脆」，製作之佳，確為其他菜館所不及。

要做得夠脆而不硬為夠標準，好壞與否，火候的控制是最主要的條件。北平賣「爆雙脆」的館子很多，食家則公認東興樓做的最好。到東興樓吃菜的，「爆雙脆」幾乎是必吃的菜。

東興樓還有一個做得出色的菜是「糟鴨肝」，也是北平食家公認做得好的菜。

「爆雙脆」要做得好，還比較易，對火候的控制有熟練的技巧，便

會做得夠標準，「糟鴨肝」的做得好壞，卻非「爆雙脆」這麼簡單。有些館子的「糟鴨肝」有時糟得火候不足，吃來就有很濃的酒味，火候過多又帶有酸味，而東興樓做的「糟鴨肝」既沒有酸味也沒有很濃的酒味。所以講究吃的北平人，無不承認「爆雙脆」和「糟鴨肝」以東興樓做得最好。

　　至於「糟鴨肝」的做法怎樣，當時沒有研究過，大陸去不得，而今想研究也不易有機會了。據說它的做法是這樣：放活鴨於鐵線籠中，置鐵籠於炭爐上，籠底的鐵線熱了，活鴨在籠裏亂跳，至相當時候，則鴨肝已漲大，然後殺鴨取其肝以酒糟泡製。

上世紀五十年代香港亦有外江菜館名「東興樓」。

羊頭蹄的臊味

讀者朱文娟小姐來函云：

　　在豬牛皆貴的時候，羊肉該算是較廉宜而又富於營養的食製吧？尤其是羊頭蹄，每副的價錢雖不很平，但就營養和量而論，也可以說比豬牛廉宜。但是草羊的羊頭蹄（羊肉也如此）無論煲或燉，總有點臊味，我嘗按照人家告訴我的方法，凡煲或燉羊頭蹄一定要放些許生馬蹄同煲或燉，仍然不易辟去臊味，雖然這些臊味我和大部分家人都可以吃得來，惟是我的先生和大兒女一知道是羊肉就不敢下箸，原因是怕吃羊的臊味，等於有些人不能吃臘鴨尾一樣。我固然不敢勉強他們吃不高興吃的食物，為了他們不吃，我也不得不少買羊肉或羊頭蹄。不過，我想辟去羊肉的臊味一定有方法，如蒸土鯪魚要放些許陳皮，吃蛇要放些許檸檬葉，可以辟去魚的泥味和蛇的臊味。除了馬蹄外，辟去羊的臊味最有效的方法是甚麼？我想一定有的，不過我未懂得而已。先生對食之道甚精，想一定會知道，未審可否賜告？

　　答：馬蹄雖可辟去羊肉的臊味，惟就我所曉得，還不及元肉（龍眼肉）徹底。用元肉與羊肉或羊頭蹄同煲，吃來就不會有臊味了。份量是一斤羊肉一兩元肉，一副羊頭蹄三兩元肉。

煎鑊與炒鑊

　　外國人吃的西菜，中國人吃的唐菜，都各有它的好處，從吃的藝術言，也各有它的壞處。

　　不過，外國人應該愛吃它的西菜，中國人也該愛吃唐菜，這才算是一個不忘本的人。固然，西人可常吃唐菜，唐人也可常吃西菜，但如果唐人單說只有西菜最可口最講究衞生，那是像老太婆罵人的一句話「無血性」，即使穿着得華貴無比，實際上是充滿了奴性。又如有些人，明明是黃皮膚、黑眼睛，幾代以來都是純唐人血統，卻僅有一個番名。雖然，為了某種原因要有一個番名原未可厚非的，番名以外再沒有唐名的人，似乎黃的皮膚、黑的眼睛也想改為白皮膚藍眼睛，實則這類人連唐人姓氏也不要，索性改姓史勿夫、菲爾文更佳，然而，姓史勿夫的姓菲爾文的未必會承認黃皮膚、黑眼睛的是他的族人。

　　西方人依循他們的歷史習慣而形成的西菜，自有它的好處。然而從西菜的烹飪器具來說，似乎少有炒的製作，最低限度不大講究炒的食製。因為，所見到西菜的烹飪的鑊是平底鑊，而少見像唐人的尖底鑊。煎牛扒與豬扒，平底鑊確比尖底鑊好用，然而做一碟炒油菜，用尖底鑊炒，則菜薳可無須用鑊鏟翻轉，便自動倒向中央，並可同時受到熱力的蒸炙，如用平底鑊炒油菜，要不斷用鑊鏟翻動，也不易使全部菜薳同時受到同等熱力，炒熟之後，其中必有過多或過少火候的。吃菜要講究鑊氣，用平底鑊炒菜必不及尖底鑊好吃。未審以為「祖家」或「花旗」一切都好的，曾注意及此否？

第
十
集

329

老抽和糖味

頃接友人黃君碧凝兄來函，並附舊報乙份，內有一篇對粵菜極盡詆諆的文章，黃君囑余辯之。惟細讀之下，余亦無從為粵菜置辯。蓋（一）作者自稱為準上海人，吃七角錢一頓的飯菜，那根本談不上好不好。（二）做菜者如為知味者流，即使用最廉的作料，例如做一個無鮮味的芥菜湯，有鮮味標準的做起來也不致難以下嚥，門外漢又當別論。（三）準上海人慣吃上海菜的味道，自然覺得上海菜的味道比廣東菜好，正如上海人從前吃上海新亞的粵菜，覺得粵菜味道不壞，但我吃過就則不敢恭維，因為菜已變了質，味道上多少已遷就上海口味。例如粵菜很多不能用糖和老抽，但因上海菜偏甜，毋須用糖和老抽的也加入少許糖和老抽。我在上海時吃過一位朋友太太做的菜，幾乎都有老抽和糖，這不能說我朋友太太不會做菜，是我吃不慣老抽和糖味多的菜。

上海菜有上海菜的好處，廣東菜也有廣東菜的壞處，但是批評者說好說壞，第一要看從甚麼角度去批評，第二看以甚麼標準去批評。站在上海菜的角度批評廣東菜，或以廣東菜的標準批評上海菜，當然搔不着癢處。

「請飲」今不如昔

廣東人的「請飲」在過去是一件不平常的事。如請喜酒、壽酒、春茗等都是「請飲」。「請飲」和「請食飯」不同，「請食飯」即使吃的是

鹹魚青菜，被請的客人不會嫌菜餚不好，也沒人說吃鹹魚青菜對客人不敬。「請飲」則不然，酒固然少不了，菜也要做得不比尋常。所以過去廣東人的「請飲」是一件不平常的事。而收到「請飲」柬帖的人，也十分珍重其事，因為「請飲」的菜必不比尋常。而「請飲」的主人，如果是富紳巨賈，當然不必考慮「請飲」的支出，但小市民們遇到必需要在酒家「請飲」，如結婚大典等，對於「請飲」的支出，要事先張羅一番。「請飲」要有好菜，沒有好菜請客，還不如在家裏「撚幾味」，但做好菜要花不少錢，沒有做好菜的錢，當然吃不到好菜，所以，二十年前，廣東人將「請飲」視作一件不平常的事。

時代變了，不平常的「請飲」，也變了平常。若從錢一個字看來，則現在有錢的人多，從前有錢的人少。究其實，並非現在有錢的多過從前，而是「請飲」降了級，好酒好菜的「請飲」固常見，「請飲」吃最劣的菜，也成了司空慣見的事。就香港而說，赴十次「請飲」的宴會，難吃到一次「大快朵頤」的菜。

＊　　　　　＊　　　　　＊

不但是大快朵頤的菜難吃到，有時且不比家常菜可口。雖然家常菜因烹調器具、作料種種限制，加上製作方法或技巧不及酒家的候鑊，但起碼可吃到真味和原味。其次，家常菜的蒸蒸煮煮便是實際的蒸煮，不像酒家的甚麼白汁石斑，先將石斑蒸熟，再用豆粉、淡奶、鹽，再加化學調味品的「師傅」打餸後，加在石斑上面，便是白汁石斑。吃魚時蘸上這些有搶喉作料的白汁，即使是生跳跳的石斑，也吃不到石斑的味道，因為，搶喉作料的味道比石斑的鮮味更強烈。這樣的白汁石斑是否比家常菜的蒸煮石斑更可口，不難從想像中得之。

時代變了，不平常的「請飲」變了很平常，變了人人都有「請飲」的資格，更不管是否有喜慶，「飲」不妨常「請」，至於「請飲」的菜是否比家常菜的味道更差，在所不計。

酒家為適應人人可以「請飲」，更常常可以「請飲」，將菜價一降

再降，作料固不講究，製作也馬虎，於是「請飲」的菜愈來愈做得不像樣。嘗參加某有名大亨在府上的盛宴，只知所吃到的，卻是像社團聯歡一類的六七十元一桌的翅席，所有菜味長靠搶喉作料做了「帶頭作用」，吃既感到不好受，不吃又不可。社團聯歡吃數十元一桌的翅席，該當無話可說，但有名大亨的「薄酌候光」竟薄至比鹹魚青菜底味道更不如的菜，如果不是欺客或「孤寒」便二者必居其一，既然如此，為甚麼又要「請飲」呢！

＊　　　　　＊　　　　　＊

有資格「請飲」或必需「請飲」的，一定要請做得好的菜，才能表示做主人的盛情，才會使客人「大快朵頤」和衷心感謝。沒資格「請飲」的最好不請、少請。必需請的話，請吃三鯠煮苦瓜一類的家常菜還會使客人吃得痛快。

「請飲」的為了充闊佬、演排場，在酒家請吃一二十元的有上菜之名、無上菜之實的包翅，翅質固非上品，配製的作料又非肉類的精華，吃這類的包翅，試問有若干滋養價值，嚴格說來，還不比蓮藕煲半肥瘦豬肉湯可口而又富營養。

又如請吃「雞油三白」用不了三塊錢成本的一個菜，製作得尤其不倫不類。一白的豬喉頭是爽的作料，二白的罐頭鮑魚是韌的作料，三白的罐頭露筍是腍的作料，這三白已不能稱為好的配合，再加上豆粉水，多量的搶喉作料，糊在一起，這也算作一個菜，真是莫名其妙。吃這些菜還不如吃街邊地檔的牛雜粉加上蒜蓉辣椒醬味高而實惠。

又如請吃「醋溜黃魚」，作料是黃花魚，做法是蘸生粉，「泡老抽，打甜酸饋」。一尾黃花魚一斤半，當造時每斤不超過一元，全部作料成本不超過兩元，而且甜酸味道往往不和，這樣一個菜，吃來是否比頂豉蘿蔔煮黃花魚可口？「請飲」而吃這些菜，夠得上對客人表示敬意嗎？

＊　　　　　＊　　　　　＊

說來有點折福，遇到可去可不去的「請飲」，多以事忙婉卻。事忙有時是事實，怕吃這些不倫不類的菜也是一個大原因。七時恭候，八時入席，往往延至十時才開席，固是司空慣見的事，空着肚子在等吃，益覺飢腹雷鳴。其次，做「請飲」客人的心理，少不免有「大快朵頤」的希望，而吃到的，百分七十是不倫不類的菜，而這些不倫不類的菜幾必以搶喉作料做了「帶頭作用」。吃了用搶喉作料做「帶頭作用」的菜，馬上就有「喉乾頸渴」的反應，而多吃了搶喉作料的後果，很可能招致血管硬化和腸胃病。仔細想來，吃這些東西，也許可列入「食物中毒」。不過，不是急性的，而是慢性中毒，假如沒有自殺的念頭，固然對可能引起的急性的或慢性中毒皆避之惟恐不及。

在未蒙上帝或閻王召去天國與地獄之前，任何人對於吃，是每天不能或免的，而吃除了將生命延續下去外，也是一件愉快的事，有機會做到「請飲」的客人，更是一件最痛快的事。吃到不倫不類、以搶喉作料做「帶頭作用」的菜，不但辛苦了飲食器官，搞壞了作息正常的腸胃，更折磨了精神。所以，這一類的「請飲」，假如收到請柬後，要回答去不去的話，就毫不考慮寫上「因事未克奉陪」幾個字，如果不去也不致傷害友誼的話。

＊　　　　　＊　　　　　＊

遇到非去不可的「請飲」，而且預料到所吃的必是不倫不類、以搶喉作料做「帶頭作用」的菜，則先在家裏吃了飯後才去，所以在很多「請飲」的場合，有些朋友很奇怪我的食量幾不及一個小孩，殊不知五臟廟早已有了供奉，而在家裏所吃到的，既不是包翅、雞油三白或醋溜黃魚，而是青蔬鹹魚一類家常食製，如豆豉蒸肉餅、冬瓜湯、苦瓜三鯠一類的菜，作料成本，和「請飲」的相較，當然是天淵之別，卻比用搶喉作料做「帶頭作用」的菜更能「食而甘之」。

有些喜歡「請飲」、好充排場的人們，「請飲」之前，先到甲酒家開列一張菜單，講好價錢，卻不預定「請飲」的時日，然後拿甲酒家

菜單到乙酒家定甲酒家所開列的菜式，乙酒家的菜價假如比甲酒家稍廉，則沾沾自喜，即在乙酒家定席。有時或拿乙酒家所開列的菜價去要求甲酒家減價，或要求比乙酒家的價錢更平。甲酒家如果因為某些日子的生意不大好，願意做成這筆生意，自然會接納定菜者的減價要求。定菜者以為少出了代價吃到好菜，實則這是最可笑的事。因為，一桌菜的作料成本伸縮極大，就是一個菜的成本，出入之大，有時幾難令人置信。就以鹹菜炒螺片論，十五元可做一個熱葷，五元也可以做一碟，視乎作料怎樣用法。賣十五元一碟鹹菜螺片的酒家，客人要求減收至五折，酒家如果願意接納，當然只在七元半的範圍內計算其成本若干、盈利若干了。

＊　　　　　＊　　　　　＊

十五元一個鹹菜炒螺片，只是中等的菜式，最好的要三十元至四十元。

茲就十五元和七元半一個鹹酸菜炒螺片的普通熱葷而論，同是用一個七吋碟盛之，作料份量也一樣，螺片八兩，酸菜四兩，更同是一個候鑊做出的，驟然看來，十五元和七元半的，似沒甚麼差別，但仔細咀嚼起來，卻大有不同。要曉得最大不同的地方在哪裏嗎？

廣東俗諺有一句：「大話怕算數」，試將十五元和七元半的鹹菜炒螺片的作料成本列出，便可曉得一個菜的成本伸縮性很大。

顧信譽和不欺客的酒家，賣十五元一個夠斤兩的鹹菜炒螺片，應該從二斤半響螺取嫩螺肉八兩，二斤鹹菜只選出菜心四兩，就時值論，二斤鹹菜不超過一元，但響螺時值每斤三元至三元半，二斤半響螺約八元至十元以下，若將油料、人工、和利潤撇開不算，單是作料成本已在十元至十一元，假如顧客要求酒家，十五元的鹹菜螺片五折實收，酒家如果答應的話，怎樣才不致蝕本和獲得利潤呢？只有將貨就價之一途。如果不是用次嫩的螺肉（最嫩的螺肉每斤響螺只能選出兩七至兩八，最佳的油泡螺片使用這些最嫩的螺肉，次嫩部分則用來做廉價

熱葷，螺頭只能做湯料），便從斤半響螺中選八兩、十二兩或一斤鹹菜選嫩莖四兩，這樣湊足斤兩的作料成本便不超過五元了。

＊　　　　　　＊　　　　　　＊

作料加上油料人工，每一個菜起碼要獲取二三分盈利，所以十五元和七元半的鹹菜螺片看來沒多大分別，吃起來卻大不相同。

不管你吃十五元的或吃對折付賬的，酒家不但不會虧本，也一樣獲取二三分利潤。如以為做了這一筆生意，酒家會沒有利潤，甚而蝕本，是一件可笑的事。

由此可見，拿甲酒家開列的菜單請求乙酒家減價做同樣的菜，乙酒家當然可以做得來。反轉來，再拿乙酒家已經減價的菜單，另託人問甲酒家，要同樣的菜式，但價錢要比乙酒家更平，甲酒家如果高興做這一筆生意的話，菜價未嘗不可比乙酒家的更平。甲酒家又怎樣做法呢？依然是乙酒家的一套：將貨就價。試想：「請飲」的請吃將貨就價的菜，也等於吃六十元九大件的翅席，除了看見吃到一隻全雞、全鴨外，還能吃到過了幾天後猶有餘味的菜嗎？

「請飲」者請吃好菜的，香港也大有其人。不過，大多數的「請飲」，如果不是不懂得吃，捨不得出多錢吃好菜，便是不夠「請飲」的資格。在香港所見，這一類的「請飲」佔十之七八。

「請飲」原是很高雅堂皇的事，有不少人便假「請飲」之名而吃粗劣的菜來遂行其上海佬所謂「兜得轉」的目的，這類的「請飲」，更不值得忝陪末座了。

「平嘢冇好」

　　五元一兩的包翅，用搶喉作料做「帶頭作用」，屬於「搵丁」；但六十元一桌菜中的「雞絲生翅」，用搶喉作料做「帶頭作用」卻是理合如是的，因為六十元做九大件，全用真材實料，則包辦筵席的老闆即使是擁有地皮最多的地產「老細」，也會把地產蝕光。所謂「平嘢冇好，好嘢冇平」，用在吃菜上面，是頗為貼切的。下面是包辦筵席的五十元一桌菜的菜單，這樣的一桌菜，可有十二至十五元盈利，但在家裏要做這一桌菜，五十元卻不一定辦得來。菜式是：

生雞絲翅

時菜扒鴨

炸子肥雞

清燉北菇

清蒸海鮮

掛綠蝦球

雞丁哥渣（熱葷）

炸珍干（熱葷）

炒飯一窩，伊麵一窩

八個菜加上飯麵各一，平均是十元一個，如果不是用下乘的作料，搶喉作料做「帶頭作用」，五十元怎可買到中乘的作料。包辦筵席者還要人工、利潤，吃這一類菜，是難於批評它的好壞的。用這樣的菜請客，難望有「猶有餘味」的後果。

鹹魚頭蒸燒肉

很多茶館都以「星期美點」作號召，比較多變化的還推陸羽。雖則陸羽的點心變來變去還沒見到有甚空前偉構的創作，但愛吃點心的香港人，還是喜歡吃陸羽的點心。多年來陸羽的點心依然有很好的號召力，如果說是變化多，還不若說陸羽的點心肯用料和製作認真，售價雖比一般的貴一些，也有不少願出多錢食「好嘢」的顧客。「水滾茶靚」自然也是陸羽的生意興隆一個主要因素。

半島友人某君來舍下聊天，東拉西扯談了半日，也談到茶樓菜館的點心，到晚飯時間仍沒有「半句多」的情形，不得不加一雙筷子，留朋友吃飯。一菜一湯而外，還有一個拼菜是菜薳拼燒肉，這些燒肉是某君嫁女「回門」送來的「金豬」，用鹹魚同蒸過幾次，在用菜薳拼燒肉時，盡去鹹魚骨頭，本不應以這些菜招待朋友的，誰想朋友竟「食而甘之」，大讚好味。我才把這些燒肉的原本告訴他。

鹹魚頭可以說是廢物，洗淨加上薑片用來蒸過幾次的燒肉，吸收了鹹魚的味道確很濃香，愛吃鹹魚的人，不會拒絕吃有鹹魚味道的燒肉。我想愛吃鹹魚的家庭，經常都有鹹魚頭，除了用來煲豆腐湯外，以之蒸燒肉或燒腩，也許是一個很好的佐膳菜，但必要多蒸幾次才夠味。

鴨舌與裁縫

　　中國人的面孔，在中國人看來，每一個面孔都有特徵，眼、耳、口、鼻都有很大的分別。西方人的面孔，西方人看來，也一樣有很多不相同的地方。但中國人眼底的西方面孔，或西方人所見的中國人面孔，除了某些明顯的特徵外，看不出有多大分別；尤其是同型和同高度的人，如果僅見過一兩面的話，很容易誤甲為乙，誤乙為丙的。下面所述的故事，便是這類故事中的一個，而且是與食有關的。

　　老香港無不知過去有一個紳士何甘棠，也無不知這位紳士是香港的有名的食家，穿長衫的忠實同志。這位紳士很好客，特別喜歡研究中國菜饌，每邀宴外賓，十九是中國菜。某次，他在私邸邀宴幾對西方大亨夫婦。其中有一個菜是扒鴨舌，西方大亨沒吃過這樣可口的菜，因問何氏這個菜的作料是甚麼？何氏告他是鴨舌。西方大亨驚詫不已，謂中國人吃菜吃到這末豪闊，殺幾十隻鴨取其舌來做成一個菜，怪不得中國菜是世界上最可口的菜。

　　事過三日，這位喜客的紳士因事經過大道中，有一個坐着轎子的西婦向他招呼，他認得她是吃過扒鴨舌的客人之一，他以為這客人會談起扒鴨舌，誰曉得這位客人竟催他快些做起她的晚禮服，他才知道這位座上客誤認他是裁縫佬。

作 者 介 紹

　　特級校對原名陳夢因（一九一零 —— 一九九七），資深報人，
著名飲食評論家，乃中文報刊飲食專欄的開創者。

　　陳夢因是中國第一代新聞記者，曾著《綏遠紀行》記述抗日時期
綏遠戰役，為當年著名的戰地報導文學作品。

　　一九三三年加入香港星島報系，後任《星島日報》總編輯。
一九五一年開始撰寫「食經」專欄，後結集《食經》十冊，一紙風行。
上世紀六十年代退休移居美國三藩市灣區，以鑽研飲食之道及動手
燒菜饗客為樂，一生著作有關飲食的書籍近二十種。

　　一九五一年二月，陳夢因開香港報業先河，在《星島日報》撰寫
飲食專欄「食經」。

　　由於身為總編輯，每天須看「大樣」，陳夢因常自嘲為「特級」
校對，故以「特級校對」作筆名。

「食經」推出後廣受歡迎，成為長壽專欄，同年七月結集成書，先後出版單行本共十集。數年間《食經》多次重印，坊間並出現偽本及抄襲作品，各大報章講飲談食亦由此成風。淘大公司甚至精選其專欄文章，編製《淘大食經》贈與用戶，可見影響之鉅。